"十二五"职业教育国家规划教材
经全国职业教育教材审定委员会审定

单片机技术及应用

杨　暾　主编

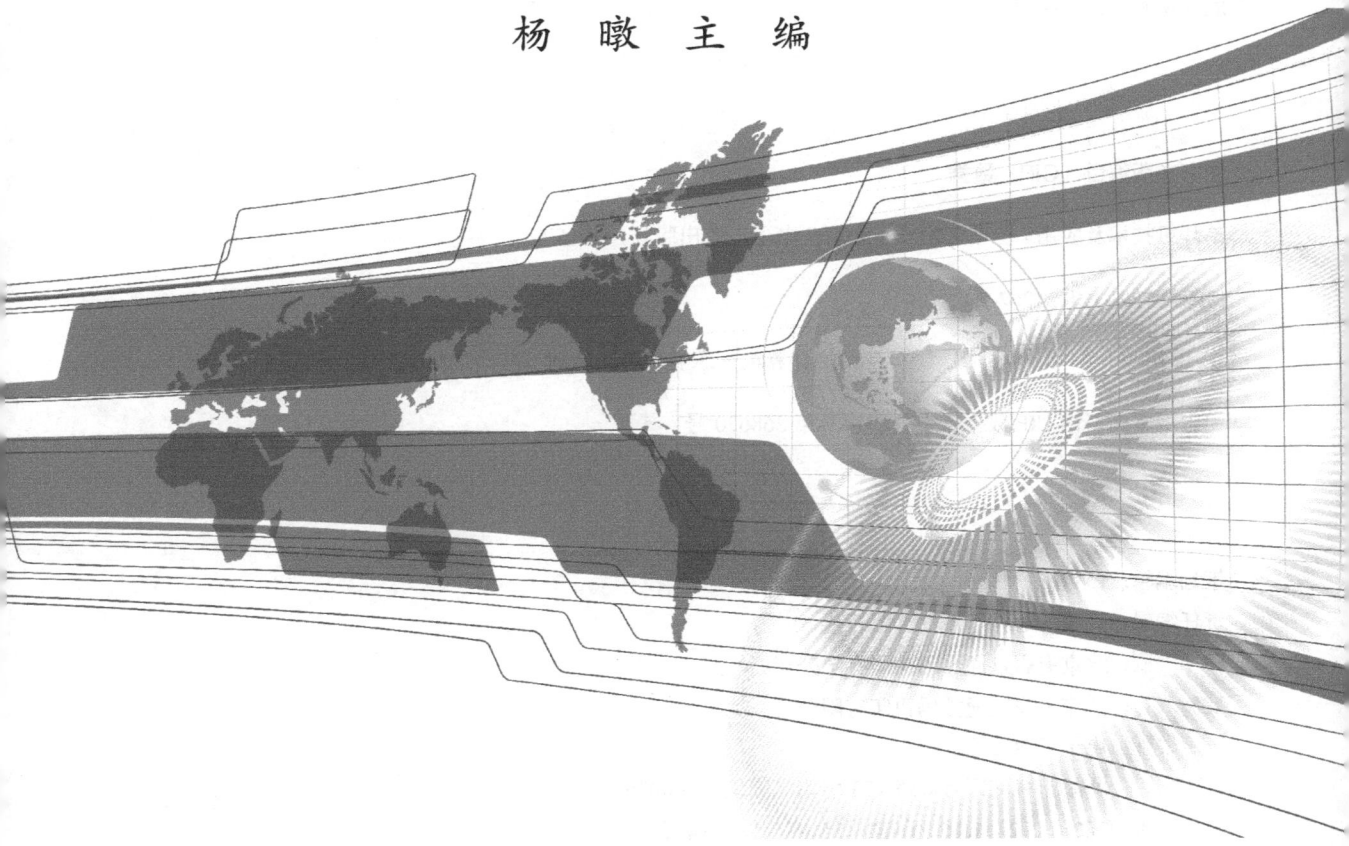

電子工業出版社

Publishing House of Electronics Industry

北京·BEIJING

内 容 简 介

本书是职业教育电子电工类专业教育部"十二五"国家规划教材。本书以 MCS-51 系列单片机为主体，在硬件电路设计与自行制作基础上，运用 Proteus 软件仿真和 C 语言程序设计，通过大量典型的多任务项目实训详细介绍了单片机开发必备的基础知识和软、硬件条件，在系列单元电路设计与硬件制作前提下，系统介绍了单片机的基本结构、定时器/计数器、中断系统、串行通信及常用接口技术等基础知识及相应的 C 语言程序设计基本方法。本书所有实例均采用仿真软件 Proteus 进行仿真和自制实验板进行实验，使读者在实践中逐步掌握单片机的硬件结构和 C 语言程序设计的开发方法。

本书是职业教育电子电工类教育部"十二五"专业的综合性专业技能课程教学用书，也可作为其他电类、控制类专业的选修用书，或作为电子爱好者及各类工程技术人员的参考用书。

图书在版编目（CIP）数据

单片机技术及应用 / 杨暾主编. —北京：电子工业出版社，2016.4

ISBN 978-7-121-24767-5

Ⅰ. ①单… Ⅱ. ①杨… Ⅲ. ①单片微型计算机—职业教育—教材 Ⅳ. ①TP368.1

中国版本图书馆 CIP 数据核字（2014）第 268620 号

策划编辑：白　楠
责任编辑：郝黎明
印　　刷：北京七彩京通数码快印有限公司
装　　订：北京七彩京通数码快印有限公司
出版发行：电子工业出版社
　　　　　北京市海淀区万寿路 173 信箱　邮编　100036
开　　本：787×1092　1/16　印张：15　字数：384 千字
版　　次：2016 年 4 月第 1 版
印　　次：2025 年 8 月第 15 次印刷
定　　价：34.00 元

凡所购买电子工业出版社图书有缺损问题，请向购买书店调换。若书店售缺，请与本社发行部联系，联系及邮购电话：(010) 88254888，88258888。

质量投诉请发邮件至 zlts@phei.com.cn，盗版侵权举报请发邮件至 dbqq@phei.com.cn。

本书咨询联系方式：(010) 88254592，bain@phei.com.cn。

P 前 言
PREFACE

单片机技术的发展日新月异,单片机技术的应用日益广泛地渗透到生产生活的方方面面。人们对单片机技术的向往日益强烈,但是仍然有不少人对学习单片机技术心存敬畏,裹足不前。这一方面是由于单片机确实是一门技术含量比较高的学问,学习起来有一定的难度;另一方面也是由于传统的学习方式人为地加大了学习单片机技术的困难。实际上随着单片机技术的发展,单片机学习工具与科学的学习方式也在相应地发展。进入科学的学习轨道,单片机技术的学习就可以达到事半功倍的效果。

学习单片机,实践是基础。不断在实践中取得成功与突破,是学习者前进的强劲动力。单片机技术的学习实践主要体现在三个方面:亲自动手设计与制作硬件电路,进行软件程序的设计、调试、仿真验证与改进完善,以及在实际硬件电路中实现单片机技术的功能应用。单片机学习工具的发展使得实践条件已经可以得到很好的满足。近年来日趋流行的由英国Labcenter公司开发的电路分析与实物仿真软件 Proteus ISIS 是单片机电路仿真的得力工具,它最可贵的优越性在于可以很方便地进行单片机电路仿真,突破了以往电路仿真软件难以进行单片机电路仿真的局限,为人们提供了方便地检验单片机程序设计效果的得力工具,使得在单片机学习的硬件条件有限、难以进行电路实验时,仍能不妨碍单片机学习的技术实践。

学习方式的科学性在于提高学习者学习的有效性、持续性与成长性。学习者能学会,能乐此不疲,能通过一段有限的学习积累历程达到一定的单片机技术应用水平,并且具备了进一步提高单片机技术应用水平的知识与技能基础,学习者就算是轻松入门了。

授予学习者学习单片机的得力工具,以循序渐进、科学合理的知识与技能学习进程安排,在"做中学"的系列项目任务实践活动中伴随学习者顺利前行,用科学的学习方式轻松引领学习者入门单片机应用技术,正是本书的编写宗旨。

本书共 8 个项目,内容涉及单片机基础知识、单片机开发工具、单片机最小系统及系列功能应用单元电路硬件制作、广告流水灯控制技术、数码管显示技术、音频控制技术、串口通信技术、8×8LED 点阵屏显示技术等基本的单片机技术应用单元。本书囊括了单片机基本结构、定时/计数器、中断系统、串口通信、常用接口技术等单片机技术基础性的学习内容,以及相应的 C 语言程序设计方法。其中打"*"号的"* 项目八 LED 点阵屏显示技术项目开发"为选学内容。本书在内容编排上注重理论与实用一体化,突出技能技术的综合运用实践,采用易于上手的 C 语言进行程序设计,可以使学习者迅速高效地投入到有效的单片机技术应用实践中去,有效地降低初学者的学习困难。本书的体例打破了传统教材的章节划分学科体系结构,采用了有利于学习者动手实践的项目任务结构。在项目工作任务中,按照"工作任务与目标→任务相关知识链接→硬件电路设计→软件程序设计→任务验证实践→工作任务拓展→思考与练习"的项目任务实践环节展开项目工作任务，理论与实用一体化，层层深入，不断落实项目学习目标。

本书由杨暾编写，开发编写了各个项目任务的 C 语言源程序，对所有程序进行了 Proteus 仿真电路的设计绘制与电路仿真，并对本书的硬件系列单元电路进行了全面实用的装配图纸设计与实际电路开发制作应用，为学习者提供了大量翔实的学习图纸与软硬件技术资料。

单片机实验板的设计与众不同之处在于充分考虑到了硬件设计的需要，在电路布线时尽可能留下硬件设备的接口而不是将硬件与单片机的连接固定。这样的设计一方面提高了实验电路板的功能集成度，另一方面又提高软件设计的灵活性与多样性，使得实验电路板增添了丰富的硬件设计功能。单片机实验板能进行广告流水灯控制、数码管显示、键盘控制、音乐播放、定时计数控制、中断控制、串口通信、8×8LED 点阵屏显示控制等常见的单片机项目实验，具有良好的创新性、灵活性与实用性。为方便教师教学与学生自学，本书还配有电子教学资料包可供免费下载。

由于时间仓促与编者水平有限。书中难免有不足与疏漏之处，敬请广大读者批评指正。

最后作者竭诚希望本书能为读者学习单片机应用技术提供帮助，愿为读者的学习提供热忱服务，并希望与广大读者多作沟通与交流。

编　者

目 录
CONTENTS

了解单片机

任务 1-1　了解单片机的基本结构与应用

单片机全称单片微型计算机（Single Chip Micro-computer，SCM）又称微控制处理器（Micro Controller Unit，MCU）。单片机是一种采用超大规模集成电路技术把具有数据处理能力的中央处理器 CPU、随机存储器 RAM、只读存储器 ROM、多种 I/O 口和中断系统、定时器/计时器等功能（可能还包括显示驱动电路、脉宽调制电路、模拟多路转换器、A/D 转换器等电路）集成到一块硅片上构成的一个小而完善的计算机系统。它作为微型计算机的一个重要分支，以其独特的结构和性能，在国民经济各个领域日益发挥着越来越重要的作用，越来越得到广泛的应用。

任务 1-1-1　了解单片机的发展

1971 年 Intel 公司研制出世界上第一个 4 位的微处理器；Intel 公司的霍夫研制成功世界上第一块 4 位微处理器芯片 Intel 4004，标志着第一代微处理器问世，微处理器和微机时代从此开始。

1972 年 4 月，霍夫等人开发出第一个 8 位微处理器 Intel 8008。由于 8008 采用的是 P 沟道 MOS 微处理器，因此仍属第一代微处理器。1973 年 Intel 公司的霍夫等人研制出 8 位微处理器 Intel 8080，以 N 沟道 MOS 电路取代了 P 沟道，第二代微处理器就此诞生。

1976 年 Intel 公司研制出 MCS-48 系列 8 位的单片机，这也是单片机的问世。

20 世纪 80 年代初，Intel 公司在 MCS-48 系列单片机的基础上，推出了 MCS-51 系列 8 位高档单片机。MCS-51 系列单片机无论是片内 RAM 容量，I/O 口功能，系统扩展方面都有了很大的提高。

早期的单片机都是 8 位或 4 位的。其中最成功的是 Intel 的 8031，因为简单可靠而性能不错获得了很大的好评。此后在 8031 上发展出了 MCS51 系列单片机系统。基于这一系统的单片机系统直到现在还在广泛使用。随着工业控制领域要求的提高，开始出现了 16 位单片机，但因为性价比不理想并未得到很广泛的应用。20 世纪 90 年代后随着消费电子产品大发展，单片机技术得到了巨大提高。随着 Intel i960 系列特别是后来的 ARM 系列的广泛应用，32 位单片机迅速取代 16 位单片机的高端地位，并且进入主流市场。而传统的 8 位单片机的性能也得到了飞速提高，处理能力比起 20 世纪 80 年代提高了数百倍。目前，高端的 32 位单片机主频已经超过 300MHz，性能直追 20 世纪 90 年代中期的专用处理器。当代单片机系统已经不再只在裸机环境下开发和使用，大量专用的嵌入式操作系统被广泛应用在全系列的单片机上。而在作为掌上电脑和手机核心处理的高端单片机甚至可以直接使用专用的 Windows 和

Linux 操作系统。

单片机比专用处理器更适合应用于嵌入式系统，因此它得到了最多的应用。事实上单片机是世界上数量最多的计算机。现代人类生活中所用的几乎每件电子和机械产品中都会集成有单片机。手机、电话、计算器、家用电器、电子玩具、掌上电脑以及鼠标等计算机配件中都配有 1~2 部单片机。而个人计算机中也会有为数不少的单片机在工作。汽车上一般配备 40 多部单片机，复杂的工业控制系统上甚至可能有数百台单片机在同时工作！单片机的数量不仅远超过 PC 和其他计算机的总和，甚至比人类的数量还要多。

任务 1-1-2 了解单片机的常用类型

在单片机领域，随着日益广泛的应用需求不断扩大，涌现出许多不同的产品品牌与产品系列。许多厂家生产的单片机都与 Intel 公司的 MCS-51 兼容。不同的单片机内部资源配置不同，随着技术的不断发展其性能也在不断完善，使用时应根据需要加以选择。表 1-1 中所列单片机产品型号是现今应用领域中的几种典型的单片机产品型号。

表 1-1 几种典型的单片机产品型号

厂家	型号	简介
Intel	8031	NMOS 型，32 个 I/O 口线，2 个定时/计数器，5 个中断源/2 级优先中断级，无 ROM，128B RAM
	8051	NMOS 型，32 根 I/O 口线，2 个定时/计数器，5 个中断源/2 级优先中断级，4KB 掩膜 ROM，128B RAM
	8751	NMOS 型，32 根 I/O 口线，2 个定时/计数器，5 个中断源/2 级优先中断级，4KB EPROM，128B RAM
	80C31BH	CMOS 型，32 根 I/O 口线，2 个定时/计数器，5 个中断源/2 级优先中断级，无 ROM，128B RAM
	80C51BH	CMOS 型，32 根 I/O 口线，2 个定时/计数器，5 个中断源/2 级优先中断级，4KB 掩膜 ROM，128B RAM
	87C51BH	CMOS 型，32 根 I/O 口线，2 个定时/计数器，5 个中断源/2 级优先中断级，4KB EPROM，128B RAM
Atmel	AT89C51	CMOS 型，32 根 I/O 口线，2 个定时/计数器，6 个中断源，4KB Flash ROM，128B RAM
	AT89C52	CMOS 型，32 根 I/O 口线，3 个定时/计数器，8 个中断源，8KB Flash ROM，256B RAM
	AT89C2051	CMOS 型，15 根 I/O 口线，2 个定时/计数器，6 个中断源，2KB Flash ROM，128B RAM，片上模拟比较器
	AT89S51	AT89C51 的替代品，带 ISP 功能（在系统可编程）
	AT89S52	AT89C52 的替代品，带 ISP 功能（在系统可编程）
宏晶科技	STC89C51RC	CMOS 型，35 根 I/O 口线，3 个定时/计数器，8 个中断源/4 级优先中断级，4KB FLASH ROM，512B SRAM
	STC89C51RD+	CMOS 型，35 根 I/O 口线，3 个定时/计数器，8 个中断源/4 级优先中断级，4KB FLASH ROM，1280B SRAM
	STC89C52RC	CMOS 型，35 根 I/O 口线，3 个定时/计数器，8 个中断源/4 级优先中断级，8KB Flash ROM，512B SRAM
	STC89C52RD+	CMOS 型，35 根 I/O 口线，3 个定时/计数器，8 个中断源/4 级优先中断级，8KB Flash ROM，1280B SRAM

1. Intel 公司的 8051 系列单片机

8051 单片机最早由 Intel 公司推出，以 8051 为内核的系列单片机以其优越的性能、成熟的技术及高可靠性和高性能价格比，迅速占领了工业测控和自动化工程应用的主要市场，成为国内单片机应用领域中的主流。

由于 8051 单片机应用得早，影响很大，已成为事实上的工业标准。世界各大单片机厂商都在 8051 单片机上投入了大量的资金和人力，围绕 51 内核，衍生出许多品种，增强 51 单片机的各种功能。不同厂商的单片机版本虽然各不相同，但内核却一样，也就是说这类单片机指令系统完全兼容，绝大多数引脚也兼容，在使用上基本可以直接互换。人们统称这些与 8051 内核相同的单片机为"51 系列单片机"。

2. Atmel 单片机

Atmel 公司是世界上著名的高性能低功耗非易失性存储器和数字集成电路的一流半导体制造公司。Atmel 公司的单片机是目前世界上一种独具特色而性能卓越的单片机，AT89C51、AT89S51 是 Atmel 公司的典型产品。它不但和 8051 指令、引脚完全兼容，而且其片内的 4KB 程序存储器是 Flash 工艺的，这种工艺的存储器用户可以用电的方式瞬间擦除、改写，一般专为 Atmel 公司 AT89 系列单片机做的编程器均带有这些功能。这种单片机对开发设备的要求很低，开发时间也大大缩短，写入单片机内的程序还可以进行加密。

AT89S51 相对于 AT89C51 新增加很多功能，如增加 ISP 在线编程功能；最高工作频率提高至 33MHz；具有双工 UART 串行通道；内部集成看门狗计时器，不再需要像 89C51 那样外接看门狗计时器单元电路；采用全新的加密算法，程序的保密性大大加强等，性能有了较大提升。

ISP 在线编程功能的优势在于改写单片机存储器内的程序不需要把芯片从工作环境中剥离，是一个强大易用的功能。

3. STC 单片机

STC 单片机是深圳宏晶科技公司的产品。STC 单片机完全兼容 51 单片机，并有其独到之处，其抗干扰性强，加密性强，超低功耗，可以远程升级，内部有 MAX810 专用复位电路，价格也较便宜，由于这些特点使得 STC 系列单片机的应用日趋广泛。

STC89 系列单片机是深圳宏晶科技公司的典型产品，是 MCS-51 系列单片机的派生产品。它们在指令系统、硬件结构和片内资源上与标准 8052 单片机完全兼容，DIP40 封装系列与 8051 为 pin-to-pin 兼容。STC89 系列单片机高速，低功耗，在系统/应用可编程（ISP，IAP），不占用户资源。通过 IAP 功能不需要编程器就可以将程序载入单片机，很方便在实验板上做各种单片机实验。这对初学单片机的人们，尤其对学校单片机的教学带来极大的方便，是一种最低成本的单片机学习与开发手段。

为方便使用，本书在软件编程与仿真时，选用的单片机型号为 AT89C51，在实验板上选用的单片机型号为 STC89C52RC，以利于简化程序的烧录。由于单片机的兼容性，在单片机的基础应用层面上，STC89C52RC 全面兼容 AT89C51 的性能。

任务 1-1-3 了解单片机的基本结构与应用

1. MCS-51 单片机的内部结构

8051 是 MCS-51 系列单片机的典型产品。8051 单片机包含中央处理器、程序存储器（ROM）、数据存储器（RAM）、定时/计数器、并行接口、串行接口和中断系统等几大单元及数据总线、地址总线和控制总线三大总线。图 1-1 是 MCS-51 系列单片机的内部结构示意图。

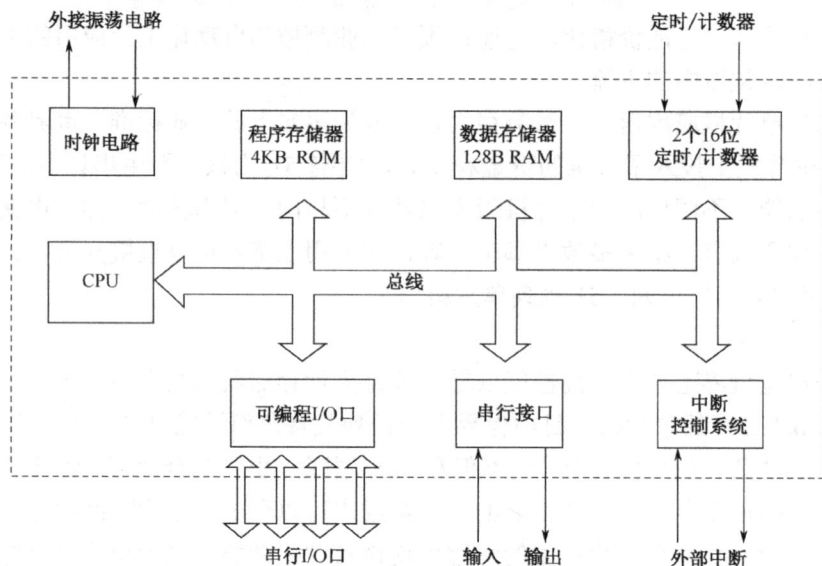

图 1-1　MCS-51 单片机的内部组成

（1）中央处理器。中央处理器（CPU）是整个 MCS-51 单片机的核心部件，是 8 位数据宽度的处理器，能处理 8 位二进制数据或代码，CPU 负责控制、指挥和调度整个单元系统协调的工作，完成运算和控制输入/输出功能等操作。

（2）数据存储器（RAM）。8051 内部有 128B 8 位用户数据存储单元和 128B 专用寄存器单元，它们是统一编址的，专用寄存器只能用于存放控制指令数据，用户只能访问，而不能用于存放用户数据，所以，用户能使用的 RAM 只有 128B，可存放读写的数据、运算的中间结果或用户定义的字型表。

（3）程序存储器（ROM）。8051 共有 4KB 的 8 位掩膜 ROM，用于存放用户程序，原始数据或表格。

（4）定时/计数器。8051 有两个 16 位的可编程定时/计数器，以实现定时或计数产生中断用于控制程序转向。

（5）并行输入/输出（I/O）口。8051 共有 4 个 8 位 I/O 口（P0、 P1、P2 或 P3），用于对外部数据的传输。

（6）全双工串行口。8051 内置一个全双工串行通信口，用于与其他设备间的串行数据传送。该串行口既可以用作异步通信收发器，也可以当同步移位器使用。

（7）中断系统。8051 具备较完善的中断功能，有两个外中断、两个定时/计数器中断和一个串行中断，可满足不同的控制要求，并具有 2 级的优先级别选择。

（8）时钟电路。8051 内置最高频率达 12MHz 的时钟电路，用于产生整个单片机运行的脉冲时序，但 8051 单片机须外置振荡电容。

2．MCS-51 单片机的引脚说明

MCS-51 系列单片机采用 40Pin 封装的双列直接 DIP 结构，图 1-2 是它们的引脚分布。40 个引脚中，正电源和地线两根，外置石英振荡器的时钟线两根，4 组 8 位共 32 个 I/O 口，中断口线与 P3 口线复用。下面对这些引脚的功能进行简单的说明。

（1）Pin20：接地脚。

（2）Pin40：正电源脚，正常工作或对片内 EPROM 烧写程序时，接+5V 电源。

（3）Pin19：时钟 XTAL1 脚，片内振荡电路的输入端。

（4）Pin18：时钟 XTAL2 脚，片内振荡电路的输出端。

8051 的时钟有两种方式，如图 1-3 所示，一种是片内时钟振荡方式（内部时钟方式），但需在 18 和 19 脚外接石英晶体（2MHz～12MHz）和振荡电容，振荡电容的值一般取 10pF～30pF。另一种是外部时钟方式，即将 XTAL1 接地，外部时钟信号从 XTAL2 脚输入。

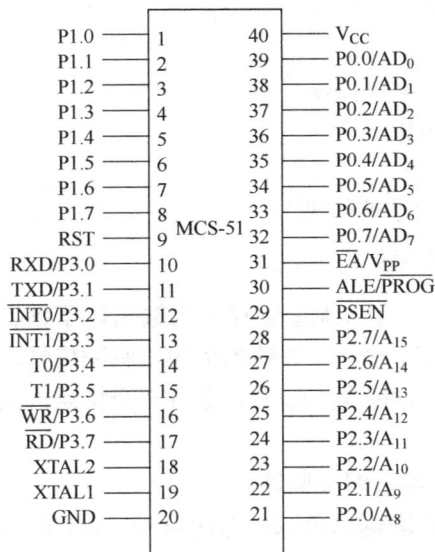

图 1-2　MCS-51 单片机的引脚分布

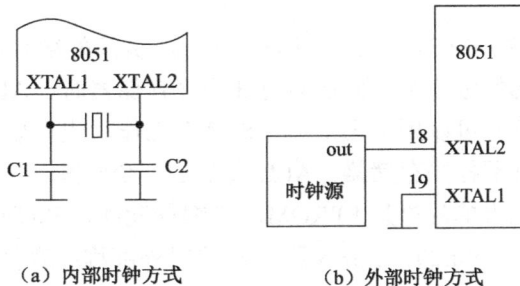

（a）内部时钟方式　　　（b）外部时钟方式

图 1-3　MCS-51 单片机的时钟电路

（5）输入/输出（I/O）引脚：

Pin39～Pin32 为 P0.0～P0.7 输入/输出脚，

Pin1～Pin8 为 P1.0～P1.7 输入/输出脚，

Pin21～Pin28 为 P2.0～P2.7 输入/输出脚，

Pin10～Pin17 为 P3.0～P3.7 输入/输出脚。

（6）Pin9：RST/Vpd 复位信号复用脚。当 8051 通电，时钟电路开始工作，在 RST 引脚上出现 24 个时钟周期以上的高电平，系统即初始复位。初始化后，程序计数器 PC 指向 0000H，P0～P3 输出口全部为高电平，堆栈指针写入 07H，其他专用寄存器被清"0"。RST 由高电平下降为低电平后，系统即从 0000H 地址开始执行程序。然而，初始复位不改变 RAM（包括工作寄存器 R0～R7）的状态，8051 的初始状态如表 1-2 所示。

表 1-2　8051 单片机特殊功能寄存器的初始状态

特殊功能寄存器	初　始　态	特殊功能寄存器	初　始　态
ACC	00H	B	00H
PSW	00H	SP	07H
DPH	00H	TH0	00H
DPL	00H	TL0	00H
IP	×××00000B	TH1	00H
IE	0××00000B	TL1	00H
TMOD	00H	TCON	00H
SCON	××××××××B	SBUF	00H
P0～P3	1111111B	PCON	0×××××××B

8051 的复位方式可以是自动复位，也可以是手动复位，如图 1-4 所示。此外，RST/Vpd 还是一复用脚，V_{CC} 掉电期间，此脚可接上备用电源，以保证单片机内部 RAM 的数据不丢失。

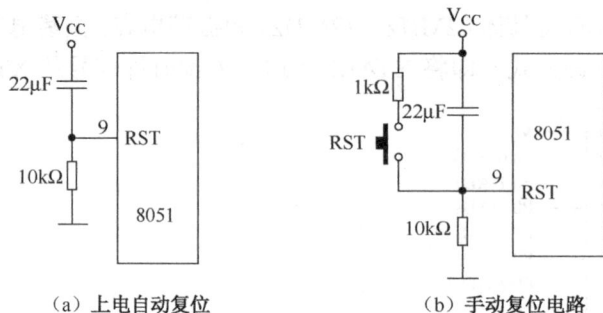

（a）上电自动复位　　　　（b）手动复位电路

图 1-4　MCS-51 单片机的复位电路

（7）Pin30：ALE/$\overline{\text{PROG}}$ 脚。当访问外部程序器时，ALE（地址锁存）的输出用于锁存地址的低位字节。而访问内部程序存储器时，ALE 端将有一个 1/6 时钟频率的正脉冲信号，这个信号可以用于识别单片机是否工作，也可以当作一个时钟向外输出。更有一个特点，当访问外部程序存储器，ALE 会跳过一个脉冲。

如果单片机是 EPROM，在编程期间，$\overline{\text{PROG}}$ 将用于输入编程脉冲。

（8）Pin29：$\overline{\text{PSEN}}$ 脚。当访问外部程序存储器时，此脚输出负脉冲选通信号，PC 的 16 位地址数据将出现在 P0 和 P2 口上，外部程序存储器则把指令数据放到 P0 口上，由 CPU 读入并执行。

（9）Pin31：$\overline{\text{EA}}$/V_{PP} 脚，程序存储器的内外部选通脚。8051 和 8751 单片机，内置有 4KB 的程序存储器，当 EA 为高电平并且程序地址小于 4KB 时，读取内部程序存储器指令数据，而超过 4KB 地址则读取外部指令数据。如 $\overline{\text{EA}}$ 为低电平，则不管地址大小，一律读取外部程序存储器指令。在大多数情况下，单片机从内置的程序存储器开始执行程序，$\overline{\text{EA}}$ 应为高电平，通常接电源 V_{CC}。但对于内部无程序存储器的 8031，EA 端必须接地。

3．单片机的应用

单片机具有体积小、功耗低、控制功能强、扩展灵活、微型化和使用方便等优点，广泛应用于仪器仪表、家用电器、医用设备、航空航天、专用设备的智能化管理及过程控制等领域，大致可分如下几个范畴。

（1）在家用电器中的应用。可以这样说，现在的智能家电基本上都是采用了单片机控制，从电饭煲、洗衣机、电冰箱、空调机、彩电、其他音响视频器材，再到电子秤等设备，五花八门，无所不在。

（2）在工业控制中的应用。用单片机可以构成形式多样的控制系统、数据采集系统。例如，工厂流水线的智能化管理，电梯智能化控制、各种报警系统，与计算机联网构成二级控制系统等。

（3）在智能仪器仪表上的应用。单片机广泛应用于仪器仪表中，结合不同类型的传感器，可实现诸如电压、功率、频率、湿度、温度、流量、速度、厚度、角度、长度、硬度、元素、压力等物理量的测量。采用单片机控制使得仪器仪表数字化、智能化、微型化，且功能比起采用电子或数字电路更加强大。

（4）在计算机网络和通信领域中的应用。现代的单片机普遍具备通信接口，可以很方便地与计算机进行数据通信，为在计算机网络和通信设备间的应用提供了极好的物质条件。现在的通信设备基本上都实现了单片机智能控制，从小型程控交换机、楼宇自动通信呼叫系统、列车无线通信，到日常生活中随处可见的电话机、手机、集群移动通信、无线电对讲机等，都离不开单片机的应用。

图 1-5 单片机的应用

（5）在医用设备领域中的应用。单片机在医用设备中的用途亦相当广泛，例如，医用呼吸机，各种分析仪、监护仪、超声诊断设备及病床呼叫系统等。

（6）在各种大型电器中的模块化应用。某些专用单片机设计用于实现特定功能，从而在各种电路中进行模块化应用，而不要求使用人员了解其内部结构。如音乐集成单片机，看似简单的功能，微缩在纯电子芯片中（有别于磁带机的原理），就需要复杂的类似于计算机的原理。音乐信号以数字的形式存于存储器中（类似于 ROM），由微控制器读出，转化为模拟音乐电信号（类似于声卡）。在大型电路中，这种模块化应用极大地缩小了体积，简化了电路，降低了损坏、错误率，也方便于更换。

（7）在汽车设备领域中的应用。单片机在汽车电子中的应用非常广泛，例如，汽车中的发动机控制器、基于 CAN 总线的汽车发动机智能电子控制器、GPS 导航系统、ABS 防抱死系统、制动系统等。

此外，单片机在工商、金融、科研、教育、国防航空航天等领域都有着十分广泛的用途。目前单片机渗透到人们生产生活的各个领域，几乎很难找到哪个领域没有单片机的踪迹。

思考与练习

1. 简述 8051 单片机的主要性能指标。
2. 简述 MCS-51 单片机的内部组成。
3. 试述 MCS-51 单片机的引脚分布。
4. 单片机主要应用于哪些领域？

任务 1-2 了解单片机的数学与逻辑工具

单片机只能识别二进制数，二进制是单片机中数制的基础。除了二进制以外，八进制、十六进制也是单片机常用的数制。

任务 1-2-1 了解数制及其转换知识

数制是计数的方法，通常采用进位计数制。

在单片机应用领域中常用的数制有十进制（Decimal）、二进制（Binary）、八进制（Octal）和十六进制（Hex-decimal）。

1. 十进制

十进制数码：十进制数由 0～9 共十个数码组成。

进位规则："逢十进一"（基数为 10）。

记数形式：

$$(D_3D_2D_1D_0)_{10}= D_3\times10^3+ D_2\times10^2+ D_1\times10^1+ D_0\times10^0$$

式中，D_3、D_2、D_1、D_0 称为数码；10 为基数；10^3、10^2、10^1、10^0 是各数码的位权。该式称为按位权展开式。

例如：

$$(6527)_{10}=6\times10^3+5\times10^2+2\times10^1+7\times10^0$$

2. 二进制

二进制数码：二进制数由 0、1 两个数码组成。

进位规则："逢二进一"（基数为 2）。

记数形式：

$$B_3B_2B_1B_0= B_3\times2^3+ B_2\times2^2+ B_1\times2^1+ B_0\times2^0$$

式中，B_3、B_2、B_1、B_0 称为数码；2 为基数；2^3、2^2、2^1、2^0 是各数码的位权。

例如：

$$(1011)_2=1\times2^3+0\times2^2+1\times2^1+1\times2^0$$

3. 十六进制

十六进制数码：十六进制数由 0、1、2、3、4、5、6、7、8、9、A、B、C、D、E、F 十六个数码组成，其中 A、B、C、D、E、F 所代表的数分别相当于十进制数的 10、11、12、13、14、15。

进位规则："逢十六进一"（基数为 16）。

记数形式：

$$H_3H_2H_1H_0= H_3\times16^3+ H_2\times16^2+ H_1\times16^1+ H_0\times16^0$$

式中，H_3、H_2、H_1、H_0 称为数码，16 为基数；16^3、16^2、16^1、16^0 是各数码的位权。

例如：

$$(7B4F)_{16}=7\times16^3+11\times16^2+4\times16^1+15\times16^0$$

4. 数制间的转换方法

将一个数由一种数制转换为另一种数制称为数制间的转换。

（1）十进制数转换为二进制数。十进制数转换为二进制数采用"除二取余倒记法"，即将十进制数依次除以 2，并记下余数，一直除到商为 0。最后把全部余数按相反的顺序排列，就得到二进制数。

例如，把十进制数 41 转换为二进制数。

即：$(41)_{10}=(101001)_2$

（2）二进制数转换为十进制数。二进制数转换为十进制数采用"乘权相加法"，即将二进制数依次按权位展开，然后求和，就得到十进制数。

例如，把二进制数 $(1101)_2$ 转换为十进制数。

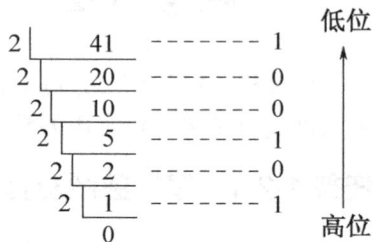

$(1101)_2=1\times2^3+1\times2^2+0\times2^1+1\times2^0=13$

（3）二进制数转换为十六进制数。二进制数转换为十六进制数采用"合四为一法"，即从右向左，每四位二进制数转换为一位十六进制数，最高位不足四位用 0 补齐，就可得到十六进制数。

例如，把二进制数（101 1010 1100 1001 1110）$_2$转换为十六进制数。

$(101\ 1010\ 1100\ 1001\ 1110)_2=(5AC9E)_{16}$

（4）十六进制数转换为二进制数。十六进制数转换为二进制数采用"一分为四法"，即从左向右，每一位十六进制数转换为四位二进制数。

例如，把十六进制数（6D7B）$_{16}$转换为二进制数。

$(6D7B)_{16}=(0110\ 1101\ 0111\ 1011)_2$

任务 1-2-2　理解单片机技术中数的表示方法

1. 不同数制数据的表示方法

在单片机的应用环境中，为方便区别不同数制的数据，规定在数字后加一个字母来区别数据的数制。二进制数后加 B；十六进制数后加 H；十进制数后加 D。十进制数后的 D 可以省略。

在 C 语言编程时，常在十六进制数前加前缀 0x，如 P1=0x7F。

2. 常用数制数码间的对应关系

表 1-3 列出了常用数制数码间的对应关系，在单片机程序设计中经常会用到，需要熟记于胸。

表 1-3　常用数制数码对应关系表

二　进　制	十　进　制	十　六　进　制	二　进　制	十　进　制	十　六　进　制
0000	0	0H	1000	8	8H
0001	1	1H	1001	9	9H
0010	2	2H	1010	10	AH
0011	3	3H	1011	11	BH
0100	4	4H	1100	12	CH
0101	5	5H	1101	13	DH
0110	6	6H	1110	14	EH
0111	7	7H	1111	15	FH

任务 1-2-3　理解逻辑数据及其基本运算

1. 逻辑常量与变量

逻辑常量只有两个，即 0 和 1，用来表示两个对立的逻辑状态。

逻辑变量与普通代数一样，也可以用字母、符号、数字及其组合来表示，但它们之间有着本质区别，因为逻辑变量的取值只有两个，即 0 和 1，而没有中间值。

2. 逻辑运算

在逻辑代数中，有与、或、非三种基本逻辑运算。表示逻辑运算的方法有多种，如语句描述、逻辑代数式、真值表、卡诺图等。

（1）与运算。

① 逻辑表达式：

$$Y = A \cdot B \quad 或 \quad Y = AB$$

式中，小圆点"·"表示 A、B 的与运算，又称为逻辑乘。在不致引起混淆的前提下，乘号"·"可被省略。

② 真值表，如表 1-4 所示。

表 1-4　与逻辑真值表

A　　B	Y=A•B
0　　0	0
0　　1	0
1　　0	0
1　　1	1

③ 逻辑功能：有 0 出 0，全 1 出 1。

④ 基本的逻辑运算关系：

$0\times0=0 \quad 0\times1=0 \quad 1\times0=0 \quad 1\times1=1$

（2）或运算。

① 逻辑表达式：

$$Y = A + B$$

式中，符号"+"表示 A、B 或运算，又称为逻辑加。

② 真值表，如表 1-5 所示。

表 1-5　或逻辑真值表

A　　B	Y=A+B
0　　0	0
0　　1	1
1　　0	1
1　　1	1

③ 逻辑功能：有 1 出 1，全 0 出 0。

④ 基本的逻辑运算关系：

$0+0=0 \quad 0+1=1 \quad 1+0=1 \quad 1+1=1$

（3）非运算。

① 逻辑表达式：

$$Y = \overline{A}$$

式中，字母 A 上方的短划"–"表示非运算，又称为逻辑非。

② 真值表，如表 1-6 所示。

表 1-6　非逻辑真值表

A	Y=$\overline{A}$
0	1
1	0

③ 逻辑功能：有 0 出 1，有 1 出 0。

④ 基本的逻辑运算关系：

$1 = \overline{0} \quad 0 = \overline{1}$

![思考与练习图标] **思考与练习**

1. 将下列十进制数转换为二进制数。

    27   49   71   147   278

2. 将下列二进制数转换为十六进制数。

    101101001011110B   110110110100111011B

3. 将下列十六进制数转换为二进制数。

    A3H   E9H   7C6H   58BFH   2D1BH

任务 1-3　了解单片机学习的软、硬件条件

单片机技术应用课程是一门实践性很强的软、硬件结合的技术课程，需要通过大量的实践才能理解和掌握程序设计方法与硬件结构设计。单片机的实践主要包括软件编程与硬件实验。软件编程需要使用相关的开发软件，硬件实验需要准备基本的实验板。

任务 1-3-1　了解单片机学习的软件条件

单片机软件的开发过程是先设计并编写程序，再进行编译、仿真和调试，然后将程序写入单片机。单片机常用的程序编译软件是 Keil C51，常用的仿真软件是 Proteus。

1. 程序编译软件 Keil C51

Keil C51 软件是德国 Keil Software 公司开发的 51 系列单片机开发软件。Keil μVision 系列是该公司推出的 51 系列兼容单片机软件开发系统。uVision 是集成的可视化 Windows 操作界面，其提供了丰富的库函数和各种编译工具，能够对 51 系列单片机以及和 51 系列兼容的绝大部分类型的单片机进行设计。Keil μVision 系列可以支持单片机 C51 程序设计语言，也可以直接进行汇编语言的设计与编译。

Keil μVision 系列是一个非常优秀的编译器，受到广大单片机设计者的广泛使用。其主要特点：支持汇编语言、C51 语言等多种单片机设计语言；可视化的文件管理，界面友好；支持丰富的产品线，除了 51 及其兼容内核的单片机外，还新增加了对 ARM 内核产品的支持；具有完善的编译连接工具；具备丰富的仿真调试功能，可以仿真串口、并口、A/D、D/A、定时器/计数器以及中断等资源，同时也可以和外部仿真器联合进行在线调试；内嵌 RTX-51 实时多任务操作系统；支持在一个工作空间中进行多项目的程序设计；支持多级代码优化。

用户可利用该软件编写汇编语言程序或 C 语言源程序，并可利用该软件将源程序编译生成单片机能够运行的十六进制 HEX 文件。为了使初学者易于接受，本书使用了 Keil μVision2 软件的汉化版，但是从发展的角度来说，随着入门后单片机技术水平的不断提高，必须要能适应纯英文的软件工作界面。学好单片机技术需要一定的英语水平做支撑。图 1-6 所示为 Keil μVision2 软件汉化版的工作界面。

2. 仿真软件 Proteus

为了验证设计程序的正确性，单片机程序设计与开发往往采用软件仿真与硬件仿真相结合的形式。软件仿真只能验证程序的正确性，不能仿真具体的硬件环境。硬件仿真常用的软件是英国 Labcenter Electronics 公司研发的电路设计与仿真平台 Proteus。Proteus 具有原理图编辑、印刷电路板（PCB）设计及电路仿真功能，该软件由 ISIS 和 ARES 两部分构成，其

中 ISIS 是一款便捷的电子系统原理设计和仿真平台软件，ARES 是一款高级的 PCB 布线编辑软件。

图 1-6　Keil μVison2 的工作界面

Proteus ISIS 是英国 Labcenter 公司开发的电路分析与实物仿真软件。它运行于 Windows 操作系统上，可以仿真、分析（SPICE）各种模拟器件和集成电路，该软件的特点是：①实现了单片机仿真和 SPICE 电路仿真相结合。具有模拟电路仿真、数字电路仿真、单片机及其外围电路组成的系统的仿真、RS232 动态仿真、I^2C 调试器、SPI 调试器、键盘和 LCD 系统仿真的功能；有各种虚拟仪器，如示波器、逻辑分析仪、信号发生器等。②支持主流单片机系统的仿真。目前支持的单片机类型有 68000 系列、8051 系列、AVR 系列、PIC12 系列、PIC16 系列、PIC18 系列、Z80 系列、HC11 系列以及各种外围芯片。③提供软件调试功能。在硬件仿真系统中具有全速、单步、设置断点等调试功能，同时可以观察各个变量、寄存器等的当前状态。支持第三方的软件编译和调试环境，如 Keil C51 等软件。④具有强大的原理图绘制功能。总之，该软件是一款集单片机和 SPICE 分析于一身的仿真软件，功能先进而强大。图 1-7 所示为 Proteus ISIS 的工作界面，为了使初学者易于接受，本书使用了 Proteus 7 软件的汉化版。

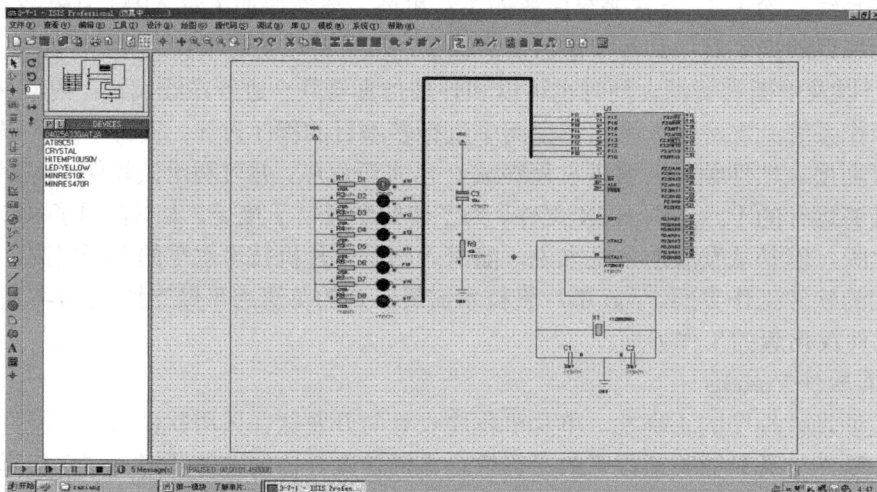

图 1-7　Proteus ISIS 的工作界面

3. 程序烧录软件 STC_ISP

程序经仿真确定无误后，通常要用程序烧录器（编程器）借助相关的烧录软件把程序写入单片机。但是选用 STC 单片机便可省去程序烧录器（编程器）这一环节，可以直接在用户系统上用 STC_ISP 程序烧录软件在线下载，通过价廉的 STC 单片机专用 USB_ISP 下载线将用户程序直接下载进 STC 单片机。这样无论是从经济上还是操作程序上都给单片机学习带来了极大的便利，这正是 STC 单片机的一大优势所在，也是本书所配实验板选用 STC 单片机的主要原因之一。如图 1-8 所示为 STC_ISP 的工作界面。

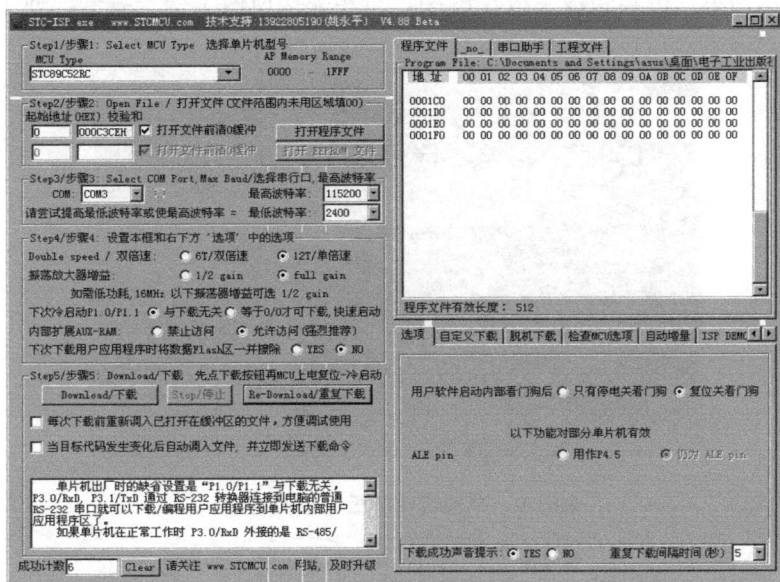

图 1-8 STC_ISP 的工作界面

任务 1-3-2 了解单片机学习的硬件条件

为了验证单片机程序的真实运行效果，提高动手能力，必须经常利用单片机实验板进行反复实验。这是学习单片机程序设计和掌握单片机应用技术的必备条件，也是进一步开发单片机高级应用程序的基础。

单片机技术的学习，需要一个长期的、近在身边方便动手的实践条件。在学校实验室中做单片机实验固然很好，但受时间和空间条件的限制性很大，而单片机实验板却可以极大地克服这样的限制性，只要有计算机，几乎可以做到随时随地做单片机实验，对单片机技术的提高有着不可替代的作用。为此本书为单片机学习者设计了切实可行的在万能板上自制单片机实验板的电路装配方案，并进行详尽的电路组装工艺与技术指导，使学习者在单片机学习过程中有机会进行单片机软、硬件方面全面的综合技能训练，形成单片机技术开发不可或缺的全面技术素养。

在万能板上自制单片机实验板与直接购买现成的印制电路板成品不同，需要增加硬件设计与制作操作学习环节。即使与组装印制电路板成品套件也有根本的不同，因为在印制电路板上的组装基本上只是多了一道焊接操作环节，而对硬件电路的设计与电路连接关系不能形成基本的理解与感悟。在万能板上自制单片机实验板必须对各个相关硬件电路单元有足够程度的理解与认识，对电路的结构与安装连接工艺进行相关性的联系与思考，体会与感悟硬件电路设计中的可行性与布局优化等问题。在这方面积累起来的硬件电路知识与经验，将会对后续的软件程序设计提供很大的帮助，也将会成为今后从事单片机应用项目硬件技术开发的宝贵财富。当然这一学习环节中的挑战性也是很强的，需要严谨、细致、耐心、灵动与坚持不懈的努力。

该实验板在综合提炼各种单片机实验板设计优点的同时，对实验板进行了创新性的拓展。相关硬件之间的连接尽可能不固定，而是通过接插件根据程序设计需要由设计者自行连接，为程序设计与开发提供了硬件设计的可能性，提高了程序设计的开放性与灵活性，开创性地为单片机学习者提供了单片机项目开发、软硬件设计相结合的真实条件，使学习者能够在学习过程中更接近单片机项目设计与开发的实际。图 1-9 所示为单片机实验板主板实物图。

图 1-10 所示为单片机实验板主板注解图，对相关接口做了统一编号，便于实验连接。

图 1-9　单片机实验板主板实物图

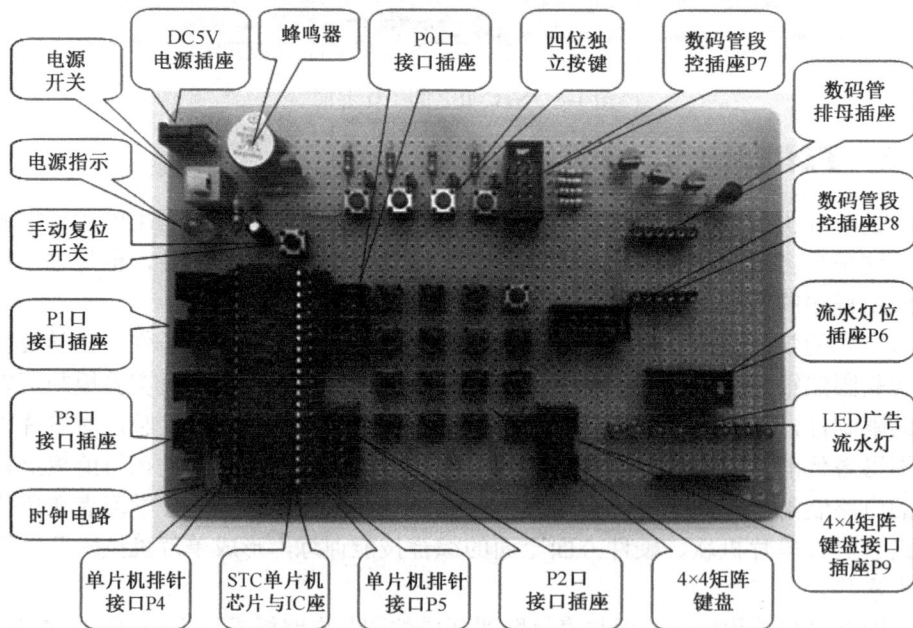

图 1-10　单片机实验板主板注解图

图 1-11 所示为单片机实验板副板实物图。

图 1-12 所示为单片机实验板副板注解图，对相关接口也做了统一编号，以便于实验时准确地对应连接。

图 1-11　单片机实验板副板实物图

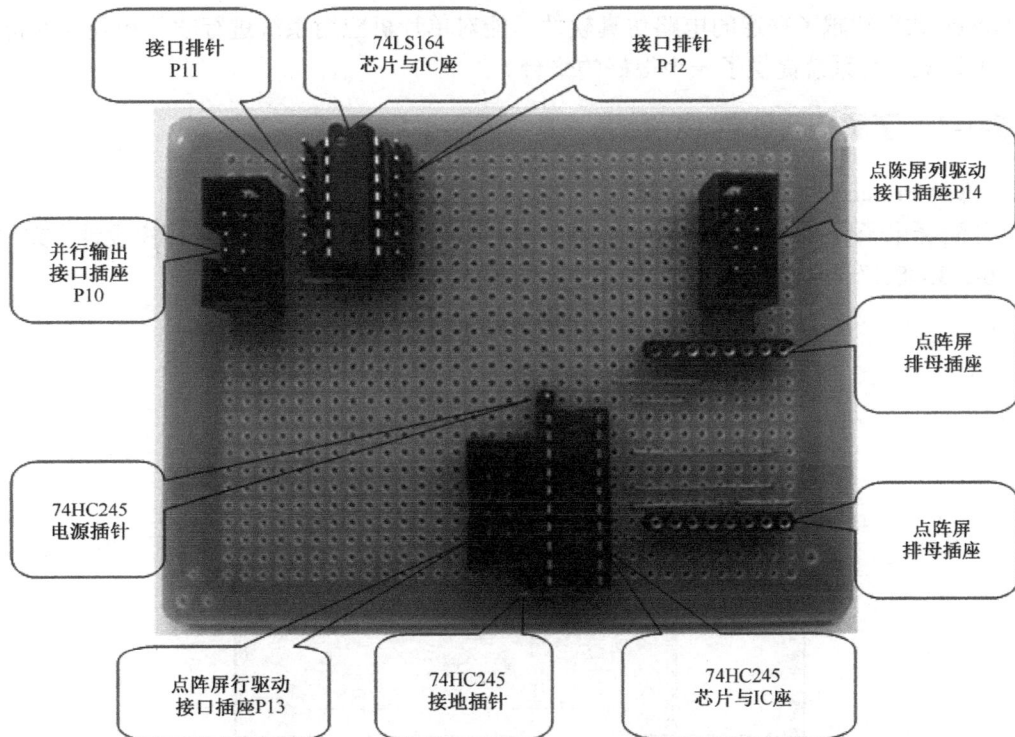

图 1-12　单片机实验板副板注解图

![思考与练习]

思考与练习

1．简述 Keil μVision 软件的主要特点。

2．简述仿真软件 Proteus ISIS 的主要特点。

熟悉单片机技术的开发环境

单片机的项目设计与软硬件开发都离不开常用的基本开发软件和开发工具的使用。本项目从简单实例入手，介绍单片机开发所必备的常用软件的使用方法与项目开发过程。

任务 2-1 仿真软件 Proteus 的使用

Proteus 软件超越了普通的电路仿真软件，能对单片机应用系统进行软件和硬件的仿真，为设计单片机应用系统提供了一个很好的平台。

任务 2-1-1 了解仿真软件 Proteus

1. 感受 Proteus 软件的强大功能

打开配套电子资料包中的"Proteus 电路设计\6-2-3：单片机播放音乐程序设计"文件夹，双击"6-2-3.DSN"彩色图标，弹出如图 2-1 所示的 Proteus 仿真原理图。

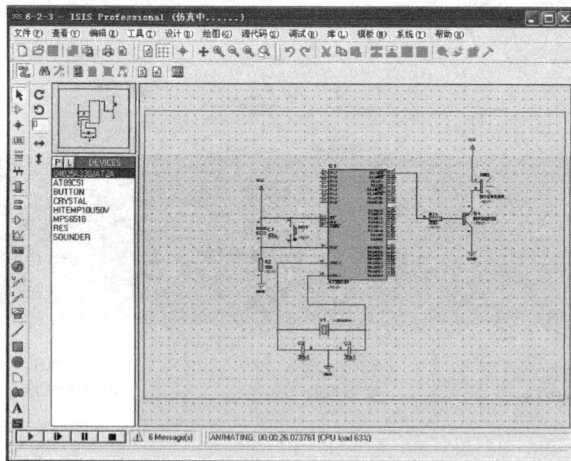

图 2-1 音乐播放 Proteus 仿真原理图

单击仿真工具栏中的"仿真启动"按钮 ，系统就会启动仿真。如果计算机上接有音箱，就能听到优美的音乐。

2. 了解 Proteus 软件的基本知识

Proteus 软件由 ISIS 和 ARES 两部分构成，其中 ISIS 是一款便捷的电子系统原理设计和仿真平台软件，ARES 是一款高级的 PCB 布线编辑软件。本书只介绍 Proteus 智能原理图输入系统（ISIS）的工作环境和基本操作。

执行"开始"→"程序"→"Proteus 7 Professional"→"ISIS 7 Professional"命令，或直接双击计算机桌面上的 Proteus ISIS 快捷方式彩色图标 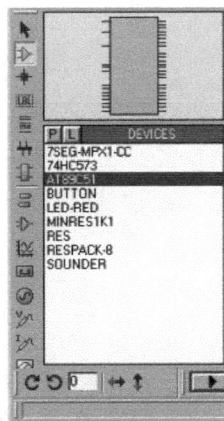，即可进入如图 2-2 所示的 Proteus ISIS 的工作界面。

（1）原理图编辑窗口。原理图编辑窗口用来绘制电路原理图，它是各种电路、单片机系统原理图编辑与电路仿真的工作平台。

（2）预览窗口。预览窗口有两种功能：一是在元器件列表中选择元器件时，预览窗口显示该元器件的预览图；二是鼠标工作于原理图编辑窗口时，预览窗口显示整张原理图的缩略图，并会显示一个绿色的方框，方框里的内容就是当前原理图编辑窗口中显示的内容。原理图编辑窗口没有滚动条，可以通过改变绿色方框的位置来调整原理图的可视范围。

通过改变绿色方框的位置来调整原理图的可视范围时，鼠标第一次单击绿色方框，绿色方框会粘在鼠标上随鼠标移动，移动到合适位置时第二次单击鼠标，绿色方框脱离鼠标固定下来，原理图的可视范围调整结束。

（3）对象选择器。对象选择器用来选择元器件、终端、图表、信号发生器和虚拟仪器等编辑对象。对象选择器上方有一个条形标签，表明当前所处的模式及其下所列的对象类型。图 2-3 所示为对象选择器界面，当前模式为"选择元器件模式"，选中的元器件是"AT89C51"，该元器件的电路原理图符号出现在预览窗口中。单击"P"按钮可将选中的元器件放置到原理图编辑区。"L"按钮为元器件库管理按钮。

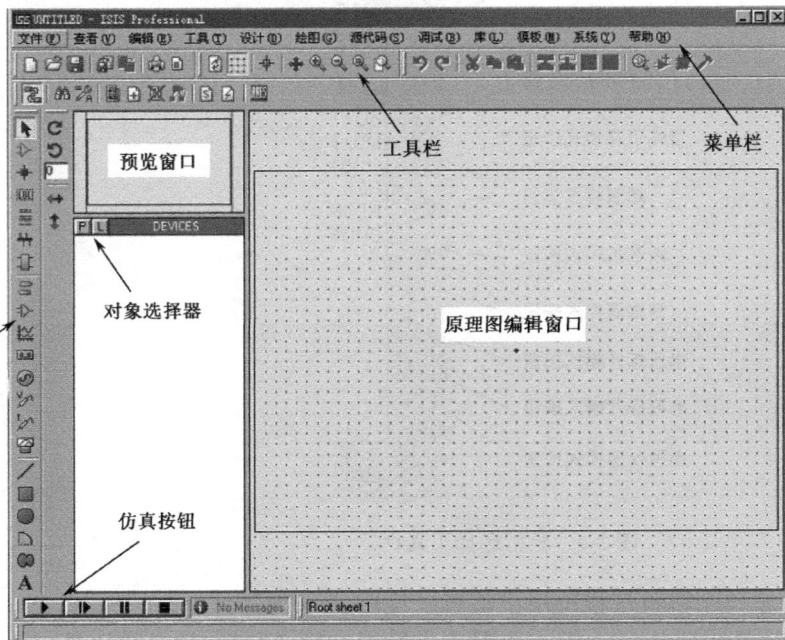

图 2-2 Proteus ISIS 的工作界面   图 2-3 对象选择器

（4）模型选择工具栏。模型选择工具栏通常位于 Proteus ISIS 工作界面的最左边，包括主模式选择按钮、小工具箱按钮和 2D 绘图按钮。图 2-4 所示为模型选择工具栏的分布情况。其中选择模式、元件模式、结点模式、连线标号模式、文字脚本模式、总线模式和子电路模式按钮属于主模式选择按钮；终端模式、器件引脚模式、图表模式、录音机模式、激励源模式、电压探针模式、电流探针模式和虚拟仪器模式按钮属于小工具箱按钮。各种模式按钮的功能简介如下。

① 选择模式：用于原理图编辑、仿真过程中的元器件选择等常规操作，是最基本、最常用的工作模式。

② 元件模式：在原理图编辑过程中用于选择放置元器件。

③ 结点模式：在原理图编辑过程中用于放置元器件连接点。

④ 连线标号模式：在原理图编辑过程中用于设置网络标号、连接标签（运用总线时常会用到）。

⑤ 文字脚本模式：在原理图编辑过程中用于文本标注。

⑥ 总线模式：在原理图编辑过程中用于设置总线。

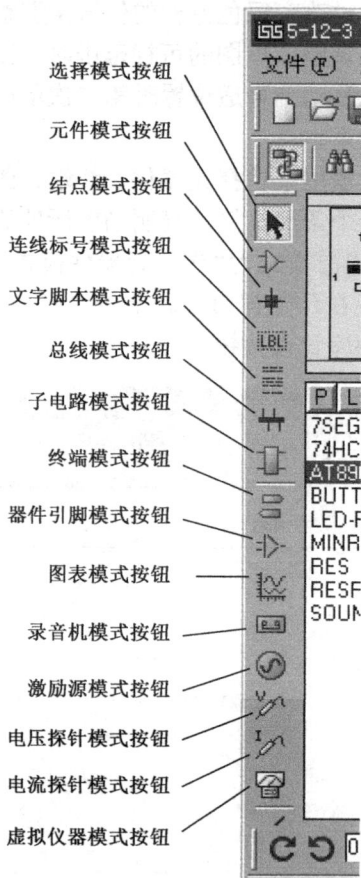

图 2-4　模型选择工具栏

⑦ 子电路模式：在原理图编辑过程中用于放置子电路。

⑧ 终端模式：在原理图编辑过程中用于放置各类终端，如 VCC、地、输入端口、输出端口等。

⑨ 器件引脚模式：在原理图编辑过程中用于绘制各类元器件引脚。

⑩ 图表模式：在电路仿真过程中用于各种图表分析。

⑪ 录音机模式：在电路仿真过程中用于记录相关信号。

⑫ 激励源模式：在电路仿真过程中用于提供各类信号。

⑬ 电压探针模式：在电路仿真过程中用于电压信号监测。

⑭ 电流探针模式：在电路仿真过程中用于电流信号监测。

⑮ 虚拟仪器模式：在电路仿真过程中用于提供各类虚拟监测仪器。

任务 2-1-2 Proteus **仿真设计快速入门**

本任务是运用 Proteus 软件绘制如图 2-5 所示的流水灯控制电路仿真原理图。表 2-1 列出了绘制原理图所需的元器件清单。

表 2-1 点亮一个发光二极管电路元器件清单

元 器 件	关 键 字	参 数 描 述
单片机 U1	AT89C51	—
排阻 RP2	RESPACK-8	471Ω（0.6W）
电阻 R2	RESISTOR	10kΩ（0.6W）
发光二极管 D1~D8	LED~RED（红色）	—
电容 C1、C2	CAP	30pF（50V）
电容 C3	HITEMP10U50V	10μF 50V（电解电容）
晶振	CRYSTAL	11.0592MHz
复位按键 RST	BUTTON	

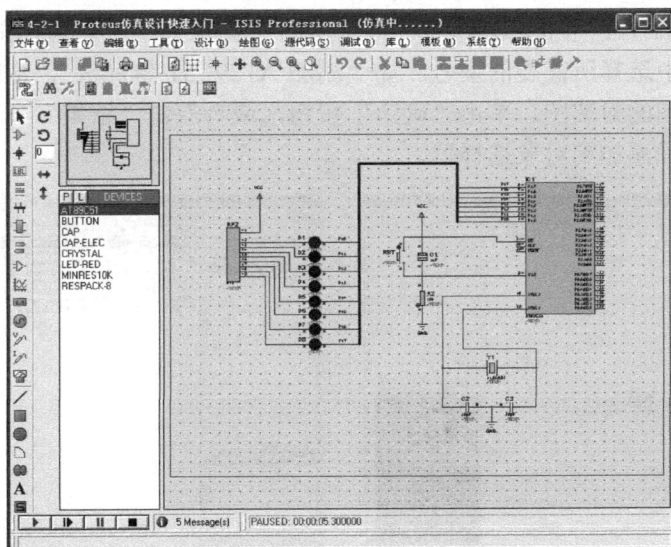

图 2-5 流水灯控制电路仿真原理图

1. 新建设计文件

首先建立单片机项目设计文件管理系统。例如，可在 D 盘下建立"单片机项目设计"文件夹，再在其中建立"项目二：熟悉单片机的开发环境"子文件夹，最后在该子文件夹中建立下一级"Proteus 电路设计"子文件夹。新建的 Proteus 设计文件就将存放在子文件夹"Proteus 电路设计"中。

打开 Proteus ISIS 的工作界面，依次执行"文件"→"新建设计"命令，弹出选择模板窗口，从中选择 DEFAULT 模板，单击"确定"按钮，然后单击"保存"按钮，弹出如图 2-6 所示的"保存 ISIS 设计文件"对话框。

按照前面建立的"单片机项目设计文件管理系统"设置好保存路径，在"文件名"框中输入"2-1-2 Proteus 仿真设计快速入门"后，"保存 ISIS 设计文件"对话框如图 2-7 所示。

图 2-6 "保存 ISIS 设计文件" 对话框

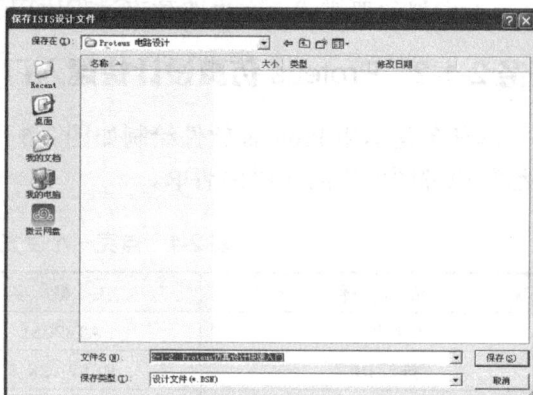

图 2-7 设置路径后的 "保存 ISIS 设计文件" 对话框

单击 "保存" 按钮后,完成新建项目文件的保存,文件自动保存为 "2-1-2 Proteus 仿真设计快速入门.DSN"。

2. 从元件库中选取元器件

单击元器件选择器上的 "P" 按钮,弹出如图 2-8 所示的 "Pick Devices" 对话框。

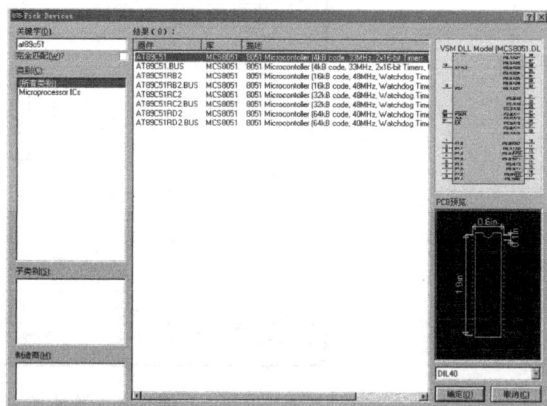

(1)添加单片机。在 "Pick Devices" 对话框的 "关键字" 文本框中输入 "at89c51",然后从 "结果" 列表中选择所需要的型号。如 "添加 AT89C51 单片机",从图 2-9 中还可看见所选元器件的原理图的封装图。单击 "确定" 按钮,或者双击 "结果" 列表中所需要选择的型号,就可将元器件添加到对象选择器。

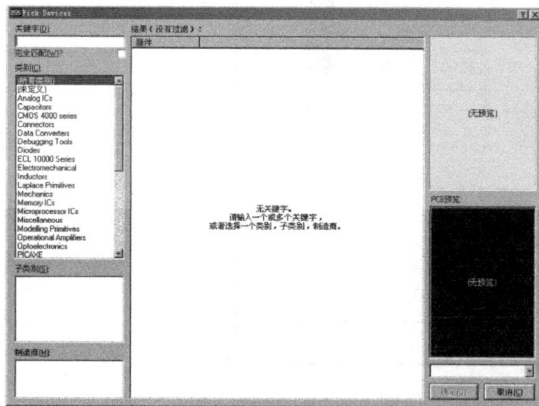

图 2-8 "Pick Devices" 对话框

图 2-9 添加 AT89C51 单片机

(2)添加电阻。在 "Pick Devices" 对话框的 "关键字" 文本框中输入 "resistor",从 "结果" 列表中显示出很多不同规格的电阻,结果如图 2-10 所示的 "添加电阻" 对话框。从 "结果" 列表中选择型号 "MINRES10K",将电阻添加到对象选择器。

(3)添加发光二极管。在 "Pick Devices" 对话框的 "关键字" 文本框中输入 "Led-red"(红色),"结果" 列表中只有一种红色发光二极管。双击该型号,将发光二极管添加到对象选择器。

(4)添加电容。

① 添加 30pF 电容。在 "Pick Devices" 对话框的 "关键字" 文本框中输入 "cap","结果" 列表中只列出了一种类型的电容。双击该型号,将其添加到对象选择器。

② 添加 10μF 电容。在"Pick Devices"对话框的"关键字"文本框中输入"CAP-ELEC"，"结果"列表中只列出了一种类型的电容。双击该型号，将其添加到对象选择器。

（5）添加晶振。在"Pick Devices"对话框的"关键字"文本框中输入"crystal"，"结果"列表中只有一种晶振。双击该型号，将其添加到对象选择器。

（6）添加复位按键。在"Pick Devices"对话框的"关键字"文本框中输入"button"，在"结果"列表中只有一种按键。双击该型号，将其添加到对象选择器。

（7）添加排阻。在"Pick Devices"对话框的"关键字"文本框中输入"respack 8"，"结果"列表中只有一种规格的排阻，双击该型号，将排阻添加到对象选择器。

元器件添加完毕后，对象选择器中的元器件列表如图 2-11 所示。

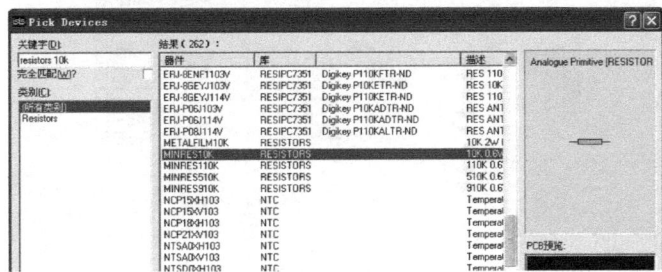

图 2-10 "添加电阻"对话框

图 2-11 对象选择器中的元器件列表

3. 编辑电路原理图

（1）放置、调整与设置元器件。以单片机 AT89C51 为例，介绍元器件放置、调整与设置等编辑操作方法。

① 放置 AT89C51。在对象选择器的元器件列表中选择"AT89C51"，然后将光标移到原理图编辑区。在适当位置单击鼠标左键，即可将随光标移动的"AT89C51"原理图符号放置到原理图编辑区。放置后的单片机符号如图 2-12 所示。

② 移动和旋转。用鼠标右击原理图编辑区的 AT89C51，弹出如图 2-13 所示的快捷菜单。本例从绘制原理图方便合理的角度出发，需要对单片机进行垂直翻转（Y-镜像）操作，从图中选择"Y-镜像"操作。

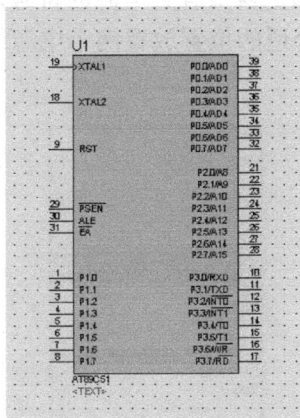

图 2-12 单片机原理图符号

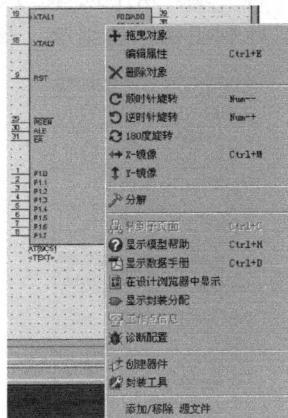

图 2-13 单片机右键快捷菜单

③ 元件的删除。删除原理图上元件的常用方法有三种：用鼠标右键双击要删除的元件；

用鼠标左键框选要删除的元件，然后按下 Delete 键；用鼠标左键按住要删除的元件不放，然后按下 Delete 键。

④ 单片机 AT89C51 的属性设置。在如图 2-13 所示的单片机右键快捷菜单中，选择"编辑属性"命令，会弹出如图 2-14 所示的"编辑元件"对话框。将其中"Clock Frequency"中的时钟频率修改为"11.0592MHz"。

用类似的方法放置和编辑其他元器件，放置完成后 Proteus 软件的工作界面如图 2-15 所示。

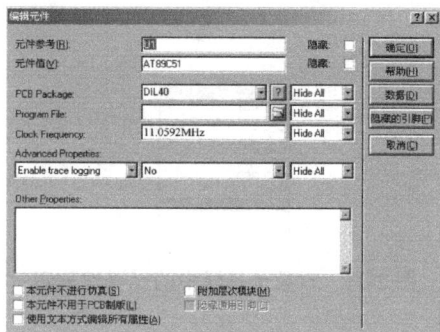

图 2-14 "编辑元件"对话框

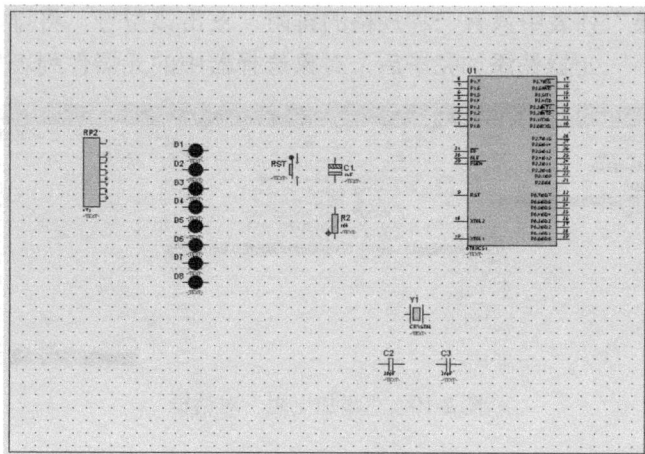

图 2-15 元器件位置布局图

【注意】要将鼠标从放置元件状态恢复到常规功能状态，只需要单击模型选择工具栏中的"选择模式"按钮 ▶ 即可。

⑤ 网格单位设置。如图 2-16 所示，通过"查看"菜单对网格单位进行"Snap 0.1in"的设置（0.1in=100th）。若需要对元器件进行更精确的移动，可将网格单位设为 50th 或 10th。

（2）放置与设置电源和地（终端）。单击小工具箱中的"终端模式"按钮，会在对象选择器中显示各种终端。从中选择"POWER"终端，可在预览窗口看到电源的符号，如图 2-17 所示。将鼠标移到原理图编辑区，像放置元器件一样在合适的位置放置两个电源终端。

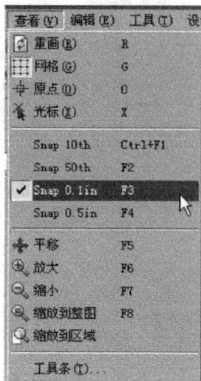

图 2-16 网格单位设置

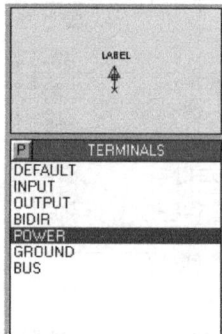

图 2-17 终端模式列表

在原理图编辑区中双击电源终端符号，在弹出的"Edit Terminal Label"对话框中，点开"标号"文本框右边的弹出菜单按钮，在弹出的菜单选项中选择"VCC"选项，单击"确定"按钮完成电源终端的编辑。

用同样的方法放置"地"终端。

（3）绘制总线。单击模型选择工具栏中的"总线模式"按钮，可在原理图编辑区中放置总线，放置方法如图 2-18 所示。

（4）电路图连线。Proteus 软件默认自动捕捉功能有效，只要将光标置于元器件引脚等电路连接点附近，软件就会自动捕捉到引脚，单击鼠标左键就会自动生成连线。当连线需要转弯时，只要单击鼠标左键即可。

（5）设置网络标号。与单片机引脚通过总线连接起来的各元器件引脚，两者之间并不能表示真正意义上的电气连接，需要通过设置网络标号来具体明确它们之间点对点的对应连接关系。在 Proteus 软件中，系统认为只有网络标号相同的引脚才是电气连接在一起的。在绘制复杂的电路时，甚至可以省去引脚间的连线，只要在相应两个引脚上正确设置好网络标号，Proteus 软件依然会认为网络标号相同的引脚间是电气连接在一起的。

单击模型选择工具栏中的"连线标号模式"按钮 ，然后在需要放置网络标号的元器件引脚附近单击鼠标左键，会弹出如图 2-19 所示的"Edit Wire Label"对话框。在"Label"选项卡的"标号"文本框中输入相应的网络标号，单击"确定"按钮即可完成网络标号的添加。

各项编辑工作完成后，就得到图 2-5 所示的单片机流水灯控制电路仿真原理图。

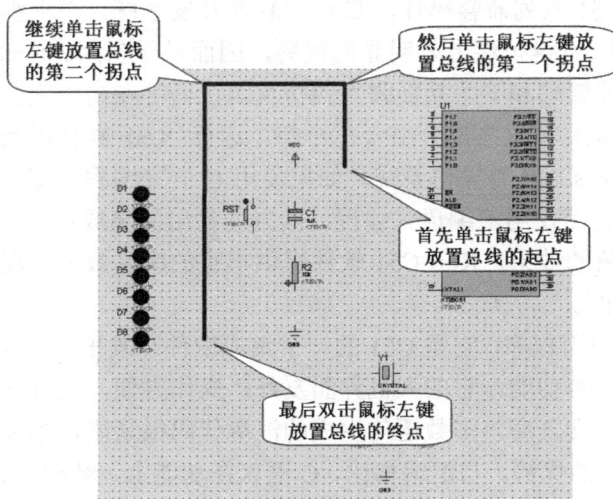

图 2-18　总线放置法

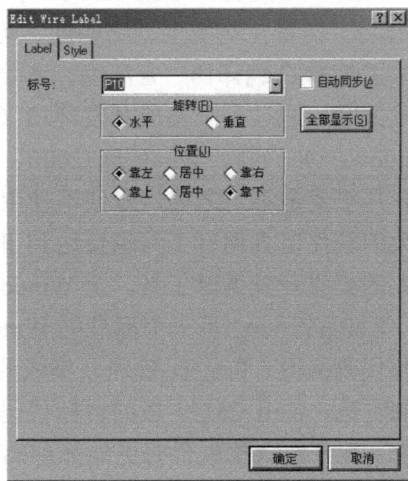

图 2-19　设置网络标号

（6）电气规则检查 ECR。设计完成电路图后，为验证电路图的正确性，还需进行电气规则检查。方法是，依次选择"工具"→"电气规则检查"命令，则会弹出如图 2-20 所示的"电气规则检查结果"对话框。

如果设计电路的电气规则无误，则在"电气规则检查结果"对话框中给出"No ERC errors found"的信息。

图 2-20 "电气规则检查结果"对话框

思考与练习

1．简述 Proteus ISIS 软件的设计文件管理方式。

2．写出你已知道的 Proteus ISIS 软件中常用元器件的英文关键字。

3．用 Proteus ISIS 软件绘制 P0 口流水灯控制电路仿真原理图。

任务 2-2 Keil C51 的使用

任务 2-2-1 了解 Keil C51 软件

Keil C51 是 Keil Software 公司出品的 51 系列兼容单片机 C 语言软件开发系统，与汇编相比，C 语言在功能上、结构性、可读性、可维护性上有明显的优势，因而易学易用。Keil 提供了包括 C 编译器、宏汇编、连接器、库管理和一个功能强大的仿真调试器等在内的完整开发方案，通过一个集成开发环境（uVision）将这些部分组合在一起。运行 Keil 软件需要 Windows 98、NT、Windows 2000、Windows XP 等操作系统。如果使用 C 语言编程，那么 Keil 几乎就是不二之选，即使不使用 C 语言而仅用汇编语言编程，其方便易用的集成环境、强大的软件仿真调试工具也会达到事半功倍的效果。Keil C51 软件提供丰富的库函数和功能强大的集成开发调试工具，全 Windows 界面。

Keil μVision2 是一个标准的 Windows 应用程序，它是 C51 的一个集成软件开发平台，具有源代码编辑、Project 管理、集成的 make 等功能，它的人机界面友好，操作方便，是开发者的首选。Keil C51 生成的目标代码效率非常之高，多数语句生成的汇编代码很紧凑，容易理解。在开发大型软件时更能体现高级语言的优势。与汇编相比，C 语言在功能上、结构上、可读性、可维护性上有明显的优势，因而易学易用。用过汇编语言后再使用 C 语言来开发，体会更加深刻。

任务 2-2-2 Keil μVision2 使用快速入门

1．项目工作任务分析

本项目工作的任务是运用 Keil μVision2 软件，用 C 语言编写一个简单的程序，来控制上一任务运用 Proteus 软件设计的图 2-5 所示的流水灯控制电路仿真原理图中的 D1 发光。由图可知，发光二极管 D1 的负极接在单片机 P1 口的 P1.0 位。

点亮发光二极管 D1 的工作原理很简单。从电路原理上讲，只要使发光二极管 D1 的负极处于低电位状态，发光二极管 D1 就会被点亮。从单片机控制上来讲，只要让 P1 口的 P1.0 位输出低电平"0"，使发光二极管 D1 的负极处于低电位状态，D1 就会处于正向偏置从而导通发光。在 C 语言中，只要输入以下语句即可实现这样的单片机控制效果：

```
P1=0xfe;               //P1=1111 1110B，即 P1.0=0，P1.0 位输出低电平"0"
```

可见，控制语句很简单。但是，要真正控制单片机，仅靠单独的语句是不够的，必须将控制语句编写在完整的程序中，才能进行单片机的有效控制。C 语言程序编写工作需要用 Keil C51 软件来完成。

2. Keil μVision2 软件使用入门

（1）新建项目和源程序设计文件。

第一步：先建立单片机项目设计文件管理系统。

在上一节采用 Proteus 软件绘制如图 2-5 所示的流水灯控制电路仿真原理图时，在 D 盘下建立了"单片机项目设计"文件夹，又在其中建立了"项目二：熟悉单片机的开发环境"子文件夹，最后在该子文件夹中建立下一级"Proteus 电路设计"子文件夹。新建的 Proteus 设计文件存放在子文件夹"Proteus 电路设计"中。

作为与此硬件设计电路相配套的单片机 C 语言软件程序设计，可进一步在"项目二：熟悉单片机的开发环境"子文件夹中建立下一级"C 语言源程序设计"子文件夹。新建的"Keil μVision2"工程项目以及相应的 C 语言源程序设计文件均存放在该子文件夹中。

第二步：新建项目。

双击桌面上的"Keil μVision2"快捷方式图标，打开 Keil μVision2 软件，进入 Keil μVision2 工作界面，如图 2-21 所示。

选择"工程"→"新建工程"命令，弹出如图 2-22 所示的"新建工程"对话框，按照第一步建立的文件管理体系指定保存路径，在文件名文本框中输入"项目二：熟悉单片机的开发环境"，单击"保存"按钮完成新工程的创建（系统默认扩展名为.uv2）。

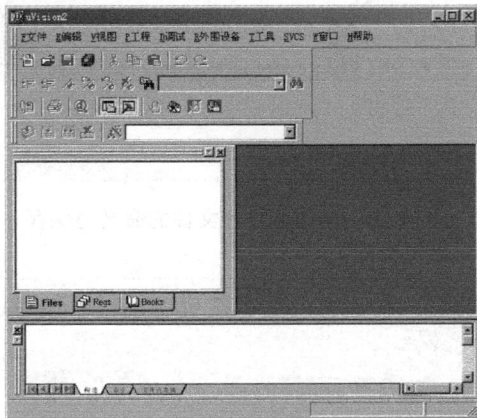

图 2-21　Keil μVision2 的工作界面　　　　图 2-22　"新建工程"对话框

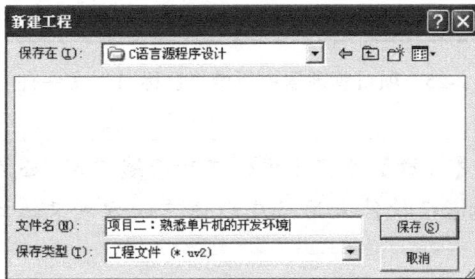

此时弹出如图 2-23 所示的"为目标'目标 1'选择设备"对话框。

展开 Atmel 系列单片机，选择"89C51"选项，单击"确定"按钮完成设备的选择。设备选择界面如图 2-24 所示。

设备选择结束后，在 Keil μVision2 工作界面左边的项目管理器中新增加了一个"目标 1"

文件夹，展开"目标 1"文件夹前面的"+"号，可以看到下一级子文件夹"源程序组 1"，如图 2-25 所示。

第三步：新建源程序文件。

选择"文件"→"新建"命令，或者直接单击工具栏中的"新建文件"图标 ，新建一个默认名为"Text 1"的空白文档。

选择"文件"→"另存为"命令，在弹出的"另存"对话框中的"文件名"文本框中输入新的文件名"项目二：熟悉单片机的开发环境.c"。单击"保存"按钮，完成对新建源程序文件的命名与保存。具体过程如图 2-26 所示。

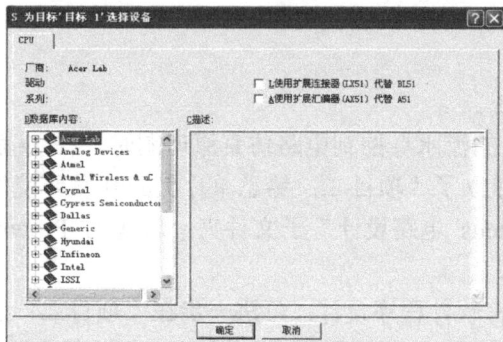

图 2-23　"为目标'目标 1'选择设备"对话框

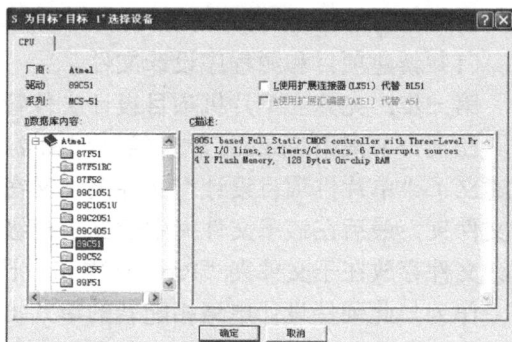

图 2-24　选择设备"89C51"

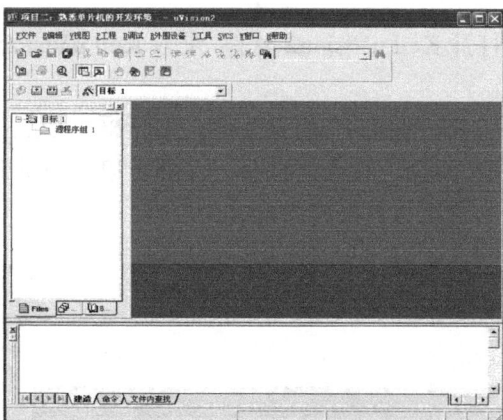

图 2-25　项目管理器中新增"目标 1"文件夹

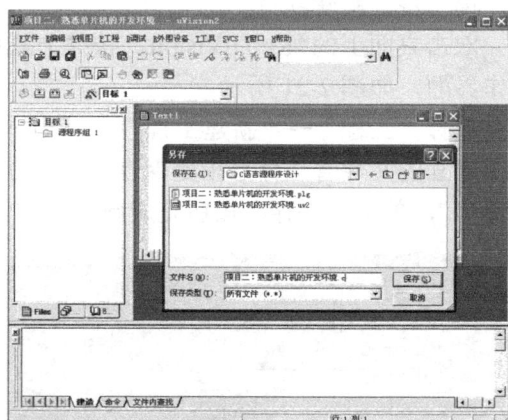

图 2-26　新建源程序文件的命名与保存

【注意】源程序文件名的后缀".c"必须手工输入，表示该文件为 C 语言程序，使 Keil μVision2 软件采用对应 C 语言的方式来编译处理源程序。

第四步：将新建的源程序文件加载到项目管理器。

新建的源程序文件不加载到项目管理器中是无法进行编译的。将新建的源程序文件加载到项目管理器中的办法是，在项目管理器中的"源程序组 1"文件夹上右击，弹出如图 2-27 所示的"源程序组 1"右键快捷菜单。

选择"增加文件到组'源程序组 1'"命令，弹出如图 2-28 所示的"加载文件"对话框。选择需要加载的文件"项目二：熟悉单片机的开发环境.c"，然后单击"Add"按钮，将文件"项目二：熟悉单片机的开发环境.c"加载到项目中。加载完毕后单击"关闭"按钮关闭对话框。

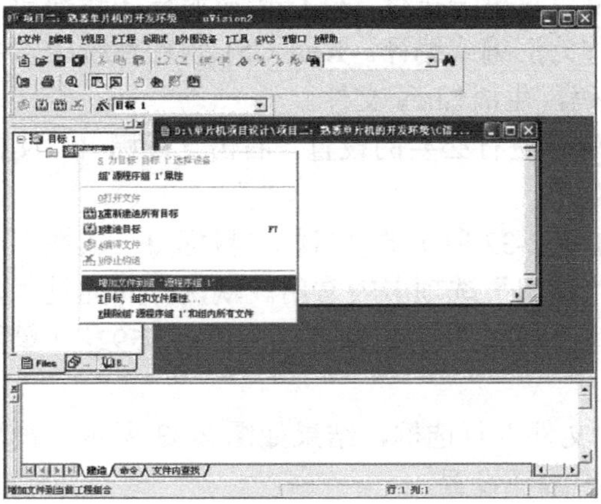

图 2-27   "源程序组 1"右键快捷菜单

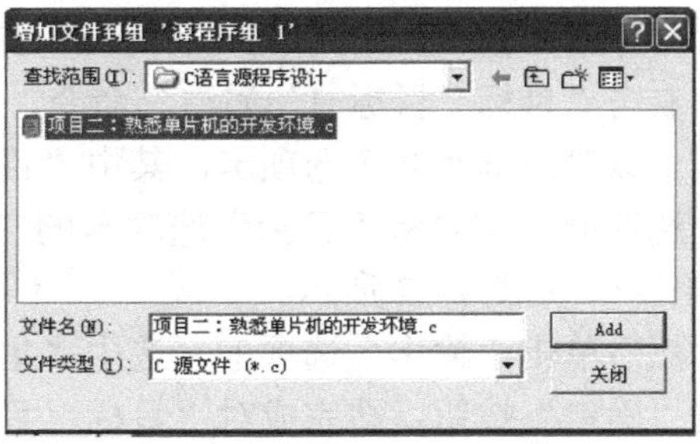

图 2-28   "加载文件"对话框

文件加载成功后，会在"源程序组 1"文件夹前面出现"+"号。展开"源程序组 1"文件夹前面的"+"号，可以看到文件夹内的文件列表，如图 2-29 所示，文件"项目二：熟悉单片机的开发环境.c"已加载其中。

第五步：编写 C 语言源程序文件。

在文件"项目二：熟悉单片机的开发环境.c"中输入如下 C 语言源程序：

```
#include<reg51.h>        //包含 51 单片机寄存器定义的头文件
void main(void)          //主函数
{
    P1=0xfe;             //P1=1111 1110B，即单片机 P1.0 引脚输出低电平
}
```

输入完成后 Keil μVision2 软件工作界面如图 2-30 所示。

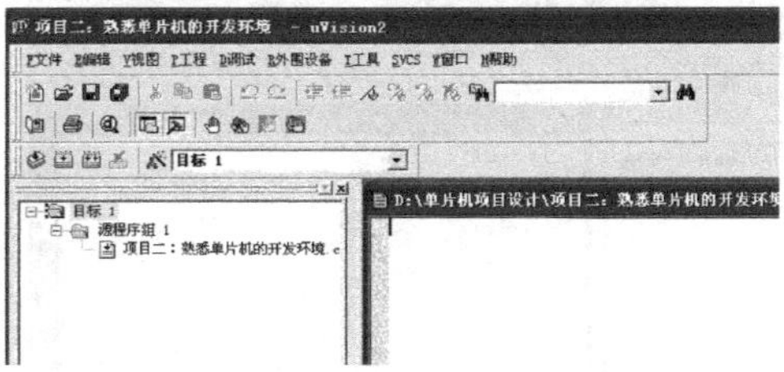

图 2-29   查看加载的文件

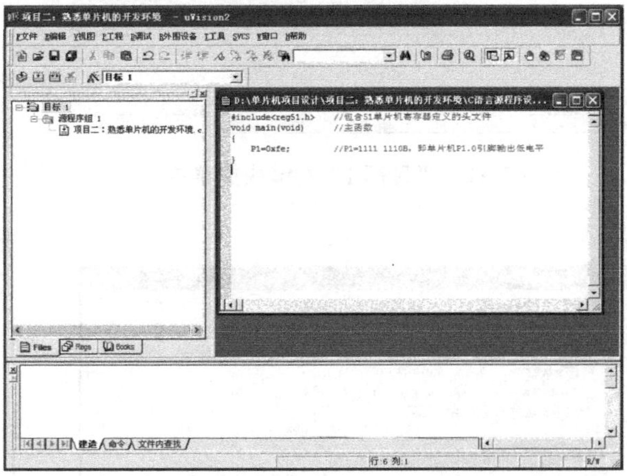

图 2-30   Keil μVision2 软件编程工作界面

【注意】源程序文件加载到项目管理器后，在程序编辑区中的文件内容根据文本性质的不同，会呈现出不同的颜色。在程序编辑区打开的未加载的源程序文件只能显示为默认的黑色。

第六步：编译程序。

C 语言是高级语言，单片机不能直接执行 C 语言源程序。必须将 C 语言源程序转换成二进制或十六进制代码表达的机器语言后才能提供给单片机去执行。将 C 语言源程序转换成二进制或十六进制代码表达的机器语言程序的过程称为汇编或编译。Keil C51 软件系统中本身带有 C51 编译器，可将 C 程序转换成十六进制代码，生成*.hex 文件。

编译 C 语言源程序前，要先对 Keil μVision2 软件进行必要的设置。右击"目标 1"文件夹，会弹出如图 2-31 所示的"目标 1"右键快捷菜单。

右击"目标'目标 1'属性"命令，会弹出如图 2-32 所示的"目标'目标 1'属性"对话框。该对话框有 8 个选项卡，其中"目标"和"输出"选项卡较常用。默认打开的是"目标"选项卡，需要将"目标"选项卡的"晶振频率"文本框中的频率改为"11.0592"（单位是 MHz），如图 2-32 所示。

然后单击"输出"选项卡，选中"生成 HEX 文件"复选框，结果如图 2-33 所示。最后单击"确定"按钮，即完成对"目标'目标1'"的编译设置。

设置完成后，执行"工程"→"重新构造所有目标"命令，或者直接单击工具栏中的"重新构造所有目标"按钮 ，Keil μVision2 软件就开始对源程序"项目二：熟悉单片机的开发环境.c"进行编译。编译完成后在界面下方的输出窗口中会给出编译提示信息。图 2-34 所示为编译完成后 Keil μVision2 软件的工作界面，在界面下方的输出窗口中给出了"0 错误，0 警告"的编译提示信息，说明对 C 源程序"项目二：熟悉单片机的开发环境.c"编译成功。

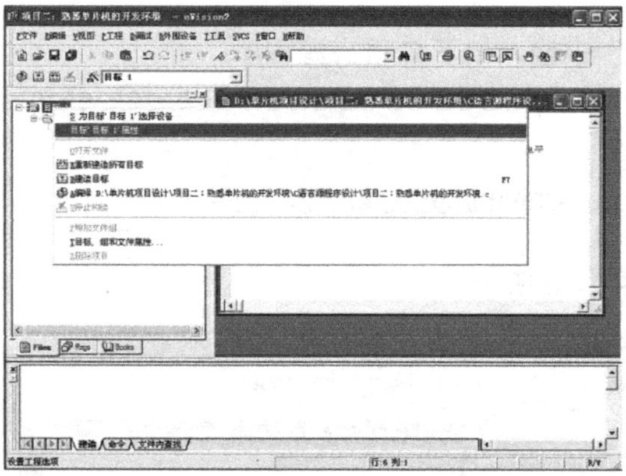

图 2-31 "目标 1"右键快捷菜单

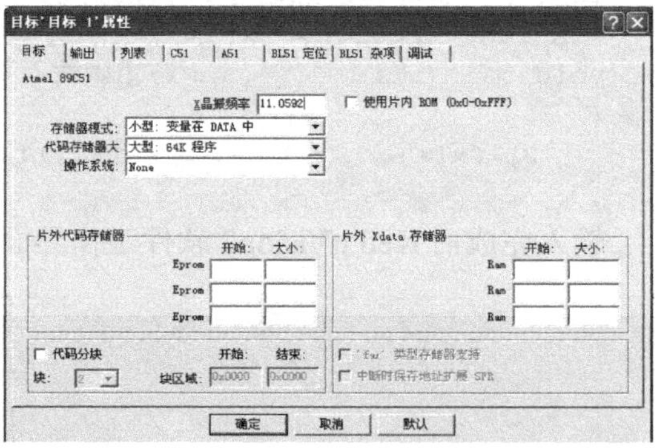

图 2-32 "目标'目标 1'属性"对话框

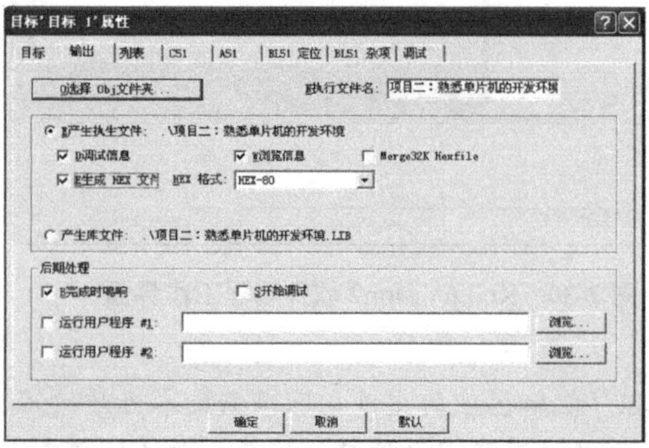

图 2-33 "输出"选项卡

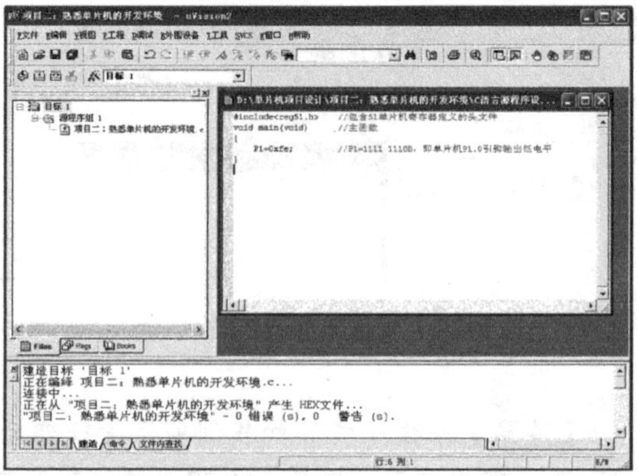

图 2-34 编译完成后 Keil μVision2 软件的工作界面

第七步：用 Proteus 软件仿真。

对 C 源程序"项目二：熟悉单片机的开发环境.c"编译通过后，在"D:\单片机项目设计\项目二：熟悉单片机的开发环境\C 语言源程序设计"管理文件夹中会自动生成"项目二：熟悉单片机的开发环境.hex"HEX 文件，如图 2-35 所示。该文件就是单片机可以直接执行的机器代码文件。有了这个文件，就可以利用 Proteus 软件进行仿真实验了。仿真通过后，将 HEX 文件加载到单片机当中，就可以驱动单片机执行项目设计的功能。下面介绍运用 Proteus 软件对设计的 C 语言程序运行效果进行仿真试验的方法。

（2）在 Proteus 硬件仿真电路图单片机中加载 HEX 文件。

打开先前设计好的"D:\单片机项目设计\项目二：熟悉单片机的开发环境\Proteus 电路设计"文件夹中的 Proteus 设计文件"项目二：熟悉单片机的开发环境.dsn"，右击 AT89C51 单片机，从弹出的快捷菜单中选择"编辑属性"命令；或者直接双击 AT89C51 单片机，弹出"编辑元件"对话框，如图 2-36 所示。

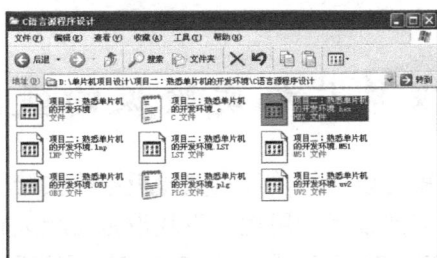

图 2-35　编译完成后项目文件夹中经编译产生的 HEX 文件

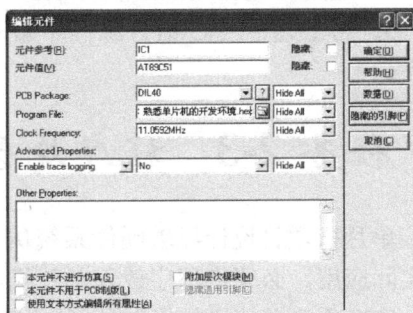

图 2-36　"编辑元件"对话框

在"Program File"文本框中载入在"D:\单片机项目设计\项目二：熟悉单片机的开发环境\C 语言源程序设计"管理文件夹中经编译生成的"项目二：熟悉单片机的开发环境.hex"HEX 文件，在"Clock Frequency"文本框中输入"11.0592MHz"，单击"确定"按钮返回到 Proteus 设计文件"项目二：熟悉单片机的开发环境.dsn"工作界面。

（3）运用 Proteus 硬件仿真电路图进行仿真实验。

执行"调试"→"执行"命令，或者直接单击仿真工具栏中的"仿真启动"按钮 ▶，或者直接按下"F12"功能键，均能启动功能仿真。仿真效果如图 2-37 所示。

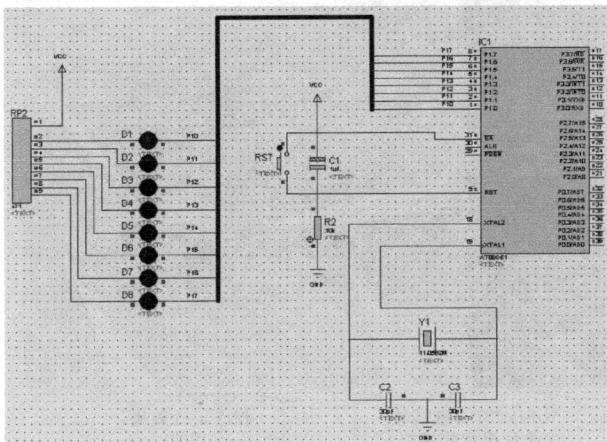

图 2-37　点亮一个发光二极管仿真效果图

从图 2-37 中可见,接至 P1.0 的发光二极管 D1 处于点亮状态,其他二极管处于熄灭状态。从仿真效果上看,设计的 C 语言程序实现了对单片机的预期控制。

要停止电路的仿真运行,可以单击工具栏中的"仿真停止"按钮▇▇,要暂停电路的仿真运行,可以单击"仿真暂停"按钮▇▇。要对电路进行单步运行仿真,可以单击"帧进仿真"按钮▇▇。

思考与练习

1. 简述 Proteus ISIS 软件的设计文件管理方式。
2. 怎样在 Keil μVision2 软件中新建 C 源程序文件?
3. 怎样在 Keil μVision2 软件中设置目标'目标 1'属性?
4. 运用 Keil μVision2 软件设计一个点亮 P1 口 8 位 LED 发光管的 C 语言源程序。
5. 将上题中的 C 语言源程序编译生成 HEX 文件后,用 Proteus 软件仿真验证程序的正确性。

任务 2-3 程序烧录软件及单片机实验板的使用

单片机项目设计经软硬件系统仿真成功后,就可以进行单片机实验板电路实验了。要投入实际应用,必须将程序载入单片机芯片,这就需要使用专用程序下载设备与相关软件。

STC 系列单片机的优点是可以利用廉价的 USB_ISP 下载线通过 STC_ISP 程序下载软件将程序在系统载入 STC 单片机芯片中,既省去了使用编程器下载程序的设备投入费用,又避免了在程序下载时对单片机芯片的频繁拔插,使得单片机程序下载成为一件轻而易举的事情。

任务 2-3-1 掌握手工自制单片机实验板的使用方法

在做点亮一个发光二极管的实验中,手工自制的单片机实验板的使用方法如图 2-38 所示。

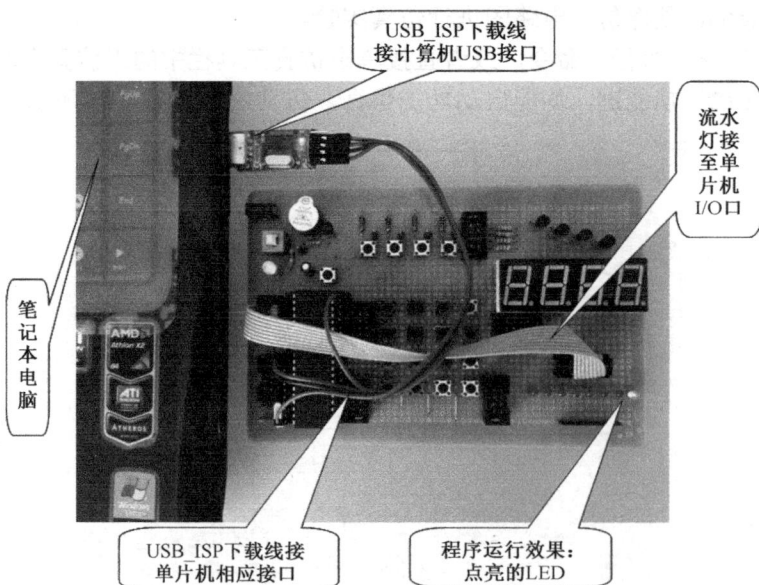

图 2-38 使用手工自制单片机实验板点亮一个发光二极管实验连接示意图

具体步骤说明如下。

1. 连接好硬件设备

用八芯排线将八位发光二极管接口插座 P6 连接到 P1 口接口插座（手工自制的单片机实验板结构如图 1-10 所示）。

2. 连接好 USB_ISP 下载线

将 USB_ISP 下载线一边接计算机的 USB 插口，另一边的 TXD、RXD、GND 分别对应接到手工自制单片机实验板 P4 接口排针上的第 10 脚 P3.0/RXD、第 11 脚 P3.1/TXD、第 20 脚 GND。

3. 输入 5V 电源

将 5V 电源接入手工自制单片机实验板的直流电源插座中。

单片机实验板连接准备工作做好之后，下一步就可以进行程序的载入与实验了。

任务 2-3-2   掌握 STC_ISP_V488 程序烧录软件的使用方法

STC_ISP_V488 是一个绿色软件，直接解压缩即可使用，进入软件主目录，运行 "STC_ISP_V488.exe"（或为该程序创建桌面快捷方式，双击该桌面快捷方式）即可运行程序。

STC-ISP 软件不断推出升级更新版本，如果需要更高版本，可到宏晶公司官方网站（http://www.mcu-memory.com）免费下载最新版。

运行 "STC_ISP_V488.exe" 后，进入如图 2-39 所示的工作界面。

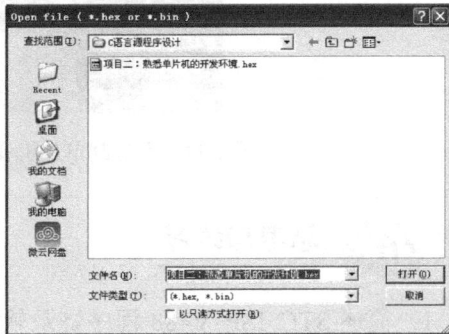

具体的程序下载操作步骤如下。

（1）选择芯片类型：STC89C52RC。

（2）打开需要烧写的 HEX 文件。

单击 "打开程序文件" 按钮，弹出 "Open file" 对话框，选择 "D：\单片机项目设计\项目二：熟悉单片机的开发环境\C 语言源程序设计" 管理文件夹中经编译生成的 "项目二：熟悉单片机的开发环境.hex" HEX 文件，选择好 HEX 文件后的 "Open file" 对话框如图 2-40 所示。单击 "打开" 按钮，打开 "项目二：熟悉单片机的开发环境.hex" 文件。

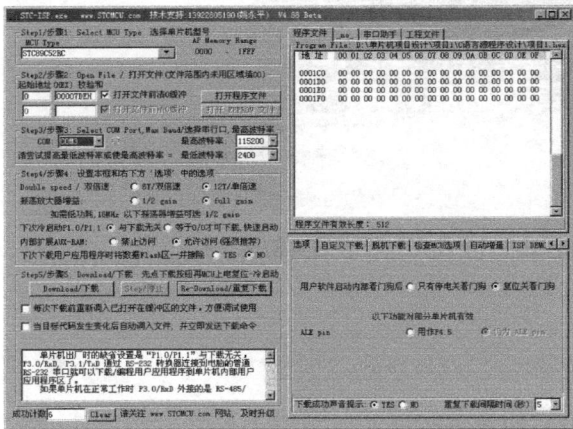

图 2-39   "STC_ISP_V488.exe" 工作界面   图 2-40   "打开程序文件" 对话框

（3）选择 USB_ISP 下载线与计算机连接相对应的 COM 口。

在 STC_ISP_V488 工作界面的 "COM：" 框中选择单片机实验板与计算机对接的 COM 口。

查看单片机实验板与计算机对接的 COM 口的方法是：右击 "我的电脑"，选择 "设备管理器"中的"端口"选项，可以查看到对应 COM 口，如图 2-41 所示。

其他设置项可不设置，采用软件默认值。

（4）STC-ISP 软件下载程序的工作方式是冷启动下载方式，下载前先要用电源开关关掉系统电源，然后单击"Download/下载"按钮。当 STC-ISP 软件给出上电提示信息"请给 MCU 上电…"时，再按下电源开关给单片机上电。也可以将 USB-ISP 下载线的 5.0V 电源线接至单片机第 40 脚 V_{CC} 端，通过计算机的 USB 端口输出电源为单片机供电。

（5）成功下载程序后，STC-ISP 软件会给出如图 2-42 所示的提示信息。

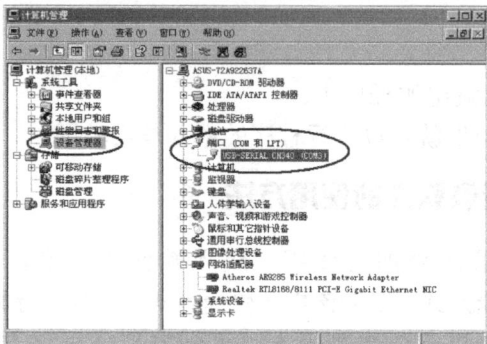

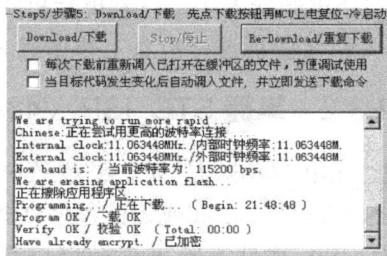

图 2-41　查看单片机实验板与计算机对接的 COM 口　　图 2-42　STC-ISP 下载程序成功的提示信息

程序下载完成后，单片机会接着自动运行下载的程序，单片机实验板上八个流水灯中最右边的 D1 会被点亮，实现程序设计的控制功能。图 2-43 为本实验的现象。

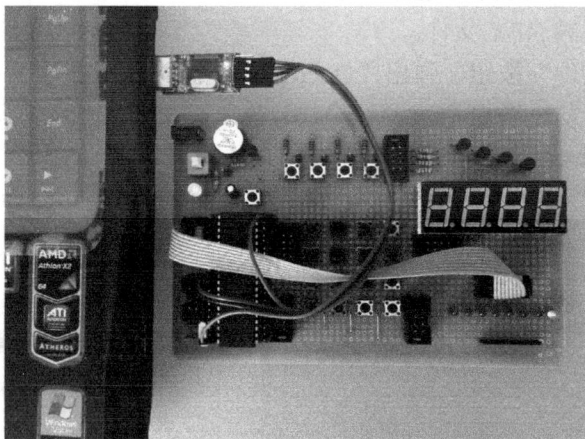

图 2-43　用自制单片机实验板点亮一个发光二极管的实验现象

思考与练习

1. 简述 STC_ISP_V488 程序烧录软件的使用方法。

2. 将上一任务的思考与练习中设计的 C 语言源程序（点亮八位发光二极管）编译生成的 HEX 文件，用 STC_ISP_V488 程序烧录软件载入单片机实验板中运行，验证程序的正确性。

单片机最小系统电路设计与制作

一个复杂的项目工程通常都要从最基本的模块做起。要开发综合性的单片机控制系统，首先第一步就是要制作单片机系统最基础、最核心的部分——单片机最小系统。本项目的主要任务就是进行单片机最小系统的设计与制作，为后续单片机综合控制系统的开发打下良好的基础。

任务 3-1　单片机最小系统电路设计

◯ 工作任务与目标

通过本项任务的实践，了解单片机最小系统的结构与作用，学习单片机最小系统设计的思路与方法，完成单片机最小系统的电路原理图与装配图的设计，为单片机最小系统的制作打下良好的基础。

任务 3-1-1　了解单片机最小系统的组成

能让单片机工作的由最基本的功能单元电路构成的单片机工作系统称为单片机最小系统。51 系列单片机最小系统主要由电源电路、时钟电路和复位电路三种基本单元电路构成。

（1）电源电路：单片机通常使用的是 5V 直流电源。

（2）时钟电路：又称为振荡电路。在单片机内部有一个时钟产生电路，单片机工作时要在外部接上两个电容和一个晶振构成完整的时钟振荡电路。

（3）复位电路：通常由自动复位与手动复位两部分电路构成。复位电路起到使单片机启动时从初始状态开始执行程序的作用。

此外，51 单片机还有一个 $\overline{EA}$ 引脚，用来对单片机进行内部与外部程序存储器的选择。通常情况下，应使用内部程序存储器，$\overline{EA}$ 引脚要接到正电源端（置高电平"1"）。

图 3-1 所示为点亮一个发光二极管 D1 所需的单片机最小系统电路原理图。其中，VCC 与 GND 构成电源电路；C2、C3、Y1 构成时钟电路；C1、R2 构成上电复位电路，RST 为手动复位按键。单片机的 $\overline{EA}$ 引脚接到 VCC 正电源端，使用内部程序存储器中的程序。

> 【注意】在 Proteus 软件中绘制仿真原理图时，最小系统所需的晶振时钟电路、复位电路、和 $\overline{EA}$ 引脚与电源的连接都可以省略，以简洁电路原理图的设计。Proteus 软件会默认其正常存在，不影响仿真效果。

另画出的电源输入电路的完整电路形式如图 3-2 所示。图中，除了 5V 电源输入插座之外，还设置了电源通断控制开关 POWER、电源通断指示电路 R1、D0 等结构。在实际制作电路时，VCC 和 GND 分别与万能板的两部分公共边框相连接，以形成公共电源与公共接地。

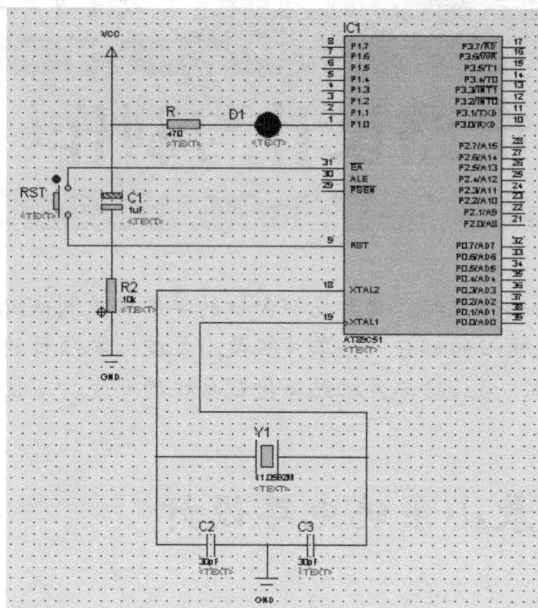

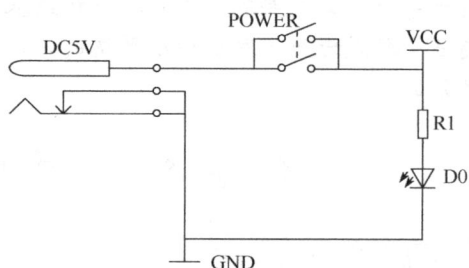

图 3-1　点亮一个发光二极管的单片机最小系统　　　　　图 3-2　电源输入电路

任务 3-1-2　单片机最小系统电路设计

单片机最小系统是单片机工作的基本条件，所有的单片机应用系统都是在单片机最小系统的基础上扩展起来的。作为各种单片机应用系统的基本内核与公共部分，对单片机最小系统实用电路进行合理的设计是十分必要的。本书的单片机应用电路是在如图 3-3 所示的万能板上制作的。

　　　（a）正面（元件面）　　　　　　　　　　　　（b）反面（焊接面）

图 3-3　55×33 通用板

该板由 33 行 55 列相互独立的焊孔阵列组成，阵列周围边框可以用作公共电源与接地。因为在这种电路板上可以随意搭接各种电路，所以称为万能板，俗称"洞洞板"。

本书要做的各种单片机控制电路都离不开单片机最小系统电路单元，为了提高电路板的利用效率，将在同一块电路板上制作各种相关的单片机控制电路。这样就不必每做一个单片机控制电路就要做一次最小系统。本书要制作的各种单片机控制电路在万能板上的布局如图 3-4 所示。

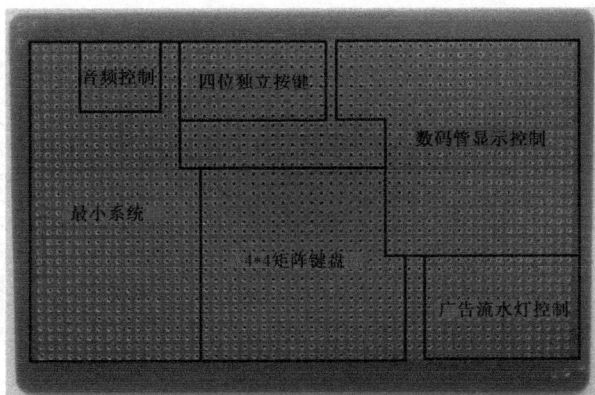

图 3-4　单片机控制电路万能板整体布局图

按照上述电路制作思路，在设计作为公共部分的单片机最小系统时，要求做到以下几点：

（1）单片机最小系统的制作，电源的引入要使用 DC 直流电源插座，以方便电源的接入。在做单片机实验的时候，供电电源使用的是随手可得的 USB 手机充电器，提供标准的 5V 直流电压，使用 USB 电源线连接手机充电器与单片机实验电路板 DC 直流电源插座。

（2）电源电路要有控制开关与电源通断指示。

（3）复位电路要求包含手动复位功能。

（4）单片机最小系统与各种具体的单片机控制电路都要制作必要的输入或输出接口，各种单片机控制电路与单片机最小系统之间使用相应的接口线进行连接。

按照上述要求设计的单片机控制电路，具有电路板利用效率高、硬件连接设计灵活、电路连接方便、软硬件设计兼容性好、项目开发适应面广等诸多优点，能够适应大多数单片机入门阶段基础性硬件电路设计与软件程序开发的基本需要。另外，电路便于自行设计制作，经济实惠，开发制作短频快、周期短，在软件程序开发的同时可以积累大量硬件电路设计与制作的宝贵实践经验，能为进一步从事单片机项目开发设计工作打下坚实的基础。

图 3-5 是对应于图 3-4 布局设计而开发出的一种单片机控制电路万能板整体装配图的设计方案。

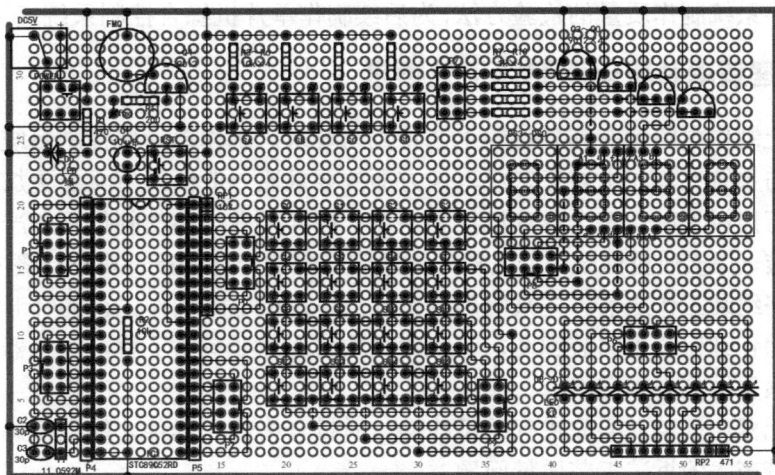

图 3-5　单片机控制电路万能板整体装配图

其中，单片机最小系统部分的装配图如图 3-6 所示。

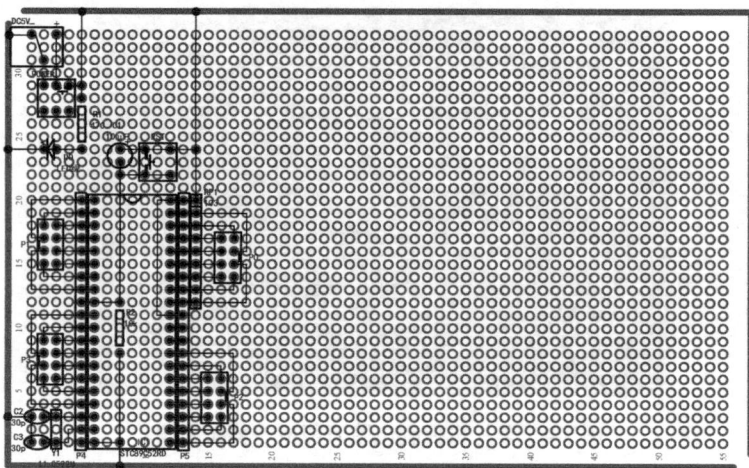

图 3-6　单片机最小系统万能板装配图

为了适应电路设计的空间需要，P0 口上拉电阻 RP1 采用了排阻的封装形式。

【说明】装配图为元件面的视图，图中所见元器件位置与实物电路元件面元器件实际位置相一致。装配图中用实线表示的连线部分为焊接面走线，用虚线表示的连线部分为元件面走线。两面走线相当于双面板布线，在较为复杂的电路装配中用以防止连线的交叉，这是常用的布线方式。

任务 3-2　单片机最小系统电路制作

工作任务与目标

通过本项任务的实践，了解单片机最小系统制作相关元器件的基本知识，理解单片机电路制作工艺要求，掌握单片机最小系统制作的方法与技能，完成单片机最小系统的制作，并掌握单片机最小系统制作质量的检验方法，为后续制作单片机综合控制系统打下良好的基础。

任务 3-2-1　理解单片机电路制作工艺要求

在万能板上制作电路，有其独特的工艺特点与要求。制作单片机控制系统，由于其具有一定的复杂性与系统性，在组装工艺规范性方面的要求比一般情况下又要更加具体与严格。因为要在一块万能板上制作整个单片机控制系统，因此要求电路的制作更加严谨细致，尽量避免出现因错装、焊接质量问题、工艺缺陷等原因导致的半途而废、功亏一篑的情况。为此，在开始进行电路组装工作之前，先来明确以下几点单片机电路制作工艺的针对性要求。

（1）动工前仔细研读电路装配图，对电路结构与原理要有所了解，对元器件的插装定位与相互连接关系要做到心中有数。

（2）所有元器件插装前要先进行质量检验，质量合格的元器件才能上板焊接，以避免故障隐患以及连带产生的拆装工艺质量问题。

（3）元器件插装正确，对有极性的元器件引脚要正确识别，插装不能错位。

在制作单片机最小系统部分的电路时，涉及的需要注意区分引脚与插装方向的元器件有电源自锁开关、按键、电解电容、LED 发光管、IC 座、排阻、P0～P3 口接口插座。在插装与焊接这些元器件时，一定要仔细认真，谨防装反装错返工，甚至导致电路板报废。

（4）焊接操作工艺规范，焊锡用量适中，焊点标准整洁，操作熟练，焊接质量过硬，避免虚焊、假焊、堆锡、搭锡、拉尖、桥连、焊盘剥离与脱落等工艺质量问题的出现。

（5）元器件之间的连接要求必须使用专用的裸导线（俗称"光铜丝"）进行连接，杜绝使用"堆锡法"等不规范的做法来连接元器件。导线连接时要讲究工艺规范性，做到横平竖直，转角垂直，走线中正，避免交叉，布局均衡，整齐美观。杜绝出现导线扭曲不直、连线歪斜、同面交叉等严重工艺质量问题。

（6）所有的集成电路都要在 IC 座上进行连接。IC 座的组装要注意引脚标识缺口方向插装正确再行焊接。

任务 3-2-2　单片机最小系统电路制作

1. 知识准备

（1）排阻。

排阻就是若干个参数完全相同电阻的集成封装，它们的一个引脚都连到一起，作为公共引脚，其余引脚正常引出。对于由 8 个电阻构成的排阻，它就有 9 只引脚。一般来说，最左边的那个是公共引脚，它在排阻上一般用一个色点标出来。如图 3-7 所示，左边有一个色点表示第一脚的方向，左边第一脚即为公共引脚。

排阻具有方向性，与色环电阻相比具有整齐、少占空间的优点。

① 排阻引脚说明。排阻的内部结构如图 3-8 所示。

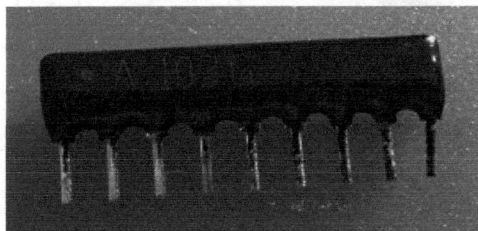

图 3-7　排阻的封装与引脚分布

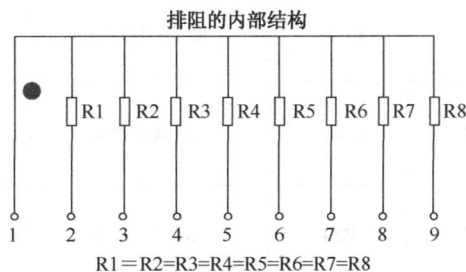

图 3-8　排阻的内部结构

第一引脚是公共引脚。用万用表测量一下就会发现所有引脚对公共引脚的阻值均是标称值，除公共引脚外其他任意两脚阻值是标称值的两倍。利用这一特点可以检验排阻的质量好坏。

在装配图中，排阻的符号如图 3-9 所示。

其中，左边第一脚小方框框住的引脚为第 1 脚公共引脚。

② 识别。排阻封装上通常用三位数字表示其标称阻值。在三位数字中，从左至右的第一位、第二位为有效数字，第三位表示前两位数字乘 10 的 N 次方（单位为 Ω）。如果阻值中有小数点，则用"R"表示，并占一位有效数字。例如，标称值为"102"的阻值为 $10 \times 10^2 \Omega = 1k\Omega$；标称值为"222"的阻值为 $22 \times 10^2 \Omega = 2.2k\Omega$；标称值为"105"的阻值为 $10 \times 10^5 \Omega = 1M\Omega$。需要注意的是要将这种标示法与一般的数字表示方法区别开来，如标称值为 220 的电阻器阻值为 $22 \times 10^0 \Omega = 22\Omega$，只有标称值为 221 的电阻器阻值才为 220Ω。在图 3-7 中所示的排阻，其标称值为"103"，阻值即为 $10 \times 10^3 \Omega = 10k\Omega$。

标称值为"0"或"…000"的排阻阻值为0Ω，这种排阻实际上是跳线（短路线）。

（2）P0～P3口接口插座插针分配。

P0～P3口接口插座插针分配情况如图3-10所示。

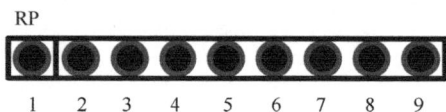

P11	P12		P02	P01
P10	P13		P03	P00
P17	P14		P04	P07
P16	P15		P05	P06

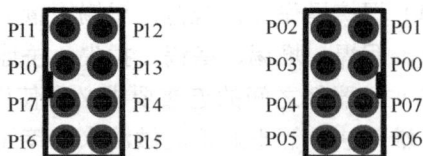

（a）P1接口插座插针分配　　（b）P0接口插座插针分配

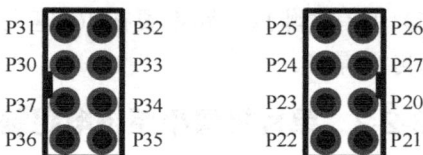

P31	P32		P25	P26
P30	P33		P24	P27
P37	P34		P23	P20
P36	P35		P22	P21

（c）P3接口插座插针分配　　（d）P2接口插座插针分配

RP

1　2　3　4　5　6　7　8　9

图3-9　排阻在装配图中的图形符号　　图3-10　P0～P3口接口插座插针分配图

2. 元器件清点与质量检验

单片机最小系统电路中，各元器件清单列表如表3-1所示。

表3-1　单片机最小系统元器件清单表

序　号	元器件编号	元器件名称	元器件实物图	元器件规格	数　量
1	DC5V	直流电源插座			1
2	POWER	电源自锁开关		8.5×8.5	1
3	RST	手动复位按键			1
4	R1	电源指示灯电阻		470Ω	1
5	R2	复位电阻		10 kΩ	1
6	C1	复位电容		10μF	1
7、8	C2、C3	时钟电容		30pF	2
9	D0	电源指示LED（绿）		ϕ5	1
10	Y1	晶振		11.0592MHz	1

续表

序　号	元器件编号	元器件名称	元器件实物图	元器件规格	数　量
11	IC1	IC 座		40 脚	1
12	RP1	P0 口上拉排阻		103	1
13	P0	P0 口接口插座		2×4 针	1
14	P1	P1 口接口插座		2×4 针	1
15	P2	P2 口接口插座		2×4 针	1
16	P3	P3 口接口插座		2×4 针	1
17	P4	IC1 接口排针（1～20 脚）		20 针	1
18	P5	IC1 接口排针（21～40 脚）		20 针	1
19	IC1	单片机		STC89C52RD	1

按照上表中元器件的顺序清点元器件，并对元器件的质量进行认真的检验。

3. 单片机最小系统电路的制作

单片机最小系统电路原理图如图 3-1 所示，电路装配图如图 3-5 所示。装配时一定要严格按照装配图定位插装，正确而高效合理地利用好万能板上的每一处空间。

万能板上电路的组装，大体分为以下几个主要的步骤：

第一步先将主要元器件正确插装与焊接定位；

第二步将其他外围元器件进行正确的插装与焊接定位；

第三步进行元器件之间以及元器件与电源线、地线之间的连线组装操作；

最后对照电路图与装配图对组装的电路进行全面仔细的组装检查，以防止漏装漏接、错装错接、组装工艺缺陷等质量问题的产生。

【必要的说明】由于单片机电路的复杂性，电路制作中尤其是接口电路部分的工艺难度要求较高。如果在组装操作特别是连线操作中实在存在较大的困难，也可以暂且不组装P0～P3 口八针接口插座，以降低电路组装的连线难度。但是这样的话，在后续的电路实验中，电路中外围设备与单片机的连接就要用杜邦线一位一位地连接外围设备接口插针与单片机相应的 I/O 口八位口线排针，在硬件设计上会显得稍微烦琐一些。

单片机最小系统电路的实际装接样板如图 3-11 所示。

4. 单片机最小系统电路的质量检验

单片机最小系统电路制作完成以后，还要对电路的组装质量进行检验。检验合格以后才能进行后续的电路组装与实验。对单片机最小系统的质量检验，按照以下程序进行。

（1）电源开关控制功能检验。使用万用表对电源开关的控制功能进行检验，确定电源开关按下时电源接通，弹起时电源断开。万用表置电阻挡（R×1），在电源开关按下的接通状态，两只表笔分别接电源 VCC 边框和 IC1 座 VCC 第 40 脚，万用表指针应该指向 R=0 刻度；两只表笔分别接电源地边框和 IC1 座 GND 第 20 脚，万用表指针也应该指向 R=0 刻度。

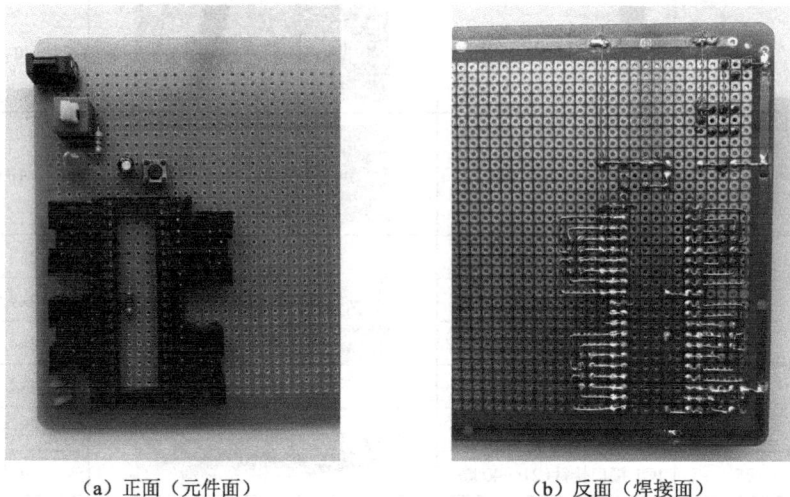

（a）正面（元件面）　　　　　　　　（b）反面（焊接面）

图 3-11　单片机最小系统实物电路样板图

（2）第 31 引脚 $\overline{EA}$ 连接质量检验。万用表置电阻挡（R×1），在电源开关按下的接通状态，两只表笔分别接电源 VCC 边框和 IC1 座第 31 脚 $\overline{EA}$ 引脚，万用表指针应该指向 R=0 刻度。

（3）复位功能检验。万用表置电阻挡（R×1），在电源开关按下的接通状态，两只表笔分别接电源 VCC 边框和 IC1 座 RST 第 9 脚。按下复位开关，万用表指针应该指向 R=0 刻度。

（4）接口连接质量检验。使用万用表检验单片机各引脚与相应排线插针、I/O 口接口插座插针之间的连通情况，漏焊不通的地方要补焊连通。

（5）时钟电路质量检验。使用万用表检验时钟电路的连接关系，漏焊错焊的地方要及时修正。

思考与练习

1. 简述单片机最小系统的组成。
2. 简述单片机电路制作工艺要求。

广告流水灯项目开发

掌握了前面学习单片机项目开发的单片机知识和软硬件基础，就可以进一步从实践层面上深入学习单片机技术了。本模块从最基本的流水灯控制项目入手，通过多任务的广告流水灯控制项目软硬件技术开发，循序渐进地学习单片机基本结构与 C 语言程序设计知识。

LED 发光管控制就是通常所说的广告流水灯控制，这是单片机控制技术入门的基本控制项目。通过花样繁多的广告流水灯控制任务，可以学习和应用基本的单片机和 C 语言程序设计的知识与技术，积累丰富的单片机项目开发与程序设计的经验与技巧，为进一步提高单片机技术水平打下坚实的基础。本项目通过精选的多个典型的广告流水灯控制任务及其拓展技术，尽可能较全面地覆盖单片机的基本结构知识与实用的 C 语言单片机程序设计知识。通过项目任务实践，可以将相关知识的掌握转化为扎实的单片机项目开发技术能力。

任务 4-1　LED 广告流水灯电路设计与制作

◯ 工作任务与目标

通过本项任务的实践，了解 LED 广告流水灯电路的结构与作用，学习 LED 广告流水灯电路设计的思路与方法，完成 LED 广告流水灯电路原理图与装配图的设计，了解 LED 广告流水灯电路制作相关元器件的基本知识，理解电路制作工艺要求，掌握电路制作的方法与技能，完成 LED 广告流水灯电路的制作，并掌握 LED 广告流水灯电路制作质量的检验方法，为后续单片机电路广告流水灯实验打下良好的硬件基础。

任务 4-1-1　LED 发光二极管广告流水灯电路设计

连接于单片机 I/O 口的单片机最小系统以外的外部控制电路按照输入/输出方式来分，主要分为两大部分：输入控制电路与输出控制电路。本节 LED 发光二极管广告流水灯电路设计的任务中也包含有这两个部分。LED 发光二极管广告流水灯电路部分的设计属于输出控制电路部分，独立按键电路部分的设计属于输入控制电路部分。

1. LED 发光二极管广告流水灯电路设计

（1）了解 LED 发光二极管。

LED 发光二极管是半导体二极管的一种，可以把电能转化成光能。发光二极管与普通二极管一样是由一个 PN 结组成的，也具有单向导电性。当给发光二极管加上正向电压后，产生自发辐射的可见光。不同的半导体材料发出的光波长不同，光的颜色也不同。常用的是发红光、绿光或黄光的二极管。发光二极管的反向击穿电压大于 5V。它的正向伏安特性曲线很陡，使用时必须串联限流电阻以控制通过二极管的电流。

当正向电流达到 1mA 左右时开始发光，发光强度近似与工作电流成正比；但工作电流达到一定数值时，发光强度逐渐趋于饱和，与工作电流成非线性关系。一般小型发光二极管的正向饱和压降范围为 1.6V～3V，正向工作电流范围通常为 5mA～20mA。

不同颜色发光二极管的正向饱和压降也不同，颜色不同的红、橙、黄、绿、蓝色的发光二极管，其正向饱和压降随波长的减小（频率升高）而依次升高。

发光二极管具有体积小、工作电压低、工作电流小、功耗低、容易驱动、光效高、发光均匀稳定、响应速度快、抗冲击和抗震性能好，可靠性高以及寿命长等特点，可用各种直流、交流、脉冲等电源驱动点亮，通过调制电流强弱可以方便地调制发光的强弱。普遍用作指示灯、光源、信号显示器以及大屏幕显示装置中。

（2）发光二极管的检测。

通常，发光管引脚较长的为正极，引脚较短的为负极。

① 使用指针式万用表检测。利用指针式万用表的 R×10kΩ 挡可以大致判断发光二极管的好坏。一般情况下，发光二极管正向电阻阻值为几十至 200kΩ，反向电阻的值为∞。如果正向电阻值为 0 或∞，反向电阻值很小或 0，则已损坏。这种检测方法，通常只能隐约地看到发光管发出微光的情况，因为 R×10kΩ 挡不能向 LED 提供较大正向电流。

② 使用数字式万用表检测。用数字式万用表检测发光二极管与检测普通二极管的方法类似。优点是在测试的同时能显示出被测发光二极管的正向饱和压降值，缺点是二极管测试挡所提供的电流仅 1mA 左右，因为电流比较小，故只能使管子微弱发光，而且这时所显示的正向饱和压降值也比典型值偏低一些。

将数字式万用表置于二极管测试挡，红表笔接发光管正极，黑表笔接负极，发光二极管发光，同时万用表显示出发光二极管的正向饱和压降值。需要注意的是，如果管子的正负极性接反，就不能发光，由此也可以判定出正、负极。

（3）LED 发光二极管广告流水灯电路设计。

① 电路原理图设计。如前所述，发光二极管在使用时必须串联限流电阻以控制通过它的电流。具体的电路原理如图 4-1 所示。

通常设计实验板发光二极管的工作电流控制在 5mA～10mA。图 4-1 电路中参数的设计如下：

取红色发光二极管正向饱和压降 V_F 为典型值 1.6V，电源电压 V_{CC} 为 5V，则串联限流电阻 R 需分压 3.4V。若取 R 值为 470Ω，则发光二极管的工作电流为

$$I = \frac{V_{CC} - V_F}{R} = \frac{5 - 1.6}{470} A \approx 7.2mA$$

这个结果能够较好地符合设计的参数要求。如果要想发光二极管的工作电流再小一些，可以将 R 值适当取得再大一些，反之亦然。

实际的控制电路要求广告流水灯由一组八个红色发光二极管作为一个开发单元。在电路设计时，考虑到电路组装的优化，电阻将采用排阻的形式，排阻参数选择为 471（即 470Ω）。完整的设计电路如图 4-2 所示。

实际工作时，各发光二极管的阴极接单片机的 I/O 口，当单片机的 I/O 口送出低电平时，发光二极管发光。

② 电路装配图设计。根据 LED 广告流水灯控制电路原理图，在万能板上设计的电路装配图如图 4-3 所示。

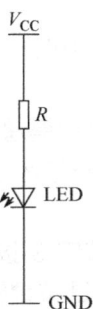

图 4-1 发光二极管工作原理图   图 4-2 LED 广告流水灯控制电路原理图

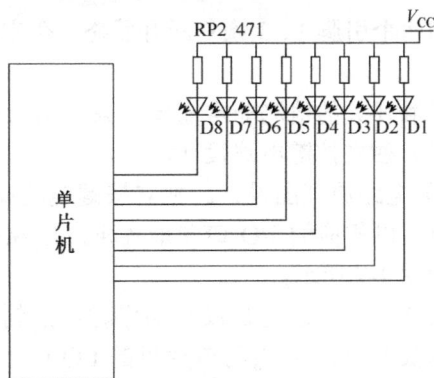

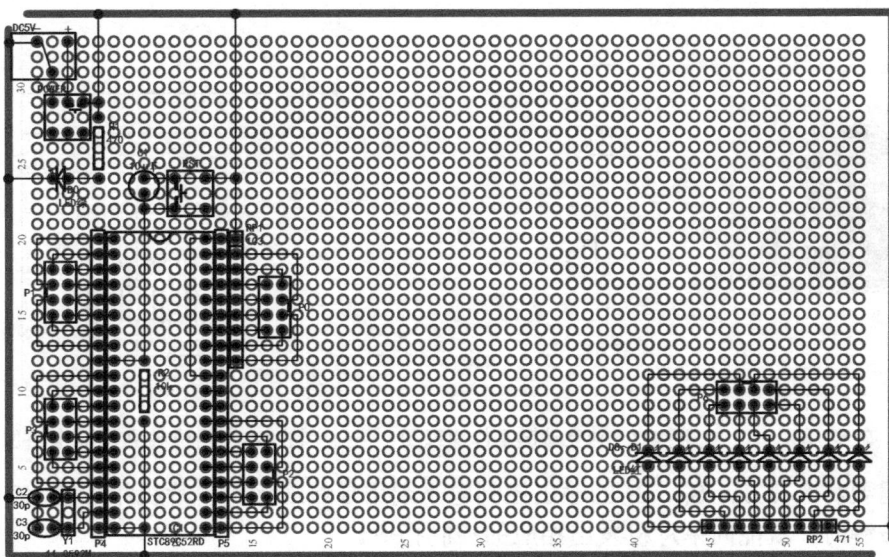

图 4-3 LED 广告流水灯控制电路装配图

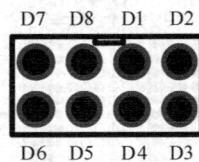

万能板上局部的 LED 广告流水灯控制电路装配图如图 4-4 所示。

图 4-4 中，接口插座 P6 插针分配如图 4-5 所示。

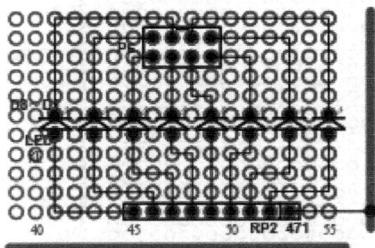

图 4-4 LED 广告流水灯控制电路装配图（局部）   图 4-5 LED 广告流水灯电路接口插座 P6 插针分配图

2. 独立按键电路设计

（1）了解独立按键。

图 4-6 所示为用作独立按键的轻触开关，它的两侧相对引脚如 1、2 是相连通的，每侧的两个引脚如 1、3 之间常开。当按下中间的按钮时，侧面的两个引脚 1、3 连通，松开按钮后

侧面的两个引脚 1、3 恢复断开状态。在安装使用时一定要分清楚引脚通断关系，避免插装方向错误。

轻触开关的检测非常简单，只需用万用表检测验证通断状态即可。

（2）独立按键电路设计。

① 电路原理图设计。独立按键电路属于输入控制电路，利用按键通断前后的电平变化，通过单片机相应的 I/O 口向单片机发出控制指令，控制单片机的程序运行流程。具体的电路原理如图 4-7 所示。

图 4-7 中，按键 S 没有动作时，控制电平 V_S 为高电平；当按键 S 按下时，控制电平 V_S 转变为低电平。将 V_S 与单片机的 I/O 口相连接，控制电平就能通过按键输入到单片机中。

本项目的制作根据今后项目开发的需要，设计一组四个独立按键，完整的设计电路如图 4-8 所示。

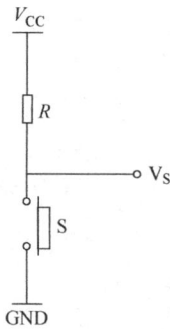

图 4-6　轻触开关　　　图 4-7　独立按键工作原理图　　　图 4-8　四位独立按键电路原理图

根据需要将 S_A、S_B、S_C、S_D 的输出控制电平端用导线连接到单片机相应的 I/O 口，当按下相应的按键时，就能向单片机发出相应的控制指令。

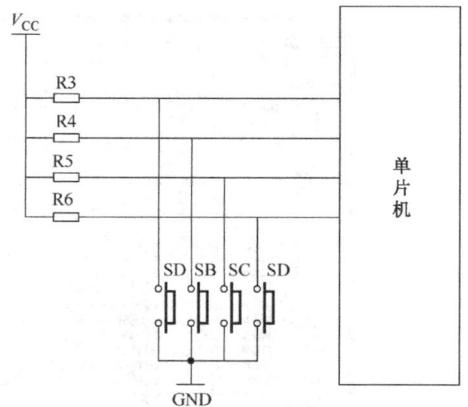

② 电路装配图设计。根据四位独立按键电路原理图，在万能板上设计的电路装配图如图 4-9 所示。

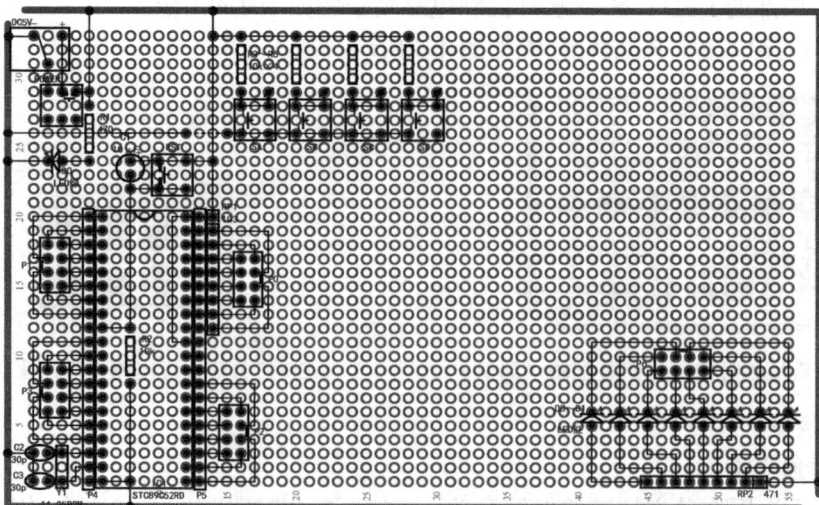

图 4-9　四位独立按键电路装配图

万能板上局部的四位独立按键电路装配图如图 4-10 所示。

【说明】装配图为元件面的视图，图中所见元器件位置与实物电路元件面元器件实际位置相一致。装配图中用实线表示的连线部分为焊接面走线，用虚线表示的连线部分为元件面走线。

在图 4-10 中，独立按键控制电平输出插针装配图符号如图 4-11 所示。

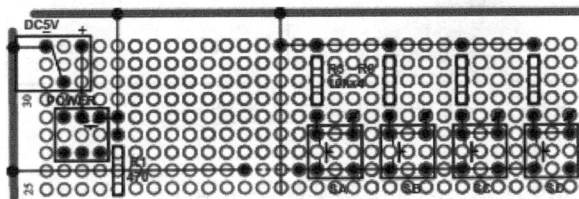

图 4-10　四位独立按键电路装配图（局部）

图 4-11　独立按键控制电平的输出插针装配图符号

任务 4-1-2　LED 发光管广告流水灯电路制作

1. LED 发光管广告流水灯电路制作工艺要求

（1）仔细研读电路装配图，对电路结构与原理要有所了解，对元器件的插装定位与相互连接关系的把握要做到准确无误。

（2）所有元器件插装前要先进行质量检验，质量合格的元器件才能上板焊接，以避免故障隐患以及连带产生的拆装工艺质量问题。

（3）元器件插装正确，对排阻、发光二极管、接口插座、轻触开关等有极性、有方向性的元器件引脚要认真识别，正确插装。

（4）焊接操作工艺规范，焊接质量过硬。

（5）规范连线工艺。广告流水灯接口插座的连线工艺要求较高，要耐心细致操作，做到横平竖直，转角垂直，走线中正，避免交叉，布局均衡，整齐美观。

（6）独立按键电路的制作，注意轻触开关的插装要正确，排列整齐美观；连线工艺规范，连线关系正确。

2. LED 发光管广告流水灯电路制作

（1）元器件清点与质量检验。

LED 发光管广告流水灯电路中，各元器件清单列表如表 4-1 所示。

表 4-1　LED 发光管广告流水灯电路元器件清单表

序　号	元器件编号	元器件名称	元器件实物图	元器件规格	数　量
1	RP2	LED 发光管限流排阻		471	1
2	D1～D8	LED 发光管（红）		φ3	8

续表

序　号	元器件编号	元器件名称	元器件实物图	元器件规格	数　量
3	P6	LED发光管接口插座		2×4 针	1
4	R3~R6	按键电阻		10 kΩ	4
5	S$_A$、S$_B$、S$_C$、S$_D$	四位独立按键			4
6	S$_A$、S$_B$、S$_C$、S$_D$	四位独立按键接口排针		1 针	4

按照表 4-1 中元器件的顺序清点元器件，并对元器件的质量进行认真的检验。

（2）LED 发光管广告流水灯电路的制作。

LED 发光管广告流水灯电路总装配图如图 4-9 所示，局部电路装配图如图 4-4、图 4-10 所示。装配时一定要严格按照装配图定位插装，正确而高效合理地利用好万能板上的每一处空间。

万能板上 LED 发光管广告流水灯电路的组装，大体分为以下几个主要的步骤。

第一步先组装广告流水灯电路部分，将排阻、发光二极管、接口插座正确插装与焊接定位，然后进行元器件之间以及元器件与电源线之间的连线组装操作；

第二步组装四位独立按键电路部分，将轻触开关、电阻、插针正确插装与焊接定位，然后进行元器件之间以及元器件与电源线、地线之间的连线组装操作；

第三步对照电路图与装配图对组装的电路进行全面仔细的组装检查，以防止漏装漏接、错装错接、组装工艺缺陷等质量问题的产生。

【必要的说明】由于单片机电路的复杂性，电路制作中尤其是接口电路部分的工艺难度要求较高。如果在组装操作特别是连线操作中实在存在较大的困难，也可以暂且不组装 P6 接口八针插座，而代之以八针排针，以降低电路组装的连线难度。但是这样的话，在后续的电路实验中，广告流水灯与单片机的连接就要用杜邦线一位一位地将广告流水灯接口排针与单片机相应的 I/O 口八位口线排针相连接，在硬件设计上会显得稍微烦琐一些。

LED 发光管广告流水灯电路的实际装接样板如图 4-12 所示。

（a）正面（元件面）　　　　　　　　　　　　　　（b）反面（焊接面）

图 4-12　LED 发光管广告流水灯电路样板图

3．LED 发光管广告流水灯电路的质量检验

LED 发光管广告流水灯电路制作完成以后，还要对电路的组装质量进行检验，检验合格以后才能进行后续的电路组装与实验。对 LED 发光管广告流水灯电路的质量检验，按照以下程序进行。

（1）广告流水灯部分电路功能检验。

使用数字万用表对广告流水灯部分电路功能进行检验比较方便。数字万用表置二极管挡，红表笔接 VCC（IC1 座第 40 脚），黑表笔分别依次接 P6 接口插座八根插针，则对应连接的 LED 发光管应该依次被点亮。如有不亮情况，则要检查插装、焊接与连线，直至排除故障为止。

（2）四位独立按键部分电路功能检验。

数字万用表置电阻挡（20kΩ），红表笔接 VCC（IC1 座第 40 脚），黑表笔分别依次接四位独立按键的接口插针，应当分别测得 R3～R6 的阻值（均为 10kΩ左右）。黑表笔接 GND（IC1座第 20 脚），红表笔分别依次接四位独立按键的接口插针，不按按键时数字万用表无指示，按下按键时数字万用表指示电阻值应为 0。如果不符合上述所说的情况，则要检查插装、焊接与连线，直至排除故障为止。

任务 4-2　LED 发光管广告流水灯控制程序设计

本项任务分为 9 个子任务。通过本项任务的实践，学习和应用单片机的基本结构知识及 C 语言程序设计的知识与技术，积累基本的单片机项目开发与程序设计的经验与技巧，将相关知识的掌握转化为扎实的单片机项目开发技术能力，为进一步提高单片机技术水平打下坚实的基础。

任务 4-2-1　广告流水灯闪烁控制程序设计

◯ 工作任务与目标

1．了解单片机的 I/O 口，了解 C 语言的数据类型。

2．初步了解 C 语言的基本语法与格式要求。

3．初步掌握 C 语言延时函数的基本应用方法。

4．能使用 C 语言编程控制 P1 口 LED 灯闪烁。

5．初步掌握单片机项目设计的完整流程，形成 C 语言程序设计、Proteus 软件仿真与实验板实验整体项目开发技能。

◯ 任务相关知识链接

1．单片机的 I/O 口

8051 单片机 40 脚双列直插式封装，有四个 8 位的并行 I/O 接口：P0 口（39～32 引脚）、P1 口（1～8 引脚）、P2 口（21～28 引脚）和 P3 口（10～17 引脚），共 32 根 I/O 线。每个 I/O口主要由 4 部分构成：端口锁存器、输入缓冲器、输出驱动器和端口引脚。它们都是双向通道，每一条 I/O 线都能独立地用作输入或输出线。作输入时数据可以缓冲，作输出时数据可以锁存。

单片机的 4 个 I/O 口功能不完全相同，在特性上的差别主要是 P0、P2、P3 口都还有第二功能，而 P1 口只能用作普通 I/O 口。

P0 口为双向 I/O 口，既可作地址/数据总线口用，也可作普通 I/O 口用。

P1 口为准双向 I/O 口，只能用作普通 I/O 口。

P2 口为准双向 I/O 口，既可作地址总线口输出地址高 8 位，也可作普通 I/O 口用。

P3 口为多用途端口，既可作普通 I/O 口用，也可用作专门定义的第二功能。P3 口的第二功能如表 4-2 所示。

表 4-2　P3 口的第二功能

位	第二功能	说　明	位	第二功能	说　明
P3.0	RXD	串行输入口	P3.4	T0	计数器 0 计数输入
P3.1	TXD	串行输出口	P3.5	T1	计数器 1 计数输入
P3.2	$\overline{INT0}$	外部中断 0 输入	P3.6	$\overline{WR}$	外部数据 RAM 写选通信号
P3.3	$\overline{INT1}$	外部中断 1 输入	P3.7	$\overline{RD}$	外部数据 RAM 读选通信号

单片机的 4 个 I/O 口的带负载能力也不相同。P1、P2 和 P3 口都能驱动 3 个 LS TTL 门，并且不需要外接上拉电阻就可以直接驱动 MOS 电路。P0 口在驱动 TTL 电路时能带 8 个 LS TTL 门，但驱动 MOS 电路时，若作为 I/O 口使用时，则需外接上拉电阻，才能驱动 MOS 电路；若作为地址/数据总线，则可以直接驱动。

2．C 语言的数据类型

C 语言中的数据分为常量与变量两种。常量可以不经说明直接引用，变量必须先定义数据类型后才能使用。

C 语言中常用的数据类型包括整型数据、字符型数据、实型数据、指针型数据和空类型数据等。常用数据类型表如表 4-3 所示。

表 4-3　常用数据类型表

数据类型	符　号	关　键　字	字　长	数　的　表　示　范　围
整型	有	（signed）　int	16	-32768～32767
		（signed）　short	16	-32768～32767
		（signed）　long	32	-2147483648～2147483647
	无	（unsigned）　int	16	0～65535
		（unsigned）　short	16	0～65535
		（unsigned）　long	32	0～4294967295
字符型	有	char	8	-128～127
	无	（unsigned）　char	8	0～255
实型	有	float	32	3.4E-38～3.4E38
	有	double	64	1.7E-308～1.7E308

1）整型数据

整型数据包括整型常量和整型变量。

在 C 语言中，整型常量可以分为八进制整型常量、十进制整型常量、十六进制整型常量三种。

（1）整型常量。八进制数必须以"0"开头，以"0"作为八进制数的前缀，用 0～7 八个数码表示八进制数。

十进制数没有前缀，用 0～9 十个数码表示十进制数。

十六进制数必须以"0x"开头，以"0x"作为十六进制数的前缀，用 0～9 和 A～F 十六个数码表示十六进制数。

（2）整型变量。整型变量可分为基本型整型变量和无符号型整型变量两种。基本型整型变量说明符为 signed，在内存中占 2 个字节，表达的数据范围为-32768～32767。无符号型整型变量说明符为 unsigned，在内存中也占 2 个字节，表达的数据范围为 0～65535。

整型变量定义的形式如下：

```
类型说明符 变量标志 1，变量标志 2，…;
```

例如：

```
unsigned int m,n,sum;
```

2）字符型数据

字符型数据包括字符常量和字符变量。

（1）字符常量。用单引号括起来的一个字符，称为字符常量，如'a'、'm'、'+'等。字符常量常用作显示说明。

（2）字符变量。字符变量用来存储单个字符，与整型变量类似，字符变量也可以分为无符号字符变量和有符号型字符变量两种。无符号型整型变量说明符为 unsigned char，在内存中占 1 个字节，表达的数据范围为 0～255。有符号型字符变量说明符为 signed char，在内存中也占 1 个字节，表达的数据范围为-128～127。

（3）字符串常量。用一对双引号括起来的字符序列，称为字符常量。如"sum="、"temperature："等。

3）实型数据

实型数据在 C 语言中有两种表现形式：十进制小数形式和指数形式。在单片机应用技术中，大多数情况下，从便于数据处理与程序设计的角度出发，在 C 语言中尽量使用字符型或整型数据，尽可能不用或少用实型数据。

硬件电路设计

运用 Proteus 进行的硬件电路设计及仿真效果如图 4-13 所示。

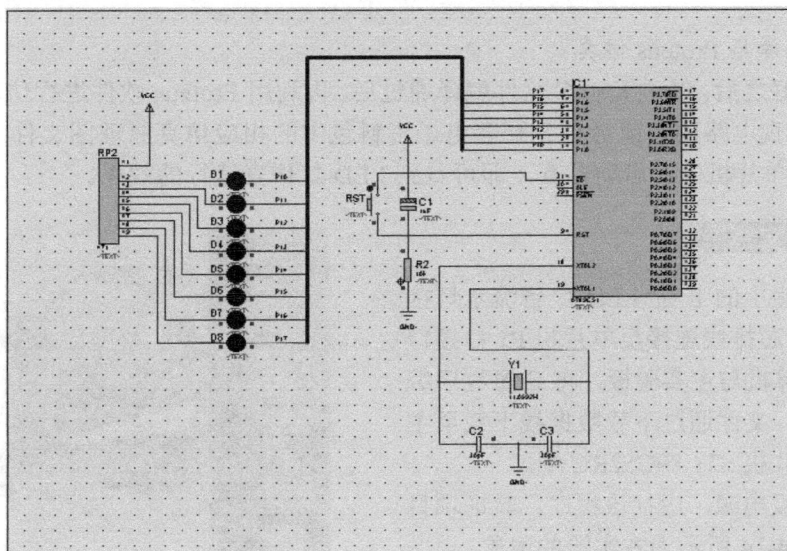

图 4-13　使用 P1 口控制 LED 灯闪烁仿真原理图

○ 软件程序设计

在 D 盘下建立的"单片机项目设计"文件夹中，建立 "项目四：广告流水灯项目开发"子文件夹，再在"项目四：广告流水灯项目开发"子文件夹中建立下一级"C 语言源程序设计"子文件夹。新建的"Keil μVision2"工程项目以及相应的 C 语言源程序设计文件均存放在该子文件夹中。

1. 示例程序设计

示例程序设计如下：

```
//4-2-1：使用 P1 口控制广告流水灯闪烁
#include<reg51.h>    //包含单片机寄存器定义的头文件
/*****************************************
延时函数
*****************************************/
void delay(void)
   {
      unsigned int i;
       for(i=0;i<30000;i++)
          ;
   }
/*********************************************************
主函数
*********************************************************/
void main(void)
{
   while(1)              //无限循环
     {
           P1=0xfe;      //P1=11111110B,第一个灯 D1 亮
           delay();      //调用延时函数
           P1=0xff;      //P1=11111111B,灯全灭
           delay();      //调用延时函数
     }
}
```

2. 程序编译与 Proteus 仿真

程序设计好之后，经过 Keil C 软件编译通过后，再利用 Proteus 软件进行仿真。在 Proteus ISIS 中绘制仿真电路图，或者打开配套电子资料包中的相应仿真原理图文件，将编译好的 HEX 文件载入单片机中。启动仿真，即可看到 LED 灯仿真运行的效果。

○ 任务验证实践

将主实验板上的 8 位 LED 广告流水灯接口插座 P6 用 8 芯排线连接至单片机 P1 口接口插座，连接计算机与主实验板，将 C 源程序编译生成的 HEX 文件通过下载数据线下载至主实验板上的单片机 STC89C52RC 中。

接通实验板电源，运行该程序，验证项目实现效果。图 4-14 所示为本实验的现象。

图 4-14 使用 P1 口控制广告流水灯闪烁实验现象

工作任务拓展

1. 延时函数的调整

调整 for 循环的次数，体会延时效果上的差异。

2. 主函数的调整

（1）调整 P1 口的控制语句，尝试设计出不同花样的 LED 灯闪烁控制，然后验证自己的设计效果。

（2）尝试用其他 I/O 口来控制流水灯，想想应该怎样做。

思考与练习

1. 简述 P3 口的第二功能。

2. 比较字符型数据与整型数据的区别。

3. 运用 Keil μVision2 软件设计一个 P1 口控制 8 位 LED 灯闪烁的 C 语言源程序。

4. 将上题中的 C 语言源程序编译生成 HEX 文件后，用 Proteus 软件仿真验证程序的正确性。

5. 将第 3 题中设计的 C 语言源程序编译生成的 HEX 文件，用 STC_ISP_V488 程序烧录软件载入制作的单片机主实验板中运行，验证程序的正确性。

任务 4-2-2   使用 P3 口流水点亮广告流水灯程序设计

工作任务与目标

1. 初步理解 C 语言的循环语句，学会使用简单的 C 语言循环语句。

2. 初步掌握 C 语言的基本语法与格式要求。

3. 了解 C 语言的程序结构，知道主函数在 C 语言中的地位与作用。

4. 能使用 C 语言编程控制 P3 口流水点亮 8 位 LED。

任务相关知识链接

1. C 语言的循环语句

C 语言程序的结构可分为顺序结构、选择结构（分支结构）和循环结构三种基本结构。一般的 C 语言程序都是由顺序、选择和循环这三种结构组合而成的。本任务先了解 C 语言的常用循环语句。

循环结构是指程序根据某条件的存在重复执行一段程序，直到这个条件不满足为止。常用的循环结构语句有 for 循环语句、while 循环语句和 do…while 循环语句。

（1）for 循环语句。

for 循环语句结构可使程序按指定的次数重复执行一个语句或一组语句。for 循环语句的一般格式如下：

```
for（初始化表达式；条件表达式；增量表达式）
         语句；
```

for 循环语句的执行过程如下：

① 初始化表达式。

② 求解条件表达式：条件表达式为逻辑表达式，若其值为"真"，其逻辑值为"1"，则

执行 for 随后的语句；若其值为"假"，其逻辑值为"0"，则跳出 for 循环语句执行后续程序。

③ 若条件表达式为"真"，则在执行 for 随后的语句后，执行增量表达式。

④ 再次求解条件表达式，形成循环。

下面是用 for 循环语句编写的一段延时程序：

```
void delay(void)
{
    unsigned char m, n;
    for(m=0; m<250; m++)
        for(n=0; n<250; n++)
        ;
}
```

（2）while 循环语句。

while 循环语句先判定循环条件的真假，条件为真，则执行循环体；条件为假，则跳出循环体，执行后续程序。while 循环语句的一般格式如下：

```
while（条件表达式）
        循环体
```

当循环体包含一个以上的语句时，应该用花括弧{}将这些语句括起来。当条件表达式为常量"1"时，实现无限循环。

下面是用 while 循环语句编写的一段从 1 到 9 的求和程序：

```
void main(void)
{
    unsigned char i,sum;
    sum=0;
    i=1;
    while(i<10)
        {
        sum= sum+i;
        i++;
        }
    P0=sum;    //将结果送 P0 口显示
}
```

（3）do…while 循环语句。

do…while 循环语句先执行循环体一次，再判定条件表达式的值。若条件为真，则继续执行循环体；若条件为假，则跳出循环体，执行后续程序。do…while 循环语句的一般格式如下：

```
do {
    循环体语句
    }while（条件表达式）;
```

do…while 循环语句的执行过程如下：

① 先执行一次指定的循环体语句，然后判断条件表达式。

② 当条件表达式的值为非 0 时，返回到第一步重新执行循环体语句。

③ 反复循环，直到条件表达式的值为 0 时，循环结束，执行后续程序。

do…while 循环语句格式中，while（条件表达式）后的分号";"不能丢，它表示整个循环语句的结束。

下面是用 do…while 循环语句编写的一段从 1 到 9 的求和程序：

```
void main(void)
```

```
    {
        unsigned char i,sum;
        sum=0;
         i=1;
            do{
                sum= sum+i;
                i++;
            } while(i<10);          //注意 "；" 不能遗漏
        P0=sum;
        }
```

2. C 语言的函数

C 语言程序是由函数组成的，一个 C 语言程序由一个主函数和若干个其他函数构成。主函数有且只能有一个，此外还可以有其他函数。主函数可以调用其他函数，其他函数之间也可以互相调用，但是其他函数不能调用主函数。

函数分为无参函数和有参函数两种。无参函数被调用时没有参数传递，有参函数被调用时有参数传递。

无参函数定义的一般形式如下：

```
类型说明符　函数名（void）              //用 "void" 声明该函数无参数
    {
        说明部分
        语句部分
    }
```

有参函数定义的一般形式如下：

```
类型说明符　函数名（形式参数列表）        //形式参数超过一个时，用逗号隔开
    {
        说明部分
        语句部分
    }
```

在函数定义的一般形式中，类型说明符定义函数返回值的类型。如果函数没有返回值，需要用 "void" 作为类型说明符。如果函数有返回值，则用返回值的数据类型说明符作为函数的类型说明符。例如，返回值为无符号字符型数据，则要用 "unsigned char" 作函数的类型说明符。如果没有定义类型说明符，函数返回值默认为整型数据。

主函数只能用 main() 命名。其他函数可以根据函数的功能灵活命名，比如常用 "delay()" 命名延时函数。

3. C 语言编程的基本语法与格式要求

C 语言是一种结构严谨的高级语言，有着严格的编程语言语法规范与格式要求。初学 C 语言进行程序设计时，了解 C 语言基本的语法与格式要求，有助于迅速养成良好的编程习惯，提高 C 语言的学习效率。

（1）C 语言中括号的用法。

C 语言中常用的有四种括号，它们分别是大括号{}、圆括号()、方括号[]和尖括号<>。

大括号{}一般用来把函数的函数体集中起来，形成一个相对的整体。也常常用来将相对集中的若干条语句构成的语句体集中起来，形成一个整体，比如用大括号{}将 while（1）语句后的循环体括起来。

圆括号()常用来说明函数的参数，一般紧跟在函数名的后面。函数有多个参数时，相邻参数间要用逗号隔开。使用时一定要注意不要在函数名与圆括号()之间留空格，否则在程序

编译时会通不过。

方括号[]常用来说明数组或数组元素的下标，紧跟在数组名的后面。使用时也一定要注意不要在数组名与方括号[]之间留空格，否则在程序编译时也会通不过。

尖括号<>常用在文件包含命令中。文件包含是指一个程序将另一个指定的文件的全部内容包含进来。文件包含命令的一般格式为：

```
#include<文件名>
```

例如，#include<reg51.h>命令就是将 Keil C 软件中定义 51 单片机寄存器的头文件包含进所编写的程序中。尖括号<>在文件包含命令中的作用就是给出被包含文件的文件名"reg51.h"。

（2）C 语言中逗号"，"与分号"；"的用法。

C 语言中逗号"，"常用作多个并列变量间的分隔符，相当于顿号的作用。C 语言中分号"；"用作一条语句的结束标志，C 语言中的语句必须以分号"；"结尾。

（3）C 语言中的中英文输入法。

C 语言程序必须用英文输入法编写，程序语句中不能出现中文字符，否则程序会出错，不能通过程序编译。C 语言程序中英文输入法的大小写也要十分在意。许多情况下同一个英文字母大小写形式不同，C 语言程序会将它们当做两个不同的变量来处理。

C 语言中的中文输入法主要用来对程序进行注释，以提高程序的可读性。注释的形式有两种：一种采用"/*……………..*/"的形式，可以注释多行内容；另一种采用"//……………"的形式，用来进行单行内容的注释。必要的注释是必须的，它可以说明程序的设计思路、程序功能以及相关语句的作用，对于初学者还能起到整理思路、便于纠错的作用。

硬件电路设计

运用 Proteus 进行的硬件电路设计及仿真效果如图 4-15 所示。

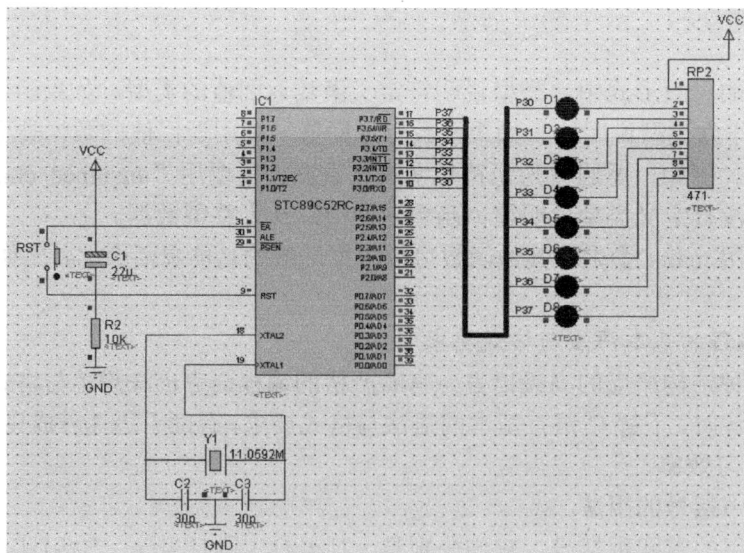

图 4-15　使用 P3 口流水点亮广告流水灯仿真原理图

软件程序设计

打开 D\:"单片机项目设计"\"项目四：广告流水灯项目开发"\"C 语言源程序设计"子文件夹，打开里面的"Keil μVision2"工程项目，在其中新建如下示例程序。

1. 示例程序设计

示例程序设计如下:

```
//4-2-2: 使用 P3 口流水点亮广告流水灯
#include<reg51.h>                //包含单片机寄存器定义的头文件
/*******************************************
延时函数
*******************************************/
void delay(void)
   {
       unsigned char m,n;
        for(m=0;m<250;m++)
          for(n=0;n<250;n++)
             ;
   }
/***********************************************************
主函数
***********************************************************/
void main(void)
{
   while(1)                 //无限循环
      {
              P3=0xfe;       //P3=11111110B,第一个灯 D1 亮
              delay();       //调用延时函数
              P3=0xfd;       //P3=11111101B,第二个灯 D2 亮
              delay();
              P3=0xfb;       //P3=11111011B,第三个灯 D3 亮
              delay();
              P3=0xf7;       //P3=11110111B,第四个灯 D4 亮
              delay();
              P3=0xef;       //P3=11101111B,第五个灯 D5 亮
              delay();
              P3=0xdf;       //P3=11011111B,第六个灯 D6 亮
              delay();
              P3=0xbf;       //P3=10111111B,第七个灯 D7 亮
              delay();
              P3=0x7f;       //P3=01111111B,第八个灯 D8 亮
              delay();
      }
}
```

2. 程序编译与 Proteus 仿真

程序设计好之后,经过 Keil C 软件编译通过后,再利用 Proteus 软件进行仿真。在 Proteus ISIS 中绘制仿真电路图,或者打开配套电子资料包中的相应仿真原理图文件,将编译好的 HEX 文件载入单片机中。启动仿真,即可看到流水灯仿真运行的效果。

○ 任务验证实践

将主实验板上的 8 位 LED 广告流水灯接口插座 P6 用 8 芯排线连接至单片机 P3 口接口插座,连接计算机与主实验板,将 C 源程序编译生成的 HEX 文件通过下载数据线下载至主实验板上的单片机 STC89C52RC 中。

接通实验板电源,运行该程序,验证项目实现效果。图 4-16 为本实验的现象。

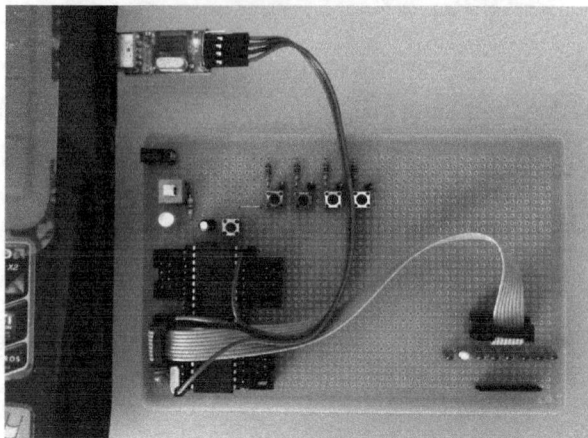

图 4-16 使用 P3 口流水点亮广告流水灯实验现象

工作任务拓展

1. 延时函数的调整

（1）调整 for 循环的次数，体会延时效果上的差异。

（2）尝试用整型变量做延时函数，想想该怎么做，感受在效果上有何不同。

2. 主函数的调整

（1）调整 P3 口的控制语句，尝试设计出不同花样的流水灯控制，然后验证自己的设计效果。

（2）尝试用其他 I/O 口来控制流水灯，想想应该怎样做。

思考与练习

1. 简述 for 循环语句的执行过程。

2. 比较 while 循环语句与 do…while 循环语句的区别。

3. 试述 C 语言函数的基本特点。

4. 简述 C 语言编程的基本语法与格式要求。

5. 运用 Keil μVision2 软件设计一个与本任务示例程序反向流水的 C 语言源程序。

6. 将上题中的 C 语言源程序编译生成 HEX 文件后，用 Proteus 软件仿真验证程序的正确性。

7. 将第 5 题中设计的 C 语言源程序编译生成的 HEX 文件，用 STC_ISP_V488 程序烧录软件载入制作的单片机主实验板中运行，验证程序的正确性。

任务 4-2-3 使用数组控制 P0 口广告流水灯程序设计

工作任务与目标

1. 初步掌握有参数延时函数的编程与运用方法。

2. 了解 C 语言的字符集、词汇，了解基本的 C 语言数组知识。

3. 学会简单的 C 语言数组应用编程方法。

4. 掌握使用数组控制流水灯的编程方法。

○ **任务相关知识链接**

1. C 语言的数组

（1）数组。

在程序设计中，为了处理方便，把具有相同类型的若干变量按有序的形式组织起来，这些按序排列的同类数据元素的集合称为数组。

数组类型说明：在 C 语言中使用数组必须先进行类型说明。数组说明的一般形式为：

类型说明符　数组名　[常量表达式];

其中，类型说明符是任一种基本数据类型或构造数据类型。数组名是用户定义的数组标识符。方括号中的常量表达式表示数据元素的个数，也称为数组的长度。

例如：

```
int a[10];              //说明整型数组 a，有 10 个元素
float b[10], c[20];     //说明实型数组 b，有 10 个元素，实型数组 c，有 20 个元素
char ch[20];            //说明字符数组 ch，有 20 个元素
```

方括号中常量表达式表示数组元素的个数，如 a[5]表示数组 a 有 5 个元素，但是其下标从 0 开始计算。因此 5 个元素分别为 a[0]、a[1]、a[2]、a[3]、a[4]。

（2）数组元素的表示方法。

数组元素是组成数组的基本单元。数组元素也是一种变量，其标识方法为数组名后跟一个下标。下标表示了元素在数组中的顺序号。

数组元素的一般形式为：

数组名[下标]

其中的下标只能为整型常量或整型表达式。

（3）数组的赋值。

给数组赋值的方法除了用赋值语句对数组元素逐个赋值外，还可采用初始化赋值和动态赋值的方法。

初始化赋值的一般形式为：

类型说明符　数组名[常量表达式]={值，值，…，值};

在{ }中的各数据值即为各元素的初值，各值之间用逗号间隔。例如，int a[10]={ 0，1，2，3，4，5，6，7，8，9 }; 相当于 a[0]=0; a[1]=1，…，a[9]=9;

C 语言对数组的初始赋值还有以下几点规定：

① 可以只给部分元素赋初值。当{ }中值的个数少于元素个数时，只给前面部分元素赋值。例如：

```
static int a[10]={0, 1, 2, 3, 4};
```

表示只给 a[0]~a[4]5 个元素赋值，而后 5 个元素自动赋 0 值。

② 只能给元素逐个赋值，不能给数组整体赋值。例如，给十个元素全部赋 1 值，只能写为：

```
int a[10]={1, 1, 1, 1, 1, 1, 1, 1, 1, 1};
```

而不能写为：

```
int a[10]=1;
```

③ 如不给可初始化的数组赋初值，则全部元素均为 0 值。

④ 如给全部元素赋值，则在数组说明中，可以不给出数组元素的个数。例如：

```
int a[5]={1, 2, 3, 4, 5}
```

可写为：

```
int a[]={1, 2, 3, 4, 5}
```

（4）数组元素的引用。

数组元素通常也称为下标变量。必须先定义数组，才能使用下标变量。在 C 语言中只能逐个地使用下标变量，而不能一次引用整个数组。

2．C 语言的字符集

字符是组成语言的最基本的元素。C 语言字符集由字母、数字、空格、标点和特殊字符组成。在字符常量、字符串常量和注释中还可以使用汉字或其他可表示的图形符号。

（1）字母：小写字母 a～z 共 26 个，大写字母 A～Z 共 26 个。

（2）数字：0～9 共 10 个。

（3）空白符：格符、制表符、换行符等。

空白符只在字符常量和字符串常量中起作用。在其他地方出现时，只起间隔作用，编译程序对它们忽略。因此在程序中使用空白符与否，对程序的编译不发生影响，但在程序中适当的地方使用空白符将增加程序的清晰性和可读性。

（4）标点和特殊字符。

3．C 语言的词汇

在 C 语言中使用的词汇分为六类：标识符、关键字、运算符、分隔符、常量、注释符等。

（1）标识符。

在程序中使用的变量名、函数名、标号等统称为标识符。

除库函数的函数名由系统定义外，其余都由用户自定义。C 语言中规定，标识符只能是由字母（A～Z，a～z）、数字（0～9）、下划线（ _ ）组成的字符串，并且其第一个字符必须是字母或下划线。

在使用标识符时还必须注意以下几点。

① 标准 C 语言不限制标识符的长度，但它受各种版本的 C 语言编译系统限制，同时也受到具体机器的限制。例如，在某版本 C 语言中规定标识符前八位有效，当两个标识符前八位相同时，则被认为是同一个标识符。

② 在标识符中，大小写是有区别的。例如，BOOK 和 book 是两个不同的标识符。

③ 标识符虽然可由程序员随意定义，但标识符是用于标识某个量的符号。因此，命名应尽量有相应的意义，以便阅读理解，做到"顾名思义"。

（2）关键字。

关键字是由 C 语言规定的具有特定意义的字符串，通常也称为保留字。

用户定义的标识符不应与关键字相同。C 语言的关键字分为以下几类：

① 类型说明符：用于定义、说明变量、函数或其他数据结构的类型，如 int、double 等。

② 语句定义符：用于表示一个语句的功能，如 if else 就是条件语句的语句定义符。

③ 预处理命令字：用于表示一个预处理命令，如 include。

（3）运算符。

C 语言中含有相当丰富的运算符、运算符与变量、函数一起组成表达式，表示各种运算功能。运算符由一个或多个字符组成。

（4）分隔符。

在 C 语言中采用的分隔符有逗号和空格两种。

逗号主要用在类型说明和函数参数表中，分隔各个变量。

空格多用于语句各单词之间，作间隔符。

在关键字、标识符之间必须要有一个以上的空格符作间隔，否则将会出现语法错误，例如，把"int a;"写成"inta"，C 编译器会把 inta 当成一个标识符处理，其结果必然出错。

（5）常量。

C 语言中使用的常量可分为数字常量、字符常量、字符串常量、符号常量、转义字符等多种。

（6）注释符。

C 语言的注释符是以"/*"开头并以"*/"结尾的串。在"/*"和"*/"之间的即为注释。这种方法可以进行多行整段注释。如果只需注释某一行语句，也可以在该行语句后面在"//"注释符后对该行语句进行注释。程序编译时，不对注释作任何处理。注释可出现在程序中的任何位置。注释用来向用户提示或解释程序的意义。在调试程序中对暂不使用的语句也可用注释符括起来，使翻译跳过不作处理，待调试结束后再去掉注释符。

硬件电路设计

运用 Proteus 进行的硬件电路设计及仿真效果如图 4-17 所示。

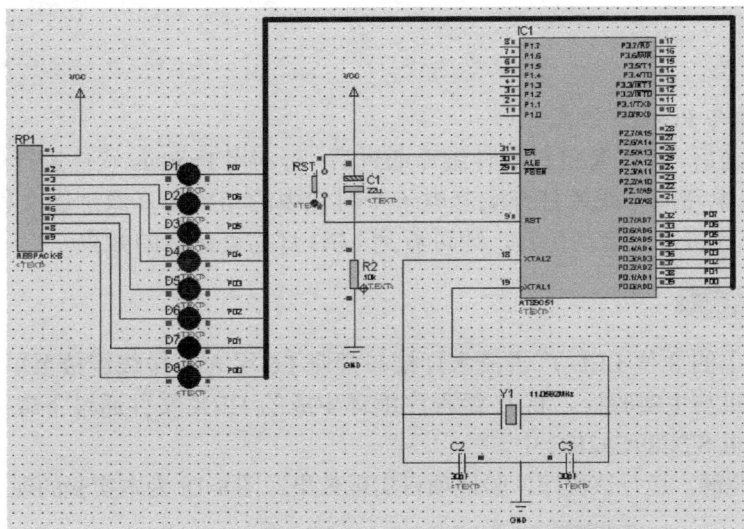

图 4-17　使用数组控制 P0 口广告流水灯仿真原理图

软件程序设计

打开 D:\"单片机项目设计"\"项目四：广告流水灯项目开发"\"C 语言源程序设计"子文件夹，打开里面的"Keil μVision2"工程项目，在其中新建如下示例程序。

1. 示例程序设计

示例程序设计如下：

```
//4-2-3：使用数组控制 P0 口广告流水灯
#include<reg51.h>
/*****************
延时函数
*****************/
```

```
void delay(unsigned char x)        //有参数的延时函数，调整参数 x 可以灵活调整延时时间
    {
        unsigned char m,n;
            for(m=0;m<x;m++)
                for(n=0;n<250;n++)
                    ;
    }
/****************
主函数
****************/
void main(void)
{
unsigned char i;
unsigned char a[8]={0xfe,0xfd,0xfb,0xf7,0xef,0xdf,0xbf,0x7f};
            //定义无符号字符型数组，数组元素为流水灯控制码
while(1)    //无限循环
    {
        for(i=0;i<8;i++)
            {
                P0=a[i];
                delay(200); //调用延时函数,延时参数 x 为 200
            }
    }
}
```

2. 程序编译与 Proteus 仿真

程序设计好之后，经过 Keil C 软件编译通过后，再利用 Proteus 软件进行仿真。在 Proteus ISIS 中绘制仿真电路图，或者打开配套电子资料包中的相应仿真原理图文件，将编译好的 HEX 文件载入单片机中。启动仿真，即可看到 LED 灯仿真运行的效果。

任务验证实践

将主实验板上的 8 位 LED 广告流水灯接口插座 P6 用 8 芯排线连接至单片机 P0 口接口插座，连接计算机与主实验板，将 C 源程序编译生成的 HEX 文件通过下载数据线下载至主实验板上的单片机 STC89C52RC 中。

接通实验板电源，运行该程序，验证项目实现效果。图 4-18 为本实验的现象。

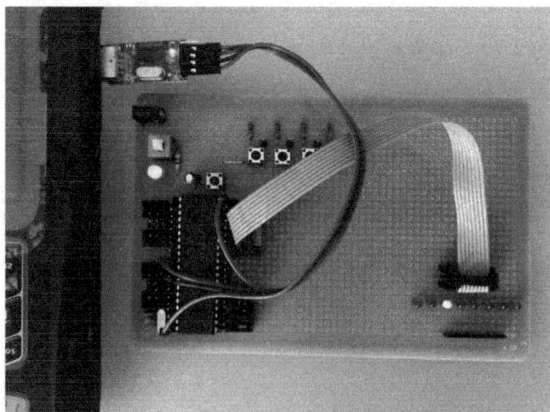

图 4-18　使用数组控制 P0 口广告流水灯实验现象

工作任务拓展

1. 延时函数的调整

（1）调整延时参数 x 的数值，体会延时效果上的差异。

（2）尝试用整型变量做有参延时函数，想想该怎么做，感受在效果上有何不同。

2. 主函数的调整

（1）调整数组元素流水灯控制代码，尝试设计出不同花样的流水灯闪烁花样，然后验证自己的设计效果。

（2）尝试用其他 I/O 口来控制流水灯，想想应该怎样做。

思考与练习

1. 简述数组与数组元素的联系与区别。

2. 简述 C 语言字符集的组成。

3. 比较 C 语言中标识符与关键字的区别。

4. 简述 C 语言中注释符的使用方法。

5. 有参数延时函数在使用时需要注意哪些问题？

6. 调整本任务示例程序中数组内的流水灯控制码，设计一个与众不同的流水灯 C 语言源程序。

7. 将上题中的 C 语言源程序编译生成 HEX 文件后，用 Proteus 软件仿真验证程序的正确性。

8. 将第 6 题中设计的 C 语言源程序编译生成的 HEX 文件，用 STC_ISP_V488 程序烧录软件载入制作的单片机主实验板中运行，验证程序的正确性。

任务 4-2-4 使用运算符控制 P2 口广告流水灯程序设计

工作任务与目标

1. 知道基本的 C 语言运算符知识，理解常用的 C 语言表达式。

2. 学会简单的 C 语言运算符应用编程方法。

3. 掌握使用运算符控制流水灯的编程方法。

任务相关知识链接

1. C 语言的基本运算符

C 语言中运算符和表达式数量之多，在高级语言中是少见的。正是丰富的运算符和表达式使 C 语言功能十分完善。这也是 C 语言的主要特点之一。

C 语言的运算符不仅具有不同的优先级，而且还有一个特点，就是它的结合性。在表达式中，各运算量参与运算的先后顺序不仅要遵守运算符优先级别的规定，还要受运算符结合性的制约，以便确定是自左向右进行运算还是自右向左进行运算。这种结合性是其他高级语言的运算符所没有的，因此也增加了 C 语言的复杂性。

（1）运算符的种类。

C 语言的运算符可分为以下几类：

① 算术运算符：用于各类数值运算。包括加（+）、减（-）、乘（*）、除（/）、求余或模运算（%）、自增（++）、自减（--）共七种。

② 关系运算符：用于比较运算。包括大于（>）、小于（<）、等于（==）、大于等于（>=）、小于等于（<=）和不等于（!=）六种。

③ 逻辑运算符：用于逻辑运算。包括与（&&）、或（||）、非（!）三种。

④ 位操作运算符：参与运算的量，按二进制位进行运算。包括位与（&）、位或（|）、位非（～）、位异或（^）、左移（<<）、右移（>>）六种。

⑤ 赋值运算符：用于赋值运算，分为简单赋值（=）、复合算术赋值（+=、-=、*=、/=、%=）和复合位运算赋值（&=、|=、^=、>>=、<<=）三类共十一种。

⑥ 条件运算符：这是一个三目运算符，用于条件求值（? :）。

由条件运算符组成条件表达式的一般形式为：

表达式1? 表达式2：表达式3

其求值规则为：如果表达式1的值为真，则以表达式2的值作为条件表达式的值，否则以表达式3的值作为整个条件表达式的值。

条件表达式通常用于赋值语句之中。

例如语句：

```
max=（a>b）?a:b;
```

该语句的功能是：如a>b为真，则把a赋于max，否则把b赋于max。

⑦ 逗号运算符：用于把若干表达式组合成一个表达式（ ,）。

⑧ 指针运算符：用于取内容（*）和取地址（&）两种运算。

⑨ 求字节数运算符：用于计算数据类型所占的字节数（sizeof）。

⑩ 特殊运算符：有括号（）、下标[]、成员（→,）等几种。

（2）运算符的优先级和结合性。

C语言中，运算符的运算优先级共分为15级。1级最高，15级最低。在表达式中，优先级较高的先于优先级较低的进行运算。在一个运算量两侧的运算符优先级相同时，则按运算符的结合性所规定的结合方向处理。

C语言中各运算符的结合性分为两种，即左结合性（自左至右）和右结合性（自右至左）。例如，算术运算符的结合性是自左至右，即先左后右。如有表达式x-y+z则y应先与"-"号结合，执行x-y运算，然后再执行+z的运算。这种自左至右的结合方向就称为"左结合性"。而自右至左的结合方向称为"右结合性"。最典型的右结合性运算符是赋值运算符。如x=y=z，由于"="的右结合性，应先执行y=z再执行x=（y=z）运算。C语言运算符中有不少为右结合性，应注意区别，以避免理解错误。

（3）基本的算术运算符。

① 加法运算符"+"。加法运算符为双目运算符，即应有两个量参与加法运算，如a+b,4+8等。具有右结合性。

② 减法运算符"-"。减法运算符为双目运算符，但"-"也可作负值运算符，此时为单目运算，如-x、-5等，具有左结合性。

③ 乘法运算符"*"。乘法运算符为双目运算，具有左结合性。

④ 除法运算符"/"。除法运算符为双目运算具有左结合性。参与运算量均为整型时，结果也为整型，舍去小数。如果运算量中有一个是实型，则结果为双精度实型。

⑤ 求余运算符（模运算符）"%"。求余运算符也为双目运算，具有左结合性。要求参与运算的量均为整型。求余运算的结果等于两数相除后的余数。

（4）自增 1、自减 1 运算符。

自增 1 运算符记为"++"，其功能是使变量的值自增 1。自减 1 运算符记为"--"，其功能是使变量值自减 1。自增 1、自减 1 运算符均为单目运算，都具有右结合性。可有以下几种形式：

++i：i 自增 1 后再参与其他运算。

--i：i 自减 1 后再参与其他运算。

i++：i 参与运算后，i 的值再自增 1。

i--：i 参与运算后，i 的值再自减 1。

（5）左移、右移运算符。

左移运算符"<<"的功能是将一个二进制数的各位全部左移若干位，移动过程中，高位丢弃，低位补 0。例如，P1=11101011，若 P1=P1<<2，则 P1 各位左移 2 位，移位后 P1=10101100。

右移运算符">>"的功能是将一个二进制数的各位全部右移若干位，正数在移动过程中，低位丢弃，高位补 0；负数则是高位补 1。例如，P1=11101011，若 P1=P1>>3，则 P1 各位右移 3 位，移位后 P1=00011101。

2．C 语言的表达式

（1）算术表达式：是由算术运算符和括号连接起来的式子，如 a+b、（a*2）/c、（x+r）*8-（a+b）/7、++I、（++i）-（j++）+（k--）等。

（2）赋值运算符和赋值表达式。

① 简单赋值运算符和表达式：简单赋值运算符记为"="；由"="连接的式子称为赋值表达式。其一般形式为：

变量=表达式

例如：

`x=a+b`

赋值表达式的功能是计算表达式的值再赋予左边的变量。赋值运算符具有右结合性。因此 a=b=c=5 可理解为 a=（b=（c=5））。

按照 C 语言规定，任何表达式在其末尾加上分号就构成为语句。因此如"x=8；"、"a=b=c=5；"都是赋值语句。

② 复合赋值运算符及表达式：在赋值运算符"="之前加上其他二目运算符可构成复合赋值符，如+=，-=，*=，/=，%=，<<=，>>=，&=，^=，|=等。构成复合赋值表达式的一般形式为：

变量 双目运算符 表达式

它等效于：

变量=变量 运算符 表达式

例如：

`a+=5 等价于 a=a+5`
`x*=y+7 等价于 x=x*（y+7）`

复合赋值运算符这种写法，对初学者可能不习惯，但十分有利于编译处理，能提高编译效率并产生质量较高的目标代码。

（3）逗号运算符和逗号表达式。在 C 语言中逗号","也是一种运算符，称为逗号运算符。其功能是把两个表达式连接起来组成一个表达式，称为逗号表达式。

其一般形式为：

表达式1，表达式2

其求值过程是分别求两个表达式的值，并以表达式2的值作为整个逗号表达式的值。

并不是在所有出现逗号的地方都组成逗号表达式，如在变量说明中，函数参数表中逗号只是用作各变量之间的间隔符。

硬件电路设计

运用 Proteus 进行的硬件电路设计及仿真效果如图 4-19 所示。

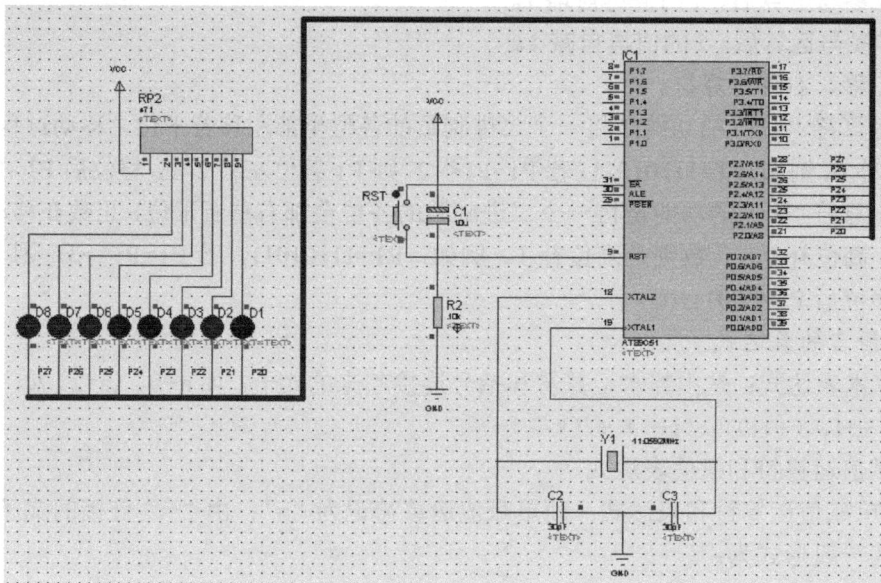

图 4-19　使用运算符控制 P2 口广告流水灯仿真原理图

软件程序设计

打开 D\:"单片机项目设计"\"项目四：广告流水灯项目开发"\"C 语言源程序设计"子文件夹，打开里面的 "Keil μVision2" 工程项目，在其中新建如下示例程序。

1. 示例程序设计

示例程序设计如下：

```
//4-2-4：使用运算符控制 P2 口广告流水灯
#include<reg51.h>    //包含单片机寄存器定义的头文件
/*****************************************
延时函数
*****************************************/

void delay(void)
   {
      unsigned char m,n;
      for(m=0;m<250;m++)
        for(n=0;n<250;n++)
          ;
   }
```

```
/*******************************************************
右移运算符控制流水灯函数
*******************************************************/
void rightmove LED(void)
{
    unsigned char i;
    P2=0xff;                        //P2=1111 1111，关闭所有LED
    delay();
    for(i=0;i<8;i++)
        {
            P2=P2>>1;               //P2 每次右移一位
            delay();
        }
}
/*******************************************************
自增运算符控制流水灯函数
*******************************************************/
void zizeng LED(void)
{
    unsigned char i;
    for(i=0;i<32;i++)               //为加快主函数循环，只做了 32 次自增运算
        {
            P2=i;
            delay();
        }
}
/*******************************************************
主函数
*******************************************************/
void main(void)
{
   while(1)                         //无限循环
     {
            rightmove_LED();         //调用右移流水灯控制函数
             delay();
             zizeng_LED();           //调用自增流水灯控制函数
             delay();
     }
}
```

2. 程序编译与 Proteus 仿真

程序设计好之后，经过 Keil C 软件编译通过后，再利用 Proteus 软件进行仿真。在 Proteus ISIS 中绘制仿真电路图，或者打开配套电子资料包中的相应仿真原理图文件，将编译好的 HEX 文件载入单片机中。启动仿真，即可看到 LED 灯仿真运行的效果。

任务验证实践

将主实验板上的 8 位 LED 广告流水灯接口插座 P6 用 8 芯排线连接至单片机 P2 口接口插座，连接计算机与主实验板，将 C 源程序编译生成的 HEX 文件通过下载数据线下载至主实验板上的单片机 STC89C52RC 中。

接通实验板电源，运行该程序，验证项目实现效果。图 4-20 为本实验的现象。

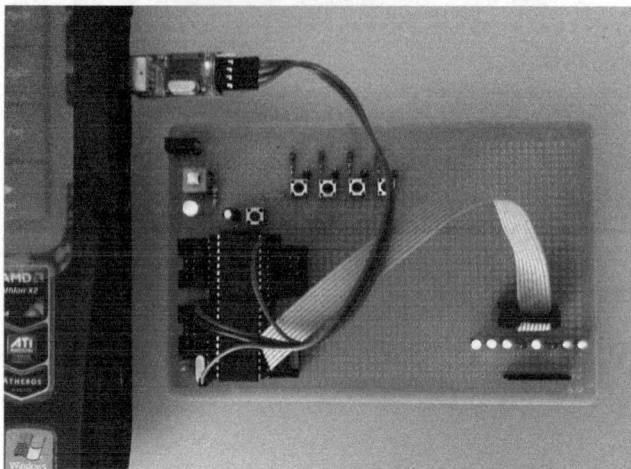

图 4-20　使用运算符控制 P2 口广告流水灯实验现象

◯ 工作任务拓展

主函数的调整：

（1）改用其他运算符设计控制流水灯的程序，然后验证自己的设计效果。

（2）在主函数中尝试不同的调用子程序的组合，尝试设计新的控制花样。

思考与练习

1．简述 C 语言的基本运算符的分类。

2．简述 C 语言表达式的种类。

3．调整本任务示例程序中运算符的运用，设计一个与众不同的流水灯 C 语言源程序。

4．将上题中的 C 语言源程序编译生成 HEX 文件后，用 Proteus 软件仿真验证程序的正确性。

5．将第 3 题中设计的 C 语言源程序编译生成的 HEX 文件，用 STC_ISP_V488 程序烧录软件载入制作的单片机主实验板中运行，验证程序的正确性。

任务 4-2-5　使用 switch 语句控制 P2 口广告流水灯程序设计

◯ 工作任务与目标

1．理解按键的"软件消抖"原理与编程方法。

2．学会使用简单的 C 语言分支结构语句。

3．强化运算符控制流水灯的编程应用。

4．初步掌握主函数对子程序的调用编程技能。

◯ 任务相关知识链接

1．独立按键与"软件消抖"原理

（1）独立式键盘接口电路。独立式键盘接口电路如图 4-8 所示。每一个按键对应于单片机 I/O 口的一位，各按键是相互独立的。应用时，由软件来识别键盘上的按键是否被按下。

当某个键被按下时，该键所对应的口线将被输入低电平。反过来，当检测到某按键口线为低电平时，则可判定该口线对应的按键被按下。所以可以通过软件编程来判断出各按键被按下的情况。

（2）按键的抖动与消除。单片机中应用的键盘是由机械触点构成的。当机械触点断开或闭合时，触点将有抖动。这种抖动的速度对于人来说是感觉不到的，但是对于单片机来说则是完全可以感应到的。因为单片机的处理速度是微秒级的，而机械抖动的时间是毫秒级以上，对单片机来说这已是相当长的一段时间了，所以虽然对于人来讲只按了一次按键，但由于按键的抖动单片机却检测到了多次按键动作，因此往往产生非预期的效果。

为了使单片机能够正确地识读人的按键动作，就必须考虑如何消除抖动引起的干扰。单片机常用的消除抖动干扰的方法是"软件消抖"。具体原理是：当单片机第一次检测到某按键口线为低电平时，不是立即认定其对应的按键被按下，而是延时几十毫秒后再次检测该口线电平。如果仍为低电平，说明该按键确实被按下，这实际上是避开了按键按下时的抖动时间。所以习惯上讲的"软件消抖"准确地说应该称为"软件避抖"更合适。

在需要的时候，按键释放引起的抖动也可以用类似的方法来处理。不过通常人们是利用按键按下的动作来向单片机发出指令的，所以大多数情况下只需要对按键按下的动作"消抖"。

2. C语言的分支结构语句

（1）if 语句。

用 if 语句可以构成分支结构。它根据给定的条件进行判断，以决定执行某个分支程序段。C 语言的 if 语句有三种基本形式。

① 第一种形式为基本形式：

```
if(表达式) 语句;
```

其功能是：如果表达式的值为真，则执行随后的语句，否则程序跳过该语句继续向后执行。

② 第二种形式为 if-else 形式：

```
if(表达式)
    语句1;
else
    语句2;
```

其功能是：如果表达式的值为真，则执行语句 1，否则执行语句 2 。

③ 第三种形式为 if-else-if 形式

前两种形式的 if 语句一般都用于两个分支的情况。当有多个分支选择时，可采用 if-else-if 语句，其一般形式为：

```
if(表达式1)
    语句1;
else if(表达式2)
    语句2;
else if(表达式3)
    语句3;
…
else if(表达式m)
    语句m;
else
    语句n;
```

其功能是：依次判断表达式的值，当出现某个值为真时，则执行其对应的语句。然后跳到整个 if 语句之外继续执行程序。如果所有的表达式均为假，则执行语句 n。然后继续执行后续程序。

（2）switch 语句。

C 语言还提供了另一种用于多分支选择的 switch 语句，其一般形式为：

```
switch(表达式){
case 常量表达式1：语句1；
case 常量表达式2：语句2；
…
case 常量表达式n：语句n；
default ：语句n+1；
}
```

其功能是：计算表达式的值，并逐个与其后的常量表达式值相比较。当表达式的值与某个常量表达式的值相等时，即执行其后的语句，然后不再进行判断，继续执行后面所有 case 后的语句。如表达式的值与所有 case 后的常量表达式均不相同时，则执行 default 后的语句。

在使用 switch 语句时应注意以下几点：

① 在 case 后的各常量表达式的值不能相同，否则会出现错误。

② 在 case 后，允许有多个语句，可以不用{}括起来。

③ 各 case 和 default 子语句的先后顺序可以变动，而不会影响程序执行结果。

④ default 子语句可以省略不用。

3. C 语言中函数调用应注意的几个问题

（1）对被调函数的说明。

在主调函数中调用某函数之前应对该被调函数进行说明，这与使用变量之前要先进行变量说明是一样的。在主调函数中对被调函数作说明的目的是使编译系统知道被调函数返回值的类型，以便在主调函数中按此种类型对返回值作相应的处理。

对被调函数的说明有两种格式，一种为传统格式，其一般格式为：

```
类型说明符 被调函数名();
```

这种格式只给出函数返回值的类型、被调函数名及一个空括号。这种格式由于在括号中没有任何参数信息，因此不便于编译系统进行错误检查，易于发生错误。

另一种为现代格式，其一般形式为：

```
类型说明符 被调函数名(类型 形参，类型 形参…);
```

或为：

```
类型说明符 被调函数名(类型，类型…);
```

现代格式的括号内给出了形参的类型和形参名，或只给出形参类型。这便于编译系统进行检错，以防止可能出现的错误。

（2）可以省去被调函数说明的几种情况。

C 语言中又规定在以下几种情况时可以省去主调函数中对被调函数的函数说明。

① 如果被调函数的返回值是整型或字符型时，可以不对被调函数作说明，而直接调用。这时系统将自动对被调函数返回值按整型处理。

② 当被调函数的函数定义出现在主调函数之前时，在主调函数中也可以不对被调函数再作说明而直接调用。

③ 如在所有函数定义之前，在函数外预先说明了被调函数的类型，则在以后的各主调函数中，可不再对被调函数作说明。

④ 对库函数的调用不需要再作说明，但必须把该函数的头文件用 include 命令包含在源

文件前部。

硬件电路设计

运用 Proteus 进行的硬件电路设计及仿真效果如图 4-21 所示。

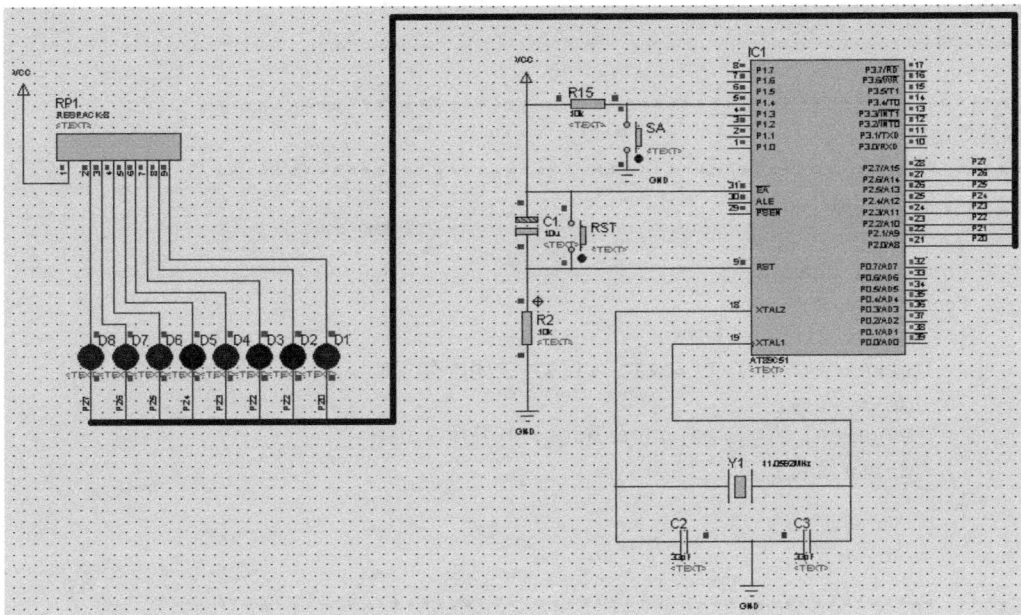

图 4-21　用 switch 语句控制 P2 口广告流水灯仿真原理图

软件程序设计

打开 D\:"单片机项目设计"\"项目四：广告流水灯项目开发"\"C 语言源程序设计"
子文件夹，打开里面的"Keil μVision2"工程项目，在其中新建如下示例程序。

1. 示例程序设计

示例程序设计如下：

```
//4-2-5: 用 switch 语句控制 P2 口广告流水灯
#include<reg51.h>          //包含单片机寄存器的头文件
sbit SA=P1^4;             //将 SA 位定义为 P1.4

/*****************************************
延时函数1
*****************************************/
void delay_1(void)        //按键"软件消抖"延时
  {
      unsigned int i;
       for(i=0;i<5000;i++)
          ;
  }



/*****************************************
延时函数2
*****************************************/
```

```
void delay_2(void)          //流水灯延时
    {
        unsigned char m,n;
         for(m=0;m<250;m++)
           for(n=0;n<250;n++)
             ;
       }
```

```
/********************************************************
闪烁灯函数
********************************************************/
void flash LED(void)
{
    unsigned char i;
    for(i=0;i<4;i++)
    {
        P2=0xff;     //P2=1111 1111，关闭所有 LED
        delay 2();
        P2=0x00;     //P2=0000 0000，打开所有 LED
        delay 2();
    }
}
```

```
/********************************************************
左移运算符控制流水灯函数
********************************************************/
void leftmove LED(void)
{
    unsigned char i,j;
    for(j=0;j<2;j++)
    {
        P2=0xff;                 //P2=1111 1111，关闭所有 LED
        delay 2();
        for(i=0;i<4;i++)
        {
            P2=P2<<2;            //P2 每次左移两位
            delay 2();
        }
    }
}
```

```
/********************************************************
自减运算符控制流水灯函数
********************************************************/
void zijian LED(void)
{
    unsigned char i;
    for(i=33;i>0;i--)            //为加快主函数循环，只做了32次自减运算
    {
        P2=i-1;
```

```
        delay 2();
    }
}


/*****************************
函数功能：主函数
*****************************/
void main(void)
{
  unsigned char i;
    i=0;                    //将 i 初始化为 0
    while(1)
      {
          if(SA==0)         //如果 SA 键按下
           {
              delay_1();    //延时一段时间
              if(SA==0)     //如果再次检测到 SA 键按下
                i++;        //i 自增 1
              if(i==4)      //如果 i=4，重新将其置为 1
                i=1;
            switch(i)       //使用多分支选择语句
             {
              case 1: flash_LED();          //调用闪烁灯函数
                      break;
                case 2: leftmove_LED();     //调用左移运算符控制流水灯函数
                    break;
                case 3: zijian_LED();       //调用自减运算符控制流水灯函数
                    break;
                default:                    //缺省值，关闭所有 LED
                  P0=0xff;
             }
          }
      }
}
```

071

2. 程序编译与 Proteus 仿真

程序设计好之后，经过 Keil C 软件编译通过后，再利用 Proteus 软件进行仿真。在 Proteus ISIS 中绘制仿真电路图，或者打开配套电子资料包中的相应仿真原理图文件，将编译好的 HEX 文件载入单片机中。启动仿真，即可看到 LED 灯仿真运行的效果。

○ 任务验证实践

将主实验板上的 8 位 LED 广告流水灯接口插座 P6 用 8 芯排线连接至单片机 P2 口接口插座，四位独立按键中的"SA"按键插针用跳线连接到接口排针 P4 上 P1 口的 P14 针，连接计算机与主实验板，将 C 源程序编译生成的 HEX 文件通过下载数据线下载至主实验板上的单片机 STC89C52RC 中。

接通实验板电源，运行该程序，反复按下按键 SA，验证项目实现效果。图 4-22 为本实验的现象。

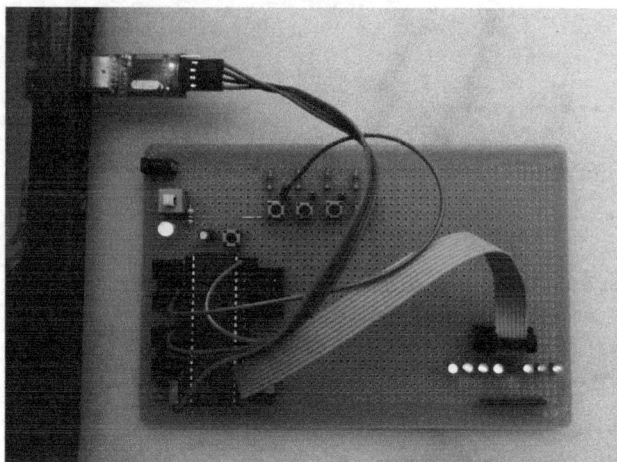

图 4-22　使用 switch 语句控制 P2 口广告流水灯实验现象

○ 工作任务拓展

主函数的调整：

（1）改用其他运算符设计控制流水灯的程序，然后验证自己的设计效果。

（2）在主函数中尝试不同的调用子程序的组合，尝试设计新的控制花样。

思考与练习

1．简述按键的"软件消抖"原理。

2．简述 C 语言 if 语句的三种基本形式。

3．简述 C 语言 switch 语句的功能。

4．简述 C 语言中函数调用应注意的问题。

5．调整本任务示例程序中调用函数的内容与顺序，设计一个与众不同的流水灯 C 语言源程序。

6．将上题中的 C 语言源程序编译生成 HEX 文件后，用 Proteus 软件仿真验证程序的正确性。

7．将第 5 题中设计的 C 语言源程序编译生成的 HEX 文件，用 STC_ISP_V488 程序烧录软件载入制作的单片机主实验板中运行，验证程序的正确性。

任务 4-2-6　使用 if 语句控制 P2 口广告流水灯程序设计

○ 工作任务与目标

1．了解 MCS-51 单片机存储器及其结构基本知识，了解 MCS-51 单片机寄存器定义头文件"REG51.H"的基本内容与作用。

2．进一步掌握按键"软件消抖"的编程方法。

3．学会进一步使用 C 语言的分支结构语句。

4．进一步理解主函数对子程序的调用编程技术。

◯ **任务相关知识链接**

1. MCS-51 单片机的存储器及其结构

（1）程序存储器。

一个微处理器能够执行某种任务，除了它们强大的硬件外，还需要它们运行的软件。微处理器只能执行人们预先编写的程序。设计人员编写的程序就存放在微处理器的程序存储器中，俗称只读程序存储器（ROM）。程序相当于给微处理器处理问题的一系列命令。其实程序和数据一样，都是由机器码组成的代码串。只是程序代码则存放于程序存储器中。

MCS-51 单片机具有 64KB 程序存储器寻址空间，它是用于存放用户程序、数据和表格等信息。对于内部无 ROM 的 8031 单片机，它的程序存储器必须外接，空间地址为 64KB，此时单片机的$\overline{EA}$端必须接地。强制 CPU 从外部程序存储器读取程序。对于内部有 ROM 的 8051 等单片机，正常运行时，$\overline{EA}$则需接高电平，使 CPU 先从内部的程序存储器中读取程序，当 PC 值超过内部 ROM 的容量时，才会转向外部的程序存储器读取程序。

8051 片内有 4KB 的程序存储单元，其地址为 0000H～0FFFH，单片机启动复位后，程序计数器的内容为 0000H，所以系统将从 0000H 单元开始执行程序。但在程序存储器中有些特殊的单元，这在使用中应加以注意：

其中一组特殊单元是 0000H～0002H，系统复位后，PC 为 0000H，单片机从 0000H 单元开始执行程序，如果程序不是从 0000H 单元开始，则应在这三个单元中存放一条无条件转移指令，让 CPU 直接去执行用户指定的程序。

另一组特殊单元是 0003H～002AH，这 40 个单元各有用途，它们被均匀地分为五段，它们的定义如下：

① 0003H—000AH：外部中断 0 中断地址区；

② 000BH—0012H：定时/计数器 0 中断地址区；

③ 0013H—001AH：外部中断 1 中断地址区；

④ 001BH—0022H：定时/计数器 1 中断地址区；

⑤ 0023H—002AH：串行中断地址区。

可见以上的 40 个单元是专门用于存放中断处理程序的地址单元，中断响应后，按中断的类型，自动转到各自的中断区去执行程序。因此以上地址单元不能用于存放程序的其他内容，只能存放中断服务程序。但是通常情况下，每段只有 8 个地址单元是不能存下完整的中断服务程序的，因而一般也在中断响应的地址区安放一条无条件转移指令，指向程序存储器的其他真正存放中断服务程序的空间去执行，这样中断响应后，CPU 读到这条转移指令，便转向其他地方去继续执行中断服务程序。

（2）数据存储器。

数据存储器也称为随机存取数据存储器。MCS-51 单片机的数据存储器在物理上和逻辑上都分为两个地址空间，一个是内部数据存储区和一个外部数据存储区。MCS-51 内部 RAM 有 128 或 256 个字节的用户数据存储（不同的型号有所区别），它们是用于存放执行的中间结果和过程数据的。MCS-51 的数据存储器均可读写，部分单元还可以位寻址。

8051 内部 RAM 共有 256 个单元，这 256 个单元共分为两部分。其一是地址从 00H～7FH 单元（共 128 个字节）为用户数据 RAM。从 80H～FFH 地址单元（也是 128 个字节）为特殊寄存器（SFR）单元。从图 4-23 中可以清楚地看出它们的结构分布。

在 00H～1FH 共 32 个单元中被均匀地分为四块，每块包含八个 8 位寄存器，均以 R0～

R7 来命名，我们常称这些寄存器为通用寄存器。这四块中的寄存器都称为 R0~R7，那么在程序中怎么区分和使用它们呢？可以用程序状态字寄存器（PSW）来管理它们，CPU 只要定义这个寄存的 PSW 的第 3 位和第 4 位（RS0 和 RS1），即可选中这四组通用寄存器。对应的编码关系如图 4-24 所示。

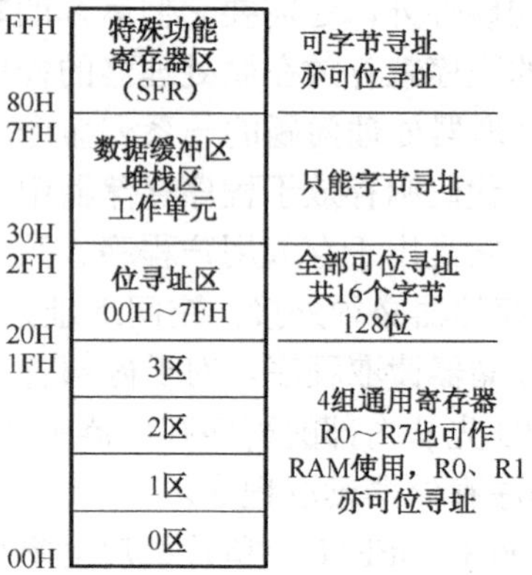

PSW.4(RS1)	PSW.3(RS0)	工作寄存器区
0	0	0区00H~07H
0	1	1区08H~1FH
1	0	2区10H~17H
1	1	3区18H~1FH

图 4-23　MCS-51 单片机数据存储器结构　　　　图 4-24　程序状态字与工作寄存器的对应关系

内部 RAM 的 20H~2FH 单元为位寻址区，既可作为一般单元用字节寻址，也可对它们的位进行寻址。位寻址区共有 16 个字节，128 个位，位地址为 00H~7FH。位地址分配如表 4-4 所示，CPU 能直接寻址这些位，执行例如置"1"、清"0"、求"反"、转移、传送和逻辑等操作。我们常称 MCS-51 具有布尔处理功能，布尔处理的存储空间指的就是这些位寻址区。

表 4-4　RAM 位寻址区地址表

单元地址	MSB			位地址				LSB
2FH	7FH	7EH	7DH	7CH	7BH	7AH	79H	78H
2EH	77H	76H	75H	74H	73H	72H	71H	70H
2DH	6FH	6EH	6DH	6CH	6BH	6AH	69H	68H
2CH	67H	66H	65H	64H	63H	62H	61H	60H
2BH	5FH	5EH	5DH	5CH	5BH	5AH	59H	58H
2AH	57H	56H	55H	54H	53H	52H	51H	50H
29H	4FH	4EH	4DH	4CH	4BH	4AH	49H	48H
28H	47H	46H	45H	44H	43H	42H	41H	40H
27H	3FH	3EH	3DH	3CH	3BH	3AH	39H	38H
26H	37H	36H	35H	34H	33H	32H	31H	30H
25H	2FH	2EH	2DH	2CH	2BH	2AH	29H	28H
24H	27H	26H	25H	24H	23H	22H	21H	20H
23H	1FH	1EH	1DH	1CH	1BH	1AH	19H	18H
22H	17H	16H	15H	14H	13H	12H	11H	10H
21H	0FH	0EH	0DH	0CH	0BH	0AH	09H	08H
20H	07H	06H	05H	04H	03H	02H	01H	00H

（3）特殊功能寄存器。

特殊功能寄存器（SFR）也称为专用寄存器，特殊功能寄存器反映了 MCS-51 单片机的运行状态。很多功能也通过特殊功能寄存器来定义和控制程序的执行。

MCS-51 有 21 个特殊功能寄存器，它们被离散地分布在内部 RAM 的 80H～FFH 地址中，这些寄存器的功能已做了专门的规定，用户不能修改其结构。表 4-5 是特殊功能寄存器分布一览表，我们对其主要的寄存器进行一些简单的介绍。

表 4-5 特殊功能寄存器

标识符号	地址	寄存器名称
ACC	0E0H	累加器
B	0F0H	B 寄存器
PSW	0D0H	程序状态字
SP	81H	堆栈指针
DPTR	82H、83H	数据指针（16 位）含 DPL 和 DPH
IE	0A8H	中断允许控制寄存器
IP	0B8H	中断优先控制寄存器
P0	80H	I/O 口 0 寄存器
P1	90H	I/O 口 1 寄存器
P2	0A0H	I/O 口 2 寄存器
P3	0B0H	I/O 口 3 寄存器
PCON	87H	电源控制及波特率选择寄存器
SCON	98H	串行口控制寄存器
SBUF	99H	串行数据缓冲寄存器
TCON	88H	定时控制寄存器
TMOD	89H	定时器方式选择寄存器
TL0	8AH	定时器 0 低 8 位
TH0	8CH	定时器 0 高 8 位
TL1	8BH	定时器 1 低 8 位
TH1	8DH	定时器 1 高 8 位

① 程序计数器 PC（Program Counter）。程序计数器在物理上是独立的，它不属于特殊内部数据存储器块中。PC 是一个 16 位的计数器，用于存放一条要执行的指令地址，寻址范围为 64KB，PC 有自动加 1 功能，即完成了一条指令的执行后，其内容自动加 1。PC 本身并没有地址，因而不可寻址，用户无法对它进行读写，但是可以通过转移、调用、返回等指令改变其内容，以控制程序按我们的要求去执行。

② 累加器 ACC（Accumulator）。累加器 A 是一个最常用的专用寄存器，大部分单操作指令的一个操作数取自累加器，很多双操作数指令中的一个操作数也取自累加器。加、减、乘、除法运算的指令，运算结果都存放于累加器 A 或 AB 累加器对中。大部分的数据操作都会通过累加器 A 进行，它要以形象地类比于一个交通要道，在程序比较复杂的运算中，累加器成了制约软件效率的"瓶颈"，它的功能较多，地位也十分重要。以至于后来发展的单片机，有的集成了多累加器结构，或者使用寄存器阵列来代替累加器，即赋予更多寄存器以累加器的功能，目的是解决累加器的"交通堵塞"问题，提高单片机的软件效率。

③ 寄存器 B。在乘除法指令中，乘法指令中的两个操作数分别取自累加器 A 和寄存器 B，其结果存放于 AB 寄存器对中。除法指令中，被除数取自累加器 A，除数取自寄存器 B，结果商存放于累加器 A，余数存放于寄存器 B 中。

④ 程序状态字 PSW（Program Status Word）。程序状态字 PSW 是一个 8 位寄存器，用于

存放程序运行的状态信息，这个寄存器的一些位可由软件设置，有些位则由硬件运行时自动设置的。寄存器的各位定义如下，其中 PSW.1 是保留位，未使用。表 4-6 是它的功能说明，并对各个位的定义介绍如下。

表 4-6　程序状态字

位序	PSW.7	PSW.6	PSW.5	PSW.4	PSW.3	PSW.2	PSW.1	PSW.0
位标志	CY	AC	F0	RS1	RS0	OV	-	P

PSW.7（CY）：进位标志位，此位有两个功能：一是在执行某些算数运算时，存放进位标志，可被硬件或软件置位或清零；二是在位操作中作累加位使用。

PSW.6（AC）：辅助进位标志位，在进行加、减运算时当有低 4 位向高 4 位进位或借位时，AC 置位，否则被清零。AC 辅助进位位也常用于十进制调整。

PSW.5（F0）：用户标志位，供用户设置的标志位。

PSW.4、PSW.3（RS1 和 RS0）：寄存器组选择位可参见图 4-24 定义。

PSW.2（OV）：溢出标志。

带符号加减运算中，超出了累加器 A 所能表示的符号数有效范围（−128～+127）时，即产生溢出，OV=1，表明运算结果错误。如果 OV=0，表明运算结果正确。

执行加法指令 ADD 时，当位 6 向位 7 进位，而位 7 不向 C 进位时，OV=1。或者位 6 不向位 7 进位，而位 7 向 C 进位时，同样 OV=1。

乘法指令，乘积超过 255 时，OV=1。表示乘积在 AB 寄存器对中。若 OV=0，则说明乘积没有超过 255，乘积只在累加器 A 中。

除法指令，OV=1，表示除数为 0，运算不被执行；否则 OV=0。

PSW.0（P）：奇偶校验位。声明累加器 A 的奇偶性，每个指令周期都由硬件来置位或清零，若值为 1 的位数是奇数，则 P 置位，否则清零。

⑤ 数据指针（DPTR）。数据指针为 16 位寄存器，编程时，既可以按 16 位寄存器来使用，也可以按两个 8 位寄存器来使用，即高位字节寄存器 DPH 和低位字节寄存器 DPL。

DPTR 主要是用来保存 16 位地址，当对 64KB 外部数据存储器寻址时，可作为间址寄存器使用，此时，使用如下两条指令：

```
MOVX  A,@DPTR
MOVX  @DPTR, A
```

在访问程序存储器时，DPTR 可用来作基址寄存器，采用基址+变址寻址方式访问程序存储器，这条指令常用于读取程序存储器内的表格数据。

```
MOVC  A,  @A+@DPTR
```

⑥ 堆栈指针 SP（Stack Pointer）。堆栈是一种数据结构，它是一个 8 位寄存器，它指示堆栈顶部在内部 RAM 中的位置。系统复位后，SP 的初始值为 07H，使得堆栈实际上是从 08H 开始的。但从 RAM 的结构分布中可知，08H～1FH 隶属 1～3 工作寄存器区，若编程时需要用到这些数据单元，必须对堆栈指针 SP 进行初始化，原则上设在任何一个区域均可，但一般设在 30H～1FH 之间较为适宜。

数据的写入堆栈称为入栈（PUSH，有些文献也称为插入运算或压入），从堆栈中取出数据称为出栈（POP，也称为删除运算或弹出）。堆栈的最主要特征是"后进先出"规则，也即最先入栈的数据放在堆栈的最底部，而最后入栈的数据放在栈的顶部。因此，最后入栈的数据出栈时则是最先的。这和我们往一个箱里存放书本一样，需将最先放入箱底部的书取出，必须先取走最上层的书籍。这个道理非常相似。堆栈结构图如图 4-25 所示。

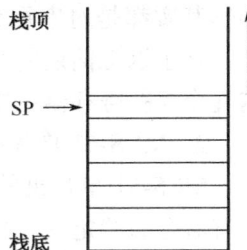

那么堆栈有何用途呢？堆栈的设立是为了中断操作和子程序的调用而用于保存数据的，即常说的断点保护和现场保护。微处理器无论是在转入子程序和中断服务程序的执行，执行完后，还是要回到主程序中来，在转入子程序和中断服务程序前，必须先将现场的数据进行保存起来，否则返回时，CPU 并不知道原来的程序执行到哪一步，原来的中间结果如何？所以在转入执行其他子程序前，先将需要保存的数据压入堆栈中保存。以备返回时，再复原当时的数据。供主程序继续执行。

转入中断服务程序或子程序时，需要保存的数据可能有若干个，都需要一一地保留。如果微处理器进行多重子程序或中断服务程序嵌套，那么需保存的数据就更多，这要求堆栈还需要有相当的容量。否则会造成堆栈溢出，丢失应备份的数据。轻者使运算和执行结果错误，重则使整个程序紊乱。

MCS-51 的堆栈是在 RAM 中开辟的，即堆栈要占据一定的 RAM 存储单元。同时 MCS-51 的堆栈可以由用户设置，SP 的初始值不同，堆栈的位置则不同；不同的设计人员，使用的堆栈区可能不同；不同的应用要求，堆栈要求的容量也有所不同。堆栈的操作只有两种，即进栈和出栈，但不管是向堆栈写入数据还是从堆栈中读出数据，都是对栈顶单元进行的，SP 就是即时指示出栈顶的位置（即地址）。在子程序调用和中断服务程序响应的开始和结束期间，CPU 都是根据 SP 指示的地址与相应的 RAM 存储单元交换数据。

堆栈的操作有两种方法：其一是自动方式，即在中断服务程序响应或子程序调用时，返回地址自动进栈。当需要返回执行主程序时，返回的地址自动交给 PC，以保证程序从断点处继续执行，这种方式是不需要编程人员干预的。第二种方式是人工指令方式，使用专有的堆栈操作指令进行进出栈操作，也只有两条指令：进栈为 PUSH 指令，在中断服务程序或子程序调用时作为现场保护。出栈操作 POP 指令，用于子程序完成时，为主程序恢复现场。

⑦ I/O 口专用寄存器（P0、P1、P2、P3）。I/O 口寄存器 P0、P1、P2 和 P3 分别是 MCS-51 单片机的四组 I/O 口锁存器。MCS-51 单片机并没有专门的 I/O 口操作指令，而是把 I/O 口也当作一般的寄存器来使用，数据传送都统一使用 MOV 指令来进行，这样的好处在于，四组 I/O 口还可以当作寄存器直接寻址方式参与其他操作。

⑧ 定时/计数器（TL0、TH0、TL1 和 TH1）。MCS-51 单片机中有两个 16 位的定时/计数器 T0 和 T1，它们由四个 8 位寄存器组成，两个 16 位定时/计数器却是完全独立的。我们可以单独对这四个寄存器进行寻址，但不能把 T0 和 T1 当作 16 位寄存器来使用。

⑨ 定时/计数器方式选择寄存器（TMOD）。TMOD 寄存器是一个专用寄存器，用于控制两个定时计数器的工作方式，TMOD 可以用字节传送指令设置其内容，但不能位寻址，各位的定义如表 4-7 所示，更详细的内容，将在后续相关项目中叙述。

图 4-25 堆栈结构图

表 4-7 定时/计数器工作方式控制寄存器 TMOD

位序	D7	D6	D5	D4	D3	D2	D1	D0
位标志	GATE	$C/\overline{T}$	M1	M0	GATE	$C/\overline{T}$	M1	M0
	定时/计数器 1				定时/计数器 0			

⑩ 串行数据缓冲器（SBUF）。串行数据缓冲器 SBUF 用来存放需发送和接收的数据，它由两个独立的寄存器组成，一个是发送缓冲器，另一个是接收缓冲器，要发送和接收的

操作其实都是对串行数据缓冲器进行。

除了以上简述的几个专用寄存外，还有 IP、IE、TCON、SCON 和 PCON 等几个寄存器，这几个控制寄存器主要用于中断和定时的，将在后续相关项目中详细说明。

2. MCS-51 单片机的头文件 "REG51.H"

MCS-51 单片机的特殊功能寄存器在 Keil C51 软件系统的寄存器定义头文件"REG51.H"中有着全面的定义。打开 Keil 的安装目录，在 C51 文件夹下找到 "INC" 子文件夹，打开里面的 "REG51.H" 文件，可以看到以下定义：

```
/*------------------------------------------------------------------------
REG51.H
Header file for generic 80C51 and 80C31 microcontroller.
Copyright (c) 1988-2002 Keil Elektronik GmbH and Keil Software, Inc.
All rights reserved.
------------------------------------------------------------------------*/

#ifndef    REG51_H
#define    REG51_H

/*  BYTE Register */
sfr P0   = 0x80;
sfr P1   = 0x90;
sfr P2   = 0xA0;
sfr P3   = 0xB0;
sfr PSW  = 0xD0;
sfr ACC  = 0xE0;
sfr B    = 0xF0;
sfr SP   = 0x81;
sfr DPL  = 0x82;
sfr DPH  = 0x83;
sfr PCON = 0x87;
sfr TCON = 0x88;
sfr TMOD = 0x89;
sfr TL0  = 0x8A;
sfr TL1  = 0x8B;
sfr TH0  = 0x8C;
sfr TH1  = 0x8D;
sfr IE   = 0xA8;
sfr IP   = 0xB8;
sfr SCON = 0x98;
sfr SBUF = 0x99;
......
```

与表 4-5 所示的特殊功能寄存器地址分布列表对比，可以发现两者是完全统一的。在进行 C 语言程序设计时，必须在 C 源程序的开始部分用 "#include<REG51.H>" 预编译处理命令将定义特殊功能寄存器的头文件 "REG51.H" 包含进所编写的程序中，使单片机知道特殊功能寄存器是如何分配的。只有这样，单片机才能识别程序中用到的这些特殊功能寄存器，正确地执行程序设计的指令。

⬤ 硬件电路设计

运用 Proteus 进行的硬件电路设计及仿真效果如图 4-26 所示。

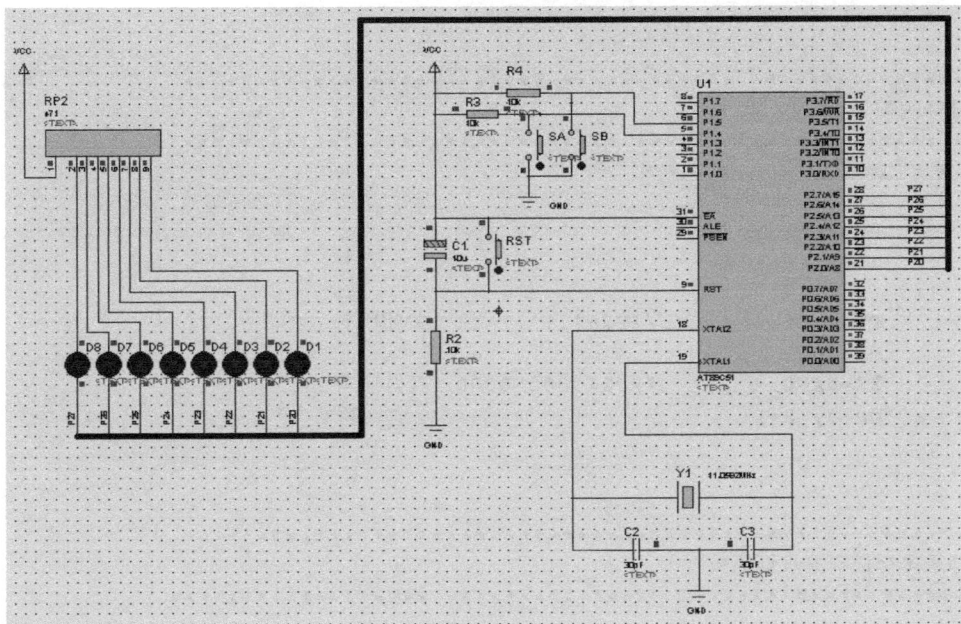

图 4-26　用 if 语句控制 P2 口广告流水灯仿真原理图

软件程序设计

打开 D\:"单片机项目设计"\"项目四：广告流水灯项目开发"\"C 语言源程序设计"子文件夹，打开里面的"Keil μVision2"工程项目，在其中新建如下示例程序。

1. 程序设计

示例程序设计如下：

```
//4-2-6: 用 if 语句的控制 P2 口广告流水灯
#include<reg51.h>   //包含单片机寄存器定义的头文件
sbit SA=P1^4;        //将 SA 位定义为 P1.4
sbit SB=P1^5;        //将 SB 位定义为 P1.5

/*******************************************
延时函数 1
********************************************/
void delay_1(void)        //按键"软件消抖"延时
  {
      unsigned int i;
      for(i=0;i<5000;i++)
          ;
  }

/*******************************************
延时函数 2
********************************************/
void delay_2(void)        //流水灯延时
  {
      unsigned char m,n;
      for(m=0;m<250;m++)
          for(n=0;n<250;n++)
              ;
```

```
        }

/**********************************************************
闪烁灯函数
**********************************************************/
void flash LED(void)
{
    unsigned char i;
    for(i=0;i<4;i++)
    {
        P2=0xff;            //P2=1111 1111，关闭所有 LED
        delay 2();
        P2=0x00;            //P2=0000 0000，打开所有 LED
        delay 2();
    }
}


/**********************************************************
左移运算符控制流水灯函数
**********************************************************/
void leftmove LED(void)
{
    unsigned char i,j;
    for(j=0;j<4;j++)
    {
        P2=0xff;            //P2=1111 1111，关闭所有 LED
        delay 2();
        for(i=0;i<8;i++)
        {
            P2=P2<<1;   //P2 每次左移一位
            delay 2();
        }
    }
}
/*****************************
函数功能：主函数
*****************************/
void main(void)
{
    while(1)
    {
        if(SA==0)              //如果 SA 键按下
        {
            delay_1();         //延时一段时间
            if(SA==0)          //如果再次检测到 SA 键按下
        flash_LED();           //调用闪烁灯函数
        }
        if(SB==0)              //如果 SB 键按下
        {
            delay_1();         //延时一段时间
            if(SB==0)          //如果再次检测到 SB 键按下
        leftmove_LED();    //调用左移运算符控制流水灯函数
        }
    }
}
```

2. 程序编译与 Proteus 仿真

程序设计好之后，经过 Keil C 软件编译通过后，再利用 Proteus 软件进行仿真。在 Proteus ISIS 中绘制仿真电路图，或者打开配套电子资料包中的相应仿真原理图文件，将编译好的 HEX 文件载入单片机中。启动仿真，即可看到 LED 灯仿真运行的效果。

任务验证实践

将主实验板上的 8 位 LED 广告流水灯接口插座 P6 用 8 芯排线连接至单片机 P2 口接口插座，将四位独立按键中的"SA"按键插针用跳线连接到接口排针 P4 上 P1 口的 P14 针，将四位独立按键中的"SB"按键插针用跳线连接到接口排针 P4 上 P1 口的 P15 针，连接计算机与主实验板，将 C 源程序编译生成的 HEX 文件通过下载数据线下载至主实验板上的单片机 STC89C52RC 中。

接通实验板电源，运行该程序，反复按下按键 SA、SB，验证项目实现效果。图 4-27 为本实验的现象。

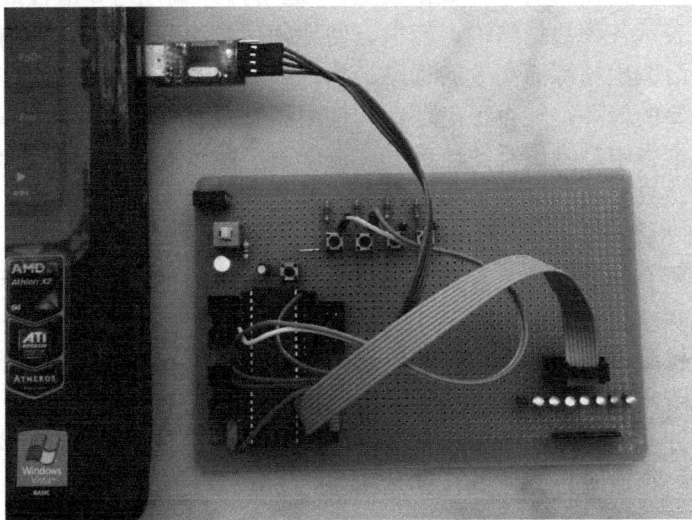

图 4-27 使用 if 语句的控制 P2 口广告流水灯实验现象

工作任务拓展

主函数的调整：

（1）改用其他 I/O 口控制流水灯的程序，然后验证自己的设计效果。

（2）设计不同的流水灯子程序及其组合，尝试设计新的控制花样。

思考与练习

1. 简述 MCS-51 单片机程序存储器的特性。

2. 简述 MCS-51 单片机数据存储器的特性。

3. 简述 MCS-51 单片机头文件"REG51.H"的作用。

4. 调整本任务示例程序中按键 SA、SB 与单片机的接口方式，设计一个与众不同的流水灯 C 语言源程序。

5. 将上题中的 C 语言源程序编译生成 HEX 文件后，用 Proteus 软件仿真验证程序的正确性。

6. 将第 5 题中设计的 C 语言源程序编译生成的 HEX 文件，用 STC_ISP_V488 程序烧录软件载入制作的单片机主实验板中运行，验证程序的正确性。

任务 4-2-7　使用数组的指针控制 P2 口广告流水灯程序设计

工作任务与目标

1. 理解 C 语言指针基础知识及其应用。
2. 初步掌握 C 语言数组指针变量基础知识及基础运用方法。
3. 掌握用数组的指针控制流水灯的编程技术。

任务相关知识链接

1. C 语言的指针

指针是 C 语言中广泛使用的一种数据类型。运用指针编程是 C 语言最主要的风格之一。利用指针变量可以表示各种数据结构；能很方便地使用数组和字符串；并能像汇编语言一样处理内存地址，从而编出精练而高效的程序。指针极大地丰富了 C 语言的功能。学习指针是学习 C 语言中最重要的一环，能否正确理解和使用指针是我们是否掌握 C 语言的一个标志。同时，指针也是 C 语言中最为困难的一部分，在学习中除了要正确理解基本概念，还必须要多编程，上机调试。只要做到这些，指针也是不难掌握的。

1）指针的基本概念

在计算机中，所有的数据都是存放在存储器中的。一般把存储器中的一个字节称为一个内存单元。为了正确地访问这些内存单元，必须为每个内存单元编上号。根据一个内存单元的编号即可准确地找到该内存单元。内存单元的编号也称为地址。既然根据内存单元的编号或地址就可以找到所需的内存单元，所以通常也把这个地址称为指针。

内存单元的指针和内存单元的内容是两个不同的概念。对于一个内存单元来说，单元的地址即为指针，其中存放的数据才是该单元的内容。

2）指针变量

在 C 语言中，允许用一个变量来存放指针，这种变量称为指针变量。因此，一个指针变量的值就是某个内存单元的地址或称为某内存单元的指针。

一个指针是一个地址，是一个常量。而一个指针变量却可以被赋予不同的指针值，是变量。定义指针的目的是为了通过指针去访问内存单元。

指针变量的值是一个地址，这个地址不仅可以是变量的地址，也可以是其他数据结构的地址。因为数组或函数都是连续存放的，所以通过访问指针变量取得了数组或函数的首地址，也就找到了该数组或函数。这样一来，凡是出现数组、函数的地方都可以用一个指针变量来表示，只要该指针变量中赋予数组或函数的首地址即可。这样做，将会使程序的概念十分清楚，程序本身也精练，高效。

3）指针变量的类型说明

对指针变量的类型说明包括三个内容：

（1）指针类型说明，即定义变量为一个指针变量；

（2）指针变量名；

（3）变量值（指针）所指向的变量的数据类型。

其一般形式为：

```
类型说明符 *变量名；
```

其中，*表示这是一个指针变量，变量名即为定义的指针变量名，类型说明符表示本指针变量所指向的变量的数据类型。

4）指针变量的赋值

指针变量同普通变量一样，使用之前不仅要定义说明，而且必须赋予具体的值。未经赋值的指针变量不能使用，否则将造成系统混乱，甚至死机。指针变量的赋值只能赋予地址，决不能赋予任何其他数据，否则将引起错误。在 C 语言中，变量的地址是由编译系统分配的，对用户完全透明，用户不知道变量的具体地址。C 语言中提供了地址运算符&来表示变量的地址。其一般形式为：

```
& 变量名；
```

如&a 表示变量 a 的地址，&b 表示变量 b 的地址。变量本身必须预先说明。设有指向整型变量的指针变量 p，如要把整型变量 a 的地址赋予 p 可以有以下两种方式：

（1）指针变量初始化的方法：

```
int a;
int *p=&a;
```

（2）赋值语句的方法：

```
int a;
int *p;
p=&a;
```

不允许把一个数赋予指针变量，如以下的赋值是错误的：

```
int *p; p=1000;
```

被赋值的指针变量前不能再加"*"说明符，如以下的赋值也是错误的：

```
*p=&a
```

5）指针变量的运算

指针变量可以进行的运算方式是有限的，它只能进行赋值运算和部分算术运算及关系运算。

（1）指针运算符。

① 取地址运算符"&"。取地址运算符"&"是单目运算符，其结合性为自右至左，其功能是取变量的地址。

② 取内容运算符"*"。取内容运算符"*"是单目运算符，其结合性为自右至左，用来表示指针变量所指的变量。在"*"运算符之后跟的变量必须是指针变量。需要注意的是指针运算符"*"和指针变量说明中的指针说明符"*"不是一回事。在指针变量说明中，"*"是类型说明符，表示其后的变量是指针类型。而表达式中出现的"*"则是一个运算符用以表示指针变量所指的变量。

（2）指针变量的运算。

① 赋值运算。指针变量的赋值运算有以下几种形式：

a. 指针变量初始化赋值，前面已作介绍。

b. 把一个变量的地址赋予指向相同数据类型的指针变量。例如：

```
int a,*pa;
pa=&a; /*把整型变量 a 的地址赋予整型指针变量 pa*/
```

c. 把一个指针变量的值赋予指向相同类型变量的另一个指针变量。例如：

```
int a,*pa=&a,*pb;
```

```
pb=pa；  /*把 a 的地址赋予指针变量 pb*/
```

由于 **pa**、**pb** 均为指向整型变量的指针变量，因此可以相互赋值。

d．把数组的首地址赋予指向数组的指针变量。例如：

```
int a[5],*pa;
pa=a；  (数组名表示数组的首地址，故可赋予指向数组的指针变量 pa)
```

也可写为：

```
pa=&a[0]；  /*数组第一个元素的地址也是整个数组的首地址，也可赋予 pa*/
```

当然也可采取初始化赋值的方法：

```
int a[5],*pa=a;
```

e．把字符串的首地址赋予指向字符类型的指针变量。例如：

```
char *pc;pc="c language";
```

或用初始化赋值的方法写为：

```
char *pc="C Language";
```

这里应说明的是并不是把整个字符串装入指针变量，而是把存放该字符串的字符数组的首地址装入指针变量。

f．把函数的入口地址赋予指向函数的指针变量。例如：

```
int (*pf)();pf=f；  /*f 为函数名*/
```

② 加减算术运算。对于指向数组的指针变量，可以加上或减去一个整数 n。设 pa 是指向数组 a 的指针变量，则 pa+n、pa-n、pa++、++pa、pa--、--pa 运算都是合法的。指针变量加或减一个整数 n 的意义是把指针指向的当前位置（指向某数组元素）向前或向后移动 n 个位置。

应该注意，指针变量的加减运算只能对数组指针变量进行，对指向其他类型变量的指针变量作加减运算是毫无意义的。两个指针变量之间的运算只有指向同一数组的两个指针变量之间才能进行运算，否则运算毫无意义。

两指针变量相减所得之差是两个指针所指数组元素之间相差的元素个数。实际上是两个指针值（地址）相减之差再除以该数组元素的长度（字节数）。

③ 两指针变量进行关系运算。指向同一数组的两指针变量进行关系运算可表示它们所指数组元素之间的关系。例如：

pf1＝＝pf2 表示 pf1 和 pf2 指向同一数组元素；

pf1>pf2 表示 pf1 处于高地址位置；

pf1<pf2 表示 pf2 处于低地址位置。

2．C 语言的数组指针变量

（1）数组指针变量。指向数组的指针变量称为数组指针变量。

一个数组是由连续的一块内存单元组成的。数组名就是这块连续内存单元的首地址。一个数组也是由各个数组元素（下标变量）组成的。每个数组元素按其类型不同占有几个连续的内存单元。一个数组元素的首地址也是指它所占有的几个内存单元的首地址。一个指针变量既可以指向一个数组，可把数组名或第一个元素的地址赋予它；也可以指向一个数组元素，如要使指针变量指向第 i 号元素，可以把 i 元素的首地址赋予它或把数组名加 i 赋予它。

设有实数组 a，指向 a 的指针变量为 pa，它们之间有以下关系：

Pa、a、&a[0]均指向同一单元，它们是数组 a 的首地址，也是 0 号元素 a[0]的首地址。pa+1、a+1、&a[1]均指向 1 号元素 a[1]。类推可知 pa+i、a+i、&a[i]指向 i 号元素 a[i]。应该说明的是 pa 是变量，而 a、&a[i]都是常量。在编程时应予以注意。

（2）数组指针变量说明的一般形式为：

类型说明符 * 指针变量名

其中类型说明符表示所指数组的类型。从一般形式可以看出指向数组的指针变量和指向普通变量的指针变量的说明是相同的。引入指针变量后，就可以用两种方法来访问数组元素了：

第一种方法为下标法，即用 a[i] 形式访问数组元素。

第二种方法为指针法，即采用*（pa+i）形式，用间接访问的方法来访问数组元素。

硬件电路设计

运用 Proteus 进行的硬件电路设计及仿真效果如图 4-28 所示。

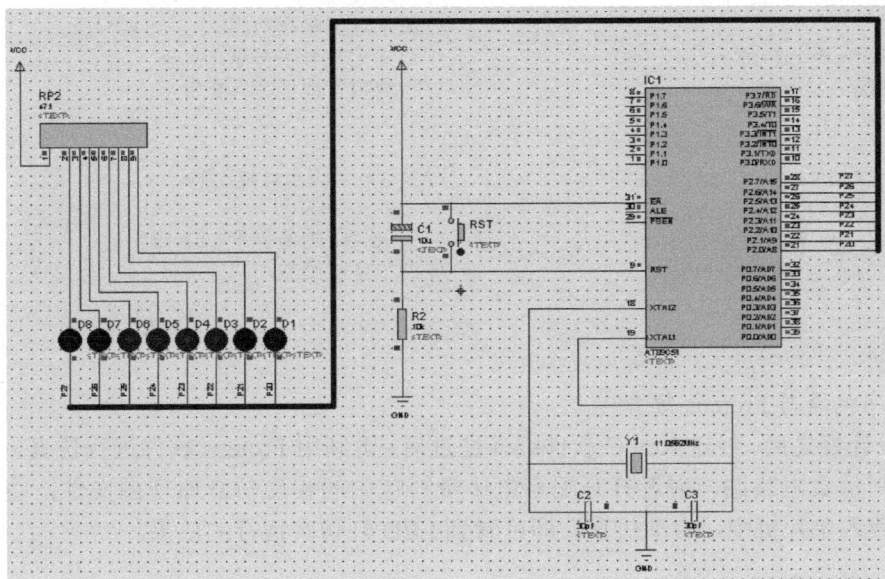

图 4-28 用数组的指针控制 P2 口广告流水灯仿真原理图

软件程序设计

打开 D\:"单片机项目设计"\"项目四：广告流水灯项目开发"\"C 语言源程序设计"子文件夹，打开里面的"Keil μVision2"工程项目，在其中新建如下示例程序。

1. 程序设计

示例程序设计如下：

```
//4-2-7：用数组的指针控制 P2 口广告流水灯
#include<reg51.h>
/**********************************************
延时函数
**********************************************/
void delay(void)
{
  unsigned char m,n;
  for(m=0;m<250;m++)
    for(n=0;n<250;n++)
      ;
}
/**********************************************
```

```
主函数
**************************************************/
void main(void)
{
  unsigned char i;
  unsigned char Tab[ ]={0xFF,0xFE,0xFD,0xFB,0xF7,0xEF,0xDF,0xBF,
                                         //单灯左移
                  0x7F,0xBF,0xDF,0xEF,0xF7,0xFB,0xFD,0xFE,
                                         //单灯右移
                  0xFF,0xE7,0xDB,0xBD,0x7E,0xBD,0xDB,0xE7,0xFF,
                                         //双灯开合
                  0x00,0x81,0xC3,0xE7,0xFF,0xE7,0xC3,0x81,0x00};
                                         //全灯收放
                                         //流水灯控制码数组
  unsigned char *p;                      //定义无符号字符型指针
  p=Tab;                                 //将数组首地址存入指针 p
  while(1)
    {
      for(i=0;i<34;i++)                  //共 34 个流水灯控制码
        {
          P2=*(p+i);                     //* (p+i)的值等于 Tab[i]
            delay();                     //调用延时函数
        }
    }
}
```

086

2. 程序编译与 Proteus 仿真

程序设计好之后，经过 Keil C 软件编译通过后，再利用 Proteus 软件进行仿真。在 Proteus ISIS 中绘制仿真电路图，或者打开配套电子资料包中的相应仿真原理图文件，将编译好的 HEX 文件载入单片机中。启动仿真，即可看到 LED 灯仿真运行的效果。

○ 任务验证实践

将主实验板上的 8 位 LED 广告流水灯接口插座 P6 用 8 芯排线连接至单片机 P2 口接口插座，连接计算机与主实验板，将 C 源程序编译生成的 HEX 文件通过下载数据线下载至主实验板上的单片机 STC89C52RC 中。

接通实验板电源，运行该程序，反复按下按键 SA，验证项目实现效果。图 4-29 为本实验的现象。

图 4-29　使用数组的指针控制 P2 口广告流水灯实验现象

○ 工作任务拓展

主函数的调整：

改变流水灯控制码数组的控制码，设计更加丰富多变的流水灯花样并验证设计效果。

思考与练习 ━━━━━━━━━━━━━━━━━━━━━━━━━━━━━●

1. 简述 C 语言中指针的概念。

2. 比较 C 语言指针的取地址运算符"&"与取内容运算符"*"的区别。

3. 简述 C 语言数组指针变量的概念。

4. 调整本任务示例程序数组中的流水灯控制代码，设计一个与众不同的流水灯 C 语言源程序。

5. 将上题中的 C 语言源程序编译生成 HEX 文件后，用 Proteus 软件仿真验证程序的正确性。

6. 将第 5 题中设计的 C 语言源程序编译生成的 HEX 文件，用 STC_ISP_V488 程序烧录软件载入制作的单片机主实验板中运行，验证程序的正确性。

任务 4-2-8　使用指针作函数参数控制 P2 口广告流水灯程序设计

○ 工作任务与目标

1. 理解 C 语言有参函数基础知识及其应用。

2. 初步掌握 C 语言指针变量作函数参数控制流水灯的编程技术。

○ 任务相关知识链接

C 语言的有参函数

1. 有参函数

有参函数也称为带参函数，在函数定义及函数说明时都有参数的函数。其参数称为形式参数（简称为形参）。

有参函数在函数调用时也必须给出参数，称为实际参数（简称实参）。进行函数调用时，主调函数将把实参的值传送给形参，供被调函数使用。

2. 有参函数的一般形式：

```
类型说明符 函数名(形式参数表)
形式参数类型说明
{
    类型说明
    语句
}
```

有参函数比无参函数多了两个内容，其一是形式参数表，其二是形式参数类型说明。在形式参数表中给出的参数称为形式参数，它们可以是各种类型的变量，各参数之间用逗号间隔。在进行函数调用时，主调函数将赋予这些形式参数实际的值。形参既然是变量，当然必须给以类型说明。

3. 函数的参数

有参函数的形参出现在函数定义中，在整个函数体内都可以使用，离开该函数则不能使用。实参出现在主调函数中，进入被调函数后，实参变量也不能使用。形参和实参的功能是作数据传送。发生函数调用时，主调函数把实参的值传送给被调函数的形参从而实现主调函数向被调函数的数据传送。

函数的形参和实参具有以下特点：

（1）形参变量只有在被调用时才分配内存单元，在调用结束时，即刻释放所分配的内存单元。因此，形参只有在函数内部有效。函数调用结束返回主调函数后则不能再使用该形参变量。

（2）实参可以是常量、变量、表达式、函数等，无论实参是何种类型的量，在进行函数调用时，它们都必须具有确定的值，以便把这些值传送给形参。因此应预先用赋值、输入等办法使实参获得确定值。

（3）实参和形参在数量上、类型上、顺序上应严格一致，否则会发生"类型不匹配"的错误。

（4）函数调用中发生的数据传送是单向的，即只能把实参的值传送给形参，而不能把形参的值反向地传送给实参。因此在函数调用过程中，形参的值发生改变，而实参中的值不会变化。

4. 数组名作为函数参数

（1）用数组名作函数参数与用数组元素作实参有两点不同。

①用数组元素作实参时，只要数组类型和函数的形参变量的类型一致，那么作为下标变量的数组元素的类型也和函数形参变量的类型是一致的。因此，并不要求函数的形参也是下标变量。也就是说，对数组元素的处理是按普通变量对待的。用数组名作函数参数时，则要求形参和相对应的实参都必须是类型相同的数组，都必须有明确的数组说明。当形参和实参二者不一致时，就会发生错误。

② 在普通变量或下标变量作函数参数时，形参变量和实参变量是由编译系统分配的两个不同的内存单元。在函数调用时发生的值传送是把实参变量的值赋予形参变量。在用数组名作函数参数时，不是进行值的传送，而是进行地址的传送，也就是说把实参数组的首地址赋予形参数组名。形参数组名取得该首地址之后，也就等于有了实在的数组。实际上是形参数组和实参数组为同一数组，共同拥有一段内存空间。

（2）用数组名作为函数参数时应注意以下几点。

① 形参数组和实参数组的类型必须一致，否则将引起错误。

② 形参数组和实参数组的长度可以不相同，因为在调用时，只传送首地址而不检查形参数组的长度。当形参数组的长度与实参数组不一致时，虽不至于出现语法错误（编译能通过），但程序执行结果将与实际不符，这是应予以注意的。

③ 在函数形参表中，允许不给出形参数组的长度，或用一个变量来表示数组元素的个数。

④ 多维数组也可以作为函数的参数。在函数定义时对形参数组可以指定每一维的长度，也可省去第一维的长度。

5. 指针变量作为函数参数

函数的参数不仅可以是数据、数组，也可以是指针。指针参数的作用是将一个变量的地址传送到另一个函数中。

● 硬件电路设计

运用 Proteus 进行的硬件电路设计及仿真效果如图 4-30 所示。

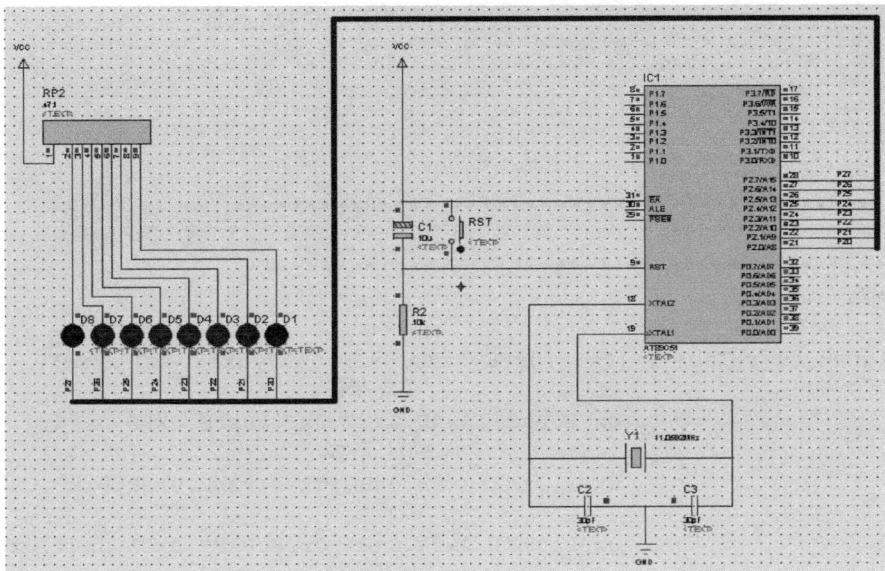

图 4-30　用指针作函数参数控制 P2 口广告流水灯仿真原理图

○ 软件程序设计

　　打开 D\:"单片机项目设计"\"项目四：广告流水灯项目开发"\"C 语言源程序设计"
子文件夹，打开里面的"Keil μVision2"工程项目，在其中新建如下示例程序。

　　1.　程序设计

　　示例程序设计如下：

```
//4-2-8：用指针作函数参数控制 P2 口广告流水灯
#include<reg51.h>
/************************************************
延时函数
************************************************/
void delay(unsigned char x)
{
  unsigned char m,n;
  for(m=0;m<x;m++)
    for(n=0;n<250;n++)
          ;
}
/************************************************
流水灯控制函数
************************************************/
void led_flow(unsigned char *p)         //形参为无符号字符型指针
{
  unsigned char i;
  while(1)
   {
      i=0;                              //将 i 置为 0，指向数组第一个元素
      while(i<34)
       {
        P2=*(p+i);                      //取指针所指变量（数组元素）的值，送 P2 口
          delay(200);                   //调用延时函数
```

```
            i++;                                //指向下一个数组元素
        }
    }
}


/*************************************************
主函数
*************************************************/
void main(void)
{
  unsigned char Tab[ ]={0xFF,0xFE,0xFD,0xFB,0xF7,0xEF,0xDF,0xBF,
                                    //单灯左移
                        0x7F,0xBF,0xDF,0xEF,0xF7,0xFB,0xFD,0xFE,
                                    //单灯右移
                        0xFF,0xE7,0xDB,0xBD,0x7E,0xBD,0xDB,0xE7,0xFF,
                                    //双灯开合
                        0x00,0x81,0xC3,0xE7,0xFF,0xE7,0xC3,0x81,0x00};
                                    //全灯收放
                                    //流水灯控制码数组
unsigned char *pointer; //定义无符号字符型指针 pointer
pointer=Tab;                          //将数组 Tab 的首地址赋给指针 pointer
led_flow(pointer);                    //调用流水灯控制函数，指针做参数
}
```

2. 程序编译与 Proteus 仿真

程序设计好之后，经过 Keil C 软件编译通过后，再利用 Proteus 软件进行仿真。在 Proteus ISIS 中绘制仿真电路图，或者打开配套电子资料包中的相应仿真原理图文件，将编译好的 HEX 文件载入单片机中。启动仿真，即可看到 LED 灯仿真运行的效果。

任务验证实践

将主实验板上的 8 位 LED 广告流水灯接口插座 P6 用 8 芯排线连接至单片机 P2 口接口插座，连接计算机与主实验板，将 C 源程序编译生成的 HEX 文件通过下载数据线下载至主实验板上的单片机 STC89C52RC 中。

接通实验板电源，运行该程序，反复按下按键 SA，验证项目实现效果。图 4-31 为本实验的现象。

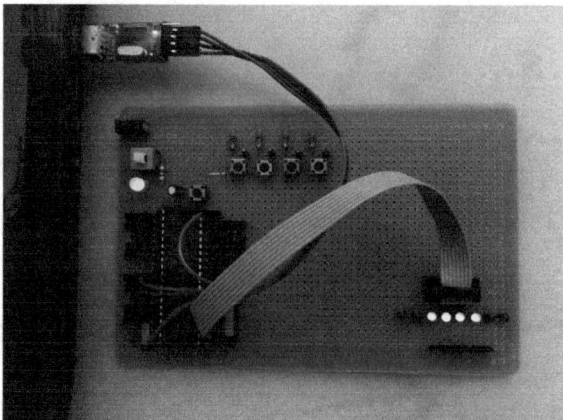

图 4-31　使用指针作函数参数控制 P2 口广告流水灯实验现象

工作任务拓展

1. 延时函数的调整

（1）调整延时参数 x 的数值，体会延时效果上的差异。

（2）尝试用整型变量作有参延时函数，想想该怎么做，感受在效果上有何不同。

2. 主函数的调整

（1）调整数组元素流水灯控制代码，尝试设计出不同花样的流水灯闪烁花样，然后验证自己的设计效果。

（2）尝试用其他 I/O 口来控制流水灯，想想应该怎样做。

思考与练习

1. 简述 C 语言有参函数的一般形式。

2. 试述 C 语言函数的形参和实参的特点。

3. 简述 C 语言中用数组名作为函数参数时应注意的问题。

4. 调整本任务示例程序中流水灯的接口为 P0 口，设计相应的流水灯 C 语言源程序。

5. 将上题中的 C 语言源程序编译生成 HEX 文件后，用 Proteus 软件仿真验证程序的正确性。

6. 将第 4 题中设计的 C 语言源程序编译生成的 HEX 文件，用 STC_ISP_V488 程序烧录软件载入制作的单片机主实验板中运行，验证程序的正确性。

任务 4-2-9 使用函数库文件控制 P2 口广告流水灯程序设计

工作任务与目标

1. 了解 Keil C51 库函数的基本知识。

2. 了解 Keil C51 中常用的库函数的功能及其应用。

3. 初步掌握 Keil C51 中常用库函数在编程技术中的简单应用。

任务相关知识链接

1. Keil C51 的库函数

C51 强大功能及其高效率的重要体现之一在于其丰富的可直接调用的库函数，多使用库函数使程序代码简单、结构清晰、易于调试和维护，下面介绍 C51 的库函数系统。

（1）本征库函数（Intrinsic Routines）和非本征库函数。

C51 提供的本征函数是指编译时直接将固定的代码插入当前行，而不是用 ACALL 和 LCALL 语句来实现，这样就大大提供了函数访问的效率，而非本征函数则必须由 ACALL 及 LCALL 语句调用。

C51 的本征库函数只有 9 个，数目虽少，但都非常有用，列举如下：

crol 、_cror_ ：将 char 型变量循环向左（右）移动指定位数后返回。

iror 、_irol_ ：将 int 型变量循环向左（右）移动指定位数后返回。

lrol 、_lror_ ：将 long 型变量循环向左（右）移动指定位数后返回。

nop ：相当于插入 NOP。

testbit ：相当于 JBC bitvar 测试该位变量并跳转同时清除。

chkfloat：测试并返回源点数状态。

使用时，必须包含#include<intrins.h>一行。

（2）几类重要的非本征库函数。

① 专用寄存器 include 文件 reg51.h。reg51.h 是 51 系列单片机最基本的专用寄存器定义头文件，其中包括了所有 8051 单片机特殊功能寄存器 SFR 的位定义。一般的 51 单片机系统都必须包括本文件。

② 绝对地址访问 include 文件 absacc.h。该文件中实际只定义了几个宏，以确定各存储空间的绝对地址。

③ 动态内存分配函数，位于 stdlib.h 中。

④ 缓冲区处理函数，位于 string.h 中，其中包括复制、比较、移动等函数，如 memccpy、memchr、 memcmp、 memcpy、 memmove、memset 等，这样很方便地对缓冲区进行处理。

⑤ 输入/输出流函数，位于 stdio.h 中。输入/输出流函数通过 8051 的串口或用户定义的 I/O 口读写数据，缺省为 8051 串口。

⑥ 字符函数，位于 ctype.h 中，检查参数值或参数字符。

⑦ 数学函数 math.h，用于各种数学运算。

2. Keil C51 库函数的调用

函数库文件的调用，必须在源程序的开始处用"#include< >"命令将声明该函数的头文件包含进程序中来。例如，_crol_（）函数是内部函数文件 intrins.h 中定义的一个循环移位函数。在使用_crol_（）函数时必须在源程序的开始处用"#include<intrins.h>"命令将声明_crol_（）函数的头文件 intrins.h 包含进程序中。

intrins.h 头文件中的循环移位函数、_nop_（）函数；ctype.h 头文件中的 isalpha（）函数；stdlib.h 头文件中的 rand（）函数；string.h 头文件中的 strcmp（）函数等函数都是经常使用的库函数。随着对单片机技术的深入了解，将会接触与运用到越来越多的库函数。

● **硬件电路设计**

运用 Proteus 进行的硬件电路设计及仿真效果如图 4-32 所示。

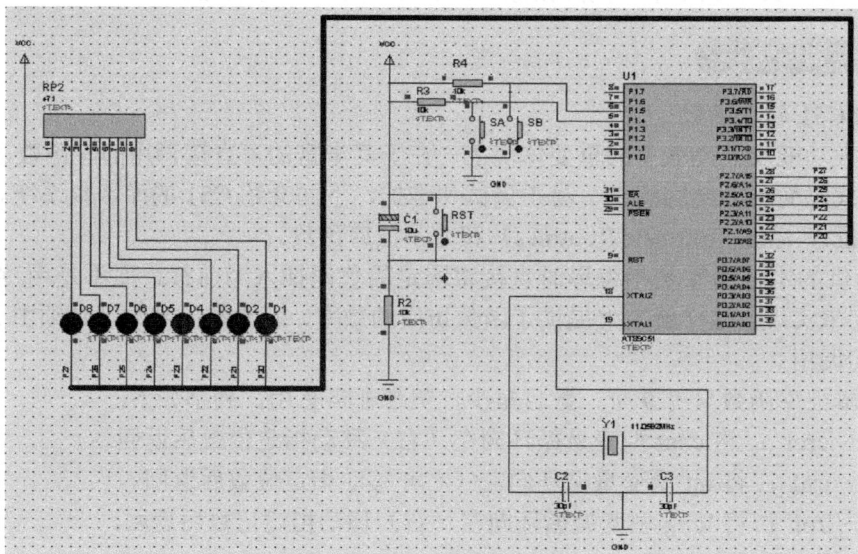

图 4-32　函数库文件控制 P2 口 LED 广告流水灯仿真原理图

软件程序设计

　　打开 D\:"单片机项目设计"\"项目四：广告流水灯项目开发"\"C 语言源程序设计"子文件夹，打开里面的"Keil μVision2"工程项目，在其中新建如下示例程序。

　　1. 示例程序设计

示例程序设计如下：

```c
//4-2-9：函数库文件控制 P2 口 LED 广告流水灯
#include<reg51.h>          //包含单片机寄存器的头文件
#include<intrins.h>        //包含函数_crol_()和_cror_()声明的头文件
#include<stdlib.h>         //包含函数 rand()声明的头文件

sbit SA=P1^4;             //将 SA 位定义为 P1.4
sbit SB=P1^5;             //将 SB 位定义为 P1.5

/******************************************
延时函数
******************************************/
void delay(void)
  {
      unsigned int i;
       for(i=0;i<40000;i++)
           ;
      }
/******************************
函数功能：主函数
******************************/
void main(void)
{
    while(1)
    {
        unsigned char i;
        i=8;
        if(SA==0)                        //如果 SA 键按下
        {
            P2=rand()/128;              //调用随机数产生函数
                delay();
            while(i--)                   //做 8 次循环移位
            {
              P2=_crol_(P2,1);          //调用循环左移函数，每次左移一位
                delay();
            }
        }
        if(SB==0)                        //如果 SB 键按下
        {
            P2=rand()/128;              //调用随机数产生函数
                delay();
            while(i--)                   //做 8 次循环移位
            {
                P2=_cror_(P2,2);        //调用循环右移函数，每次右移两位
                delay();
            }
        }
    }
}
```

2. 程序编译与 Proteus 仿真

程序设计好之后，经过 Keil C 软件编译通过后，再利用 Proteus 软件进行仿真。在 Proteus ISIS 中绘制仿真电路图，或者打开配套电子资料包中的相应仿真原理图文件，将编译好的 HEX 文件载入单片机中。启动仿真，即可看到 LED 灯仿真运行的效果。

任务验证实践

将主实验板上的 8 位 LED 广告流水灯接口插座 P6 用 8 芯排线连接至单片机 P2 口接口插座，将四位独立按键中的"SA"按键插针用跳线连接到接口排针 P4 上 P1 口的 P14 针，将四位独立按键中的"SB"按键插针用跳线连接到接口排针 P4 上 P1 口的 P15 针，连接计算机与主实验板，将 C 源程序编译生成的 HEX 文件通过下载数据线下载至主实验板上的单片机 STC89C52RC 中。

接通实验板电源，运行该程序，反复按下按键 SA、SB，验证项目实现效果。图 4-33 为本实验的现象。

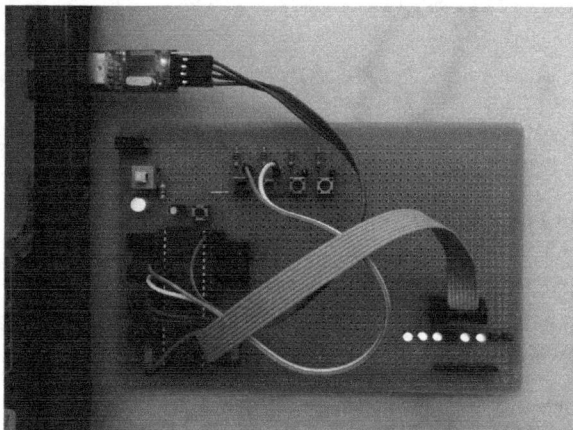

图 4-33　函数库文件控制 P2 口 LED 广告流水灯实验现象

工作任务拓展

1. 延时函数的调整

尝试用有参延时函数控制流水灯的变化节奏。

2. 主函数的调整

在主函数中尝试调用不同的库函数及其组合，尝试设计新的流水灯控制花样。

思考与练习

1. 简述 Keil C51 的库函数的分类。

2. 试述 Keil C51 库函数的调用方法。

3. 调整本任务示例程序中库函数的调用方式，设计相应的流水灯 C 语言源程序。

4. 将上题中的 C 语言源程序编译生成 HEX 文件后，用 Proteus 软件仿真验证程序的正确性。

5. 将第 3 题中设计的 C 语言源程序编译生成的 HEX 文件，用 STC_ISP_V488 程序烧录软件载入制作的单片机主实验板中运行，验证程序的正确性。

LED 数码显示技术项目开发

在单片机应用系统中，经常用 LED 数码管来显示各种数字或者符号。由于它具有显示清晰、亮度高、使用电压低、寿命长、价格低廉、控制简单等特点，因此使用非常广泛。

任务 5-1 LED 数码显示电路设计与制作

工作任务与目标

通过本项任务的实践，了解 LED 数码显示电路的结构与作用，学习 LED 数码显示电路设计的思路与方法，完成 LED 数码显示电路原理图与装配图的设计，了解 LED 数码显示电路制作相关元器件的基本知识，理解电路制作工艺要求，掌握电路制作的方法与技能，完成 LED 数码显示电路的制作，并掌握 LED 数码显示电路制作质量的检验方法，为后续单片机电路数码显示实验打下良好的硬件基础。

任务 5-1-1 LED 数码显示电路设计

1. 了解 LED 数码管

（1）LED 数码管简介。

LED 数码管是一种半导体发光器件，其基本单元是发光二极管。

LED 数码管按段数分为七段数码管和八段数码管，八段数码管比七段数码管多一个发光二极管单元（多一个小数点显示）。

LED 数码管显示数字和符号的原理与用火柴棒拼写数字类似，将发光二极管制作成笔画显示字段，通过给这些笔画显示字段数码管加电压来控制相应的笔画显示字段发光，就可以达到显示字符的目的。

图 5-1 所示为常见 LED 数码管的实物图及其笔画显示字段的名称及分布图。

（2）LED 数码管的分类。

按发光二极管单元连接方式分为共阴极数码管和共阳极数码管。图 5-2 所示为两种 LED 数码管的内部电路。

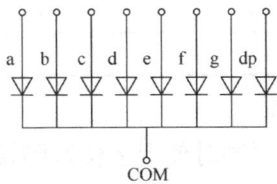

（a）共阴极

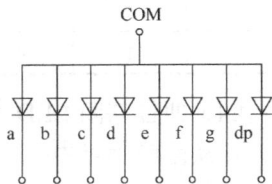

（b）共阳极

图 5-1　LED 数码管　　　　　　　　　　图 5-2　LED 数码管内部电路

如图 5-2 (a) 所示, 共阴极数码管是指将所有发光二极管的阴极接到一起形成公共阴极 (COM) 的数码管。共阴极数码管在应用时应将公共极 COM 接到地线 GND 上, 当某一字段发光二极管的阳极为高电平时, 相应字段就点亮。当某一字段的阳极为低电平时, 相应字段就不亮。

如图 5-2 (b) 所示, 共阳极数码管是指将所有发光二极管的阳极接到一起形成公共阳极 (COM) 的数码管。共阳极数码管在应用时应将公共极 COM 接到+5V, 当某一字段发光二极管的阴极为低电平时, 相应字段就点亮。当某一字段的阴极为高电平时, 相应字段就不亮。

本书实验中用的数码管均为共阳极数码管。

(3) 共阳极 LED 数码管数字显示段码分析。

十进制数码是经常要用数码管来显示的基本信息。下面以数字 "2" 的显示为例, 介绍数码管显示数字的控制码的分析方法。

要显示数字 "2", 参照图 5-1 所示数码管笔画显示字段的分布图分析, 数码管中要亮的字段应当是 a、b、g、e、d。对于共阳极数码管来说, 其输入端 a、b、g、e、d 需要接低电平 "0", 而不亮的字段 c、f、dp 需要接高电平 "1"。按照单片机应用技术中的规定, 将 dp、g、f、e、d、c、b、a 八个字段按由高位到低位的顺序排列, 其电平值刚好构成一个八位的控制字节, 称为数码显示的段码。按照这样的规定, 显示数字 "2" 的段码应为 "1010 0100", 表示成十六进制代码就是 "0xa4"。要实现数码管对数字 "2" 的显示, 可将数码管 dp、g、f、e、d、c、b、a 八个字段输入端接至单片机的 P0 口, 只要让单片机的 P0 口输出数字 "2" 的段码 "0xa4", 就能实现 "1010 0100" 的输出电平控制, 从而使数码管显示出数字 "2" 的字形。

其他数字的段码分析与此类似。除此以外, 用数码管还能显示一些非数字的字符, 有兴趣的话可以尝试分析一些常用字符的显示段码。表 5-1 以列表的方式分析了数字 "0~9" 的共阳极数码管显示段码, 以便于记忆与应用时查阅。

表 5-1 共阳极数码管数字段码对照表

数字显示	dp	g	f	e	d	c	b	a	共阳极段码
0	1	1	0	0	0	0	0	0	0xc0
1	1	1	1	1	1	0	0	1	0xf9
2	1	0	1	0	0	1	0	0	0xa4
3	1	0	1	1	0	0	0	0	0xb0
4	1	0	0	1	1	0	0	1	0x99
5	1	0	0	1	0	0	1	0	0x92
6	1	0	0	0	0	0	1	0	0x82
7	1	1	1	1	1	0	0	0	0xf8
8	1	0	0	0	0	0	0	0	0x80
9	1	0	0	1	0	0	0	0	0x90

(4) 四位共阳 LED 数码管。

在实际应用当中, 常常需要同时使用多位数码管。为方便起见, 会把多位数码管集成制作在一起以方便使用。四位共阳 LED 数码管就是其中常用的一种。

图 5-3 所示为常见的四位共阳 LED 数码管的实物图。

　　使用四位共阳 LED 数码管，首先要了解其引脚排列与笔画字段、公共阳极的分布情况。图 5-4 所示为常见的四位共阳 LED 数码管引脚序号与相应的笔画显示字段名称分布图，其中 A1、A2、A3、A4 分别为四位数码管的共阳极控制引脚，a、b、c、d、e、f、g、dp 为笔画显示字段的名称。

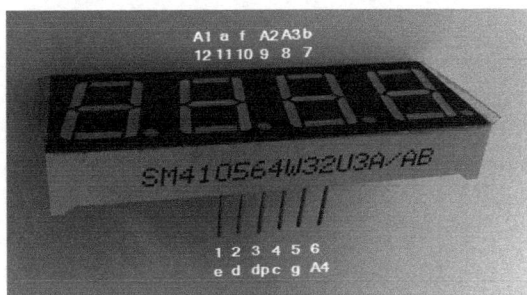

图 5-3　四位共阳 LED 数码管实物图

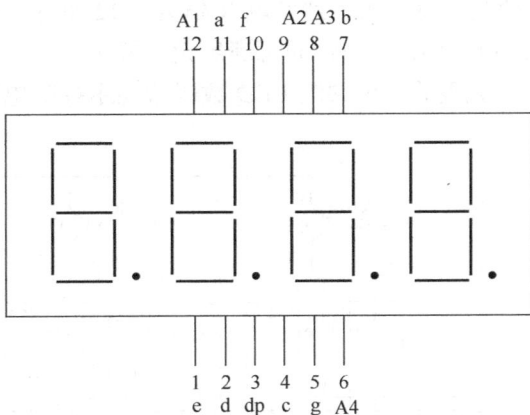

图 5-4　四位共阳 LED 数码管引脚序号与笔画显示字段名称分布图

　　四位共阳 LED 数码管各位的相应笔画 a、b、c、d、e、f、g、dp 是并联在一起的。每一位数码管八个字段笔画的阳极是连接在一起的，做成公共阳极。四位数码管的公共阳极相互独立，分别标记为 A4、A3、A2、A1。具体的内部电路结构如图 5-5 所示。

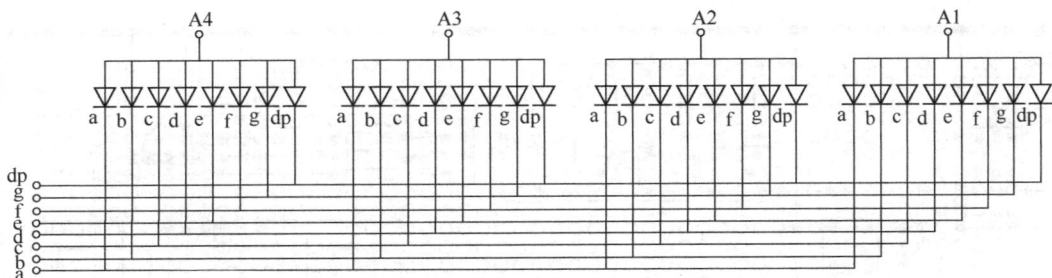

图 5-5　四位共阳 LED 数码管内部电路

　　本书实验中使用四位共阳 LED 数码管来制作数码显示控制电路。

　　2. 四位 LED 数码显示电路设计

　　（1）电路原理图设计。

　　由四位共阳 LED 数码管内部电路可知，四位共阳 LED 数码管在应用时应分别通过位选通控制电路将各位数码管的公共阳极与+5V 电源接通。当某位数码管公共阳极与+5V 电源接通时，若字段发光二极管的阴极为低电平时，该数码管的相应字段就被点亮。未与+5V 电源接通的各位数码管，即使相应字段发光二极管的阴极也为低电平，仍然不会被点亮。

　　对于某一位数码管来说，其位选通控制电路可由三极管来实现，具体电路原理如图 5-6 所示。

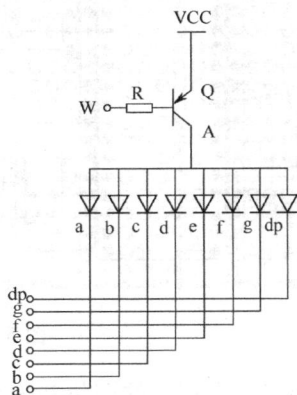

图 5-6　共阳数码管位选通电路工作原理图

从图 5-6 中可知，当三极管的基极位选通端 w 为高电平时，三极管 Q 截止，数码管断电不会发光。当三极管的基极位选通端 w 为低电平时，三极管 Q 饱和导通，数码管得电，按照 a、b、c、d、e、f、g、dp 各段电平高低发光显示相应字形。图中 R 为基极输入电阻，用以防止位选通端 w 为低电平时三极管发射结过压烧坏。为保证三极管 Q 导通时处于饱和状态，R 值也不宜过大，通常取 R 值为 1kΩ 即可。按照电路控制功能，三极管 Q 应为 PNP 管，取常用的 9012 三极管即可满足设计要求。

完整的四位共阳 LED 数码管显示控制电路设计图，如图 5-7 所示。

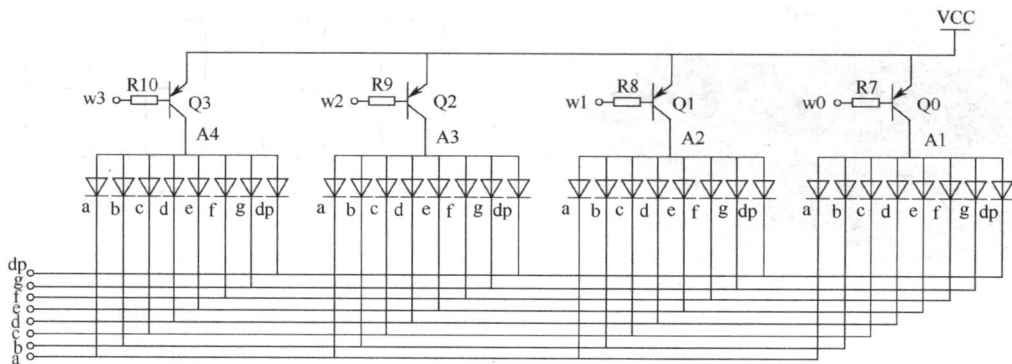

图 5-7 四位共阳数码管显示控制电路原理图

（2）电路装配图设计。

根据四位共阳数码管显示控制电路原理图，在万能板上设计的电路装配图如图 5-8 所示。

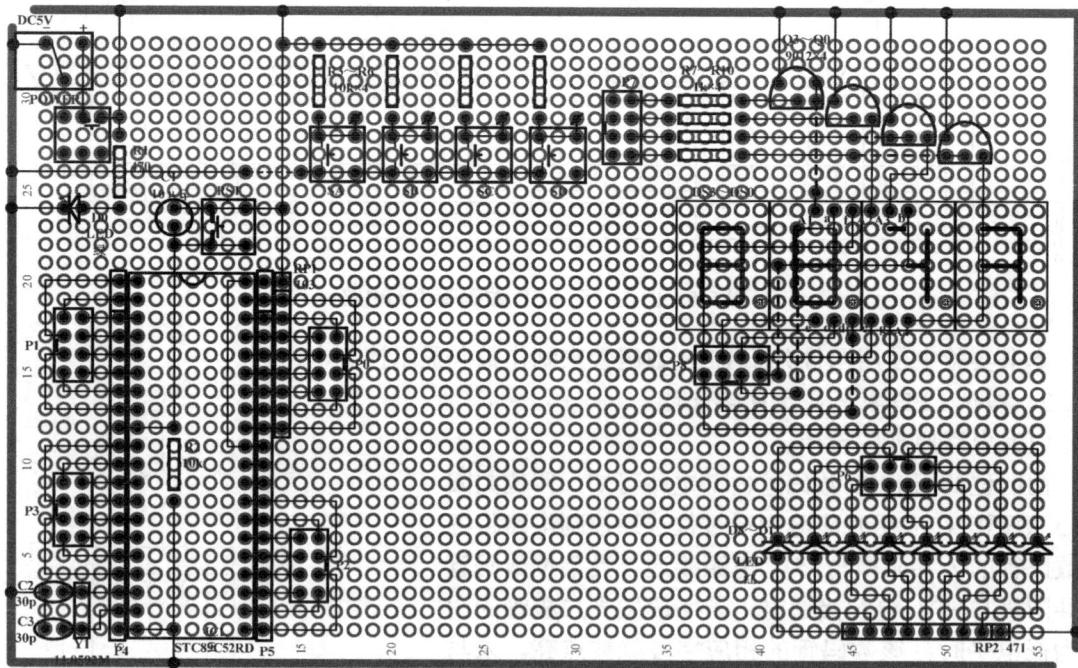

图 5-8 四位共阳数码管显示控制电路装配图

万能板上局部的四位共阳数码管显示控制电路装配图如图 5-9 所示。

图 5-9 中，接口插座 P7、P8 插针分配如图 5-10 所示。

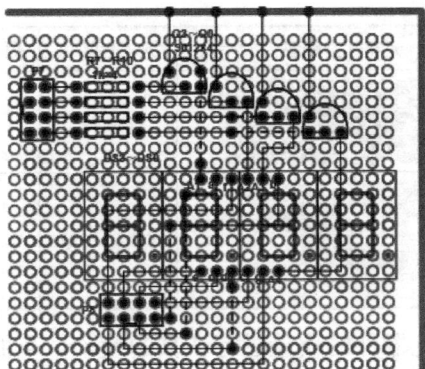

图 5-9　四位共阳数码管显示控制电路装配图（局部）

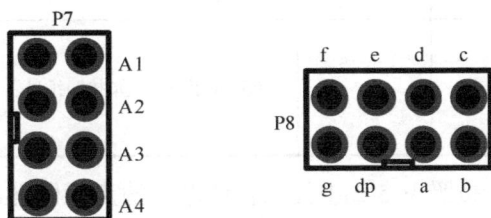

图 5-10　四位共阳数码管显示控制电路接口
插座 P7、P8 插针分配图

任务 5-1-2　LED **数码显示电路制作**

1. 四位共阳数码管显示控制电路制作工艺要求

（1）仔细研读电路装配图，对电路结构与原理要有所了解，对元器件的插装定位与相互连接关系的把握要做到准确无误。

（2）所有元器件插装前要先进行质量检验，质量合格的元器件才能上板焊接，以避免故障隐患以及连带产生的拆装工艺质量问题。

（3）元器件插装正确，先定位插装 LED 数码管接口单排圆排母、9012 三极管等主要元器件，三极管的 e、b、c 引脚要正确识别与插装，然后再定位插装电阻与 P7、P8 接口插座。

（4）焊接操作工艺规范，焊接质量过硬。

（5）规范连线工艺。四位共阳数码管显示控制电路 P8 接口插座、四个 9012 三极管的连线关系较复杂，连线工艺要求较高，要耐心细致操作，连线时要做到横平竖直，转角垂直，走线中正，避免交叉，布局均衡，整齐美观。

（6）装配图中的连线，虚线表示连线从元件面连接，实线表示连线从焊接面连接，以防止导线在同一面上交叉。

2. 四位共阳数码管显示控制电路制作

（1）元器件清点与质量检验。

四位共阳数码管显示控制电路中，各元器件清单列表如表 5-2 所示。

表 5-2　四位共阳数码管显示控制电路元器件清单表

序　号	元器件编号	元器件名称	元器件实物图	元器件规格	数　量
1	R7～R10	基极输入电阻		1 kΩ	4
2	Q0～Q3	位选通三极管		9012	4
3	A1～A4	四位共阳数码管		0.5 英寸/位 四位共阳	1

续表

序　号	元器件编号	元器件名称	元器件实物图	元器件规格	数　量
4	P7、P8	数码管位码、段码控制接口插座		2×4 针	2
5		数码管引脚接口单排圆排母		6 孔圆排母	2

按照表 5-2 中元器件的顺序清点元器件，并对元器件的质量进行认真的检验。下面重点说明一下四位共阳 LED 数码管的检测。

使用数字式万用表可以较方便地检测 LED 数码管。将数字式万用表置于二极管测试挡，红表笔依次接数码管各个共阳极 A1、A2、A3、A4，黑表笔分别接 a、b、c、d、e、f、g、dp 各字段引脚，则正常情况下相应数码管的各个字段会随着测量的顺序依次发光，同时万用表显示出发光字段二极管的正向饱和压降值。

（2）四位共阳数码管显示控制电路的制作。

四位共阳数码管显示控制电路总装配图如图 5-8 所示，局部电路装配图如图 5-9 所示。装配时一定要严格按照装配图定位插装，正确而高效合理地利用好万能板上的每一处空间。

万能板上四位共阳数码管显示控制电路的组装，大体分为以下几个主要的步骤。

第一步先定位组装 LED 数码管接口单排圆排母，可以先将 LED 数码管引脚插入接口单排圆排母中进行正确的定位插装焊接，以确保 LED 数码管能够合适地与接口单排圆排母对接。

第二步定位组装四位 9012 三极管，三极管的 e、b、c 引脚要正确识别与插装，然后进行焊接固定。

第三步尤其要注意，要先按照装配图中的连线位置做好 a、b 字段控制连线在元件面部分的连线（即装配图中靠近 P8 接口插座的虚线部分），以免先安装 P8 接口插座后妨碍连线的操作。

第四步定位组装电阻与 P7、P8 接口插座。

第五步进行元器件之间以及元器件与电源线之间的连线组装操作。

第六步对照电路图与装配图对组装的电路进行全面仔细的组装检查，以防止漏装漏接、错装错接、组装工艺缺陷等质量问题的产生。

四位共阳数码管显示控制电路的实际装接样板图如图 5-11 所示。

（a）正面（元件面）　　　　　　　　　　　　（b）反面（焊接面）

图 5-11　四位共阳数码管显示控制电路样板图

四位共阳数码管显示控制电路插装数码管后的效果如图 5-12 所示。

3. 四位共阳数码管显示控制电路的质量检验

四位共阳数码管显示控制电路制作完成以后，还要对电路的组装质量进行检验，检验合格以后才能进行后续的电路组装与实验。对四位共阳数码管显示控制电路的质量检验，按照以下程序进行。

（1）P7 接口插座至相应的 9012 三极管基极部分电路功能检验。

图 5-12　四位共阳数码管显示控制电路样板图
（插装数码管后的效果）

数字万用表置电阻挡（2kΩ），两表笔分别接 P7 接口插座插针与相应的 9012 三极管基极，若测得的电阻值在 1kΩ 左右，则电路的组装连接正常。如果所测电阻为无穷大，则存在开路故障，需仔细进行故障的排除。

（2）各位数码管共阳极 A1、A2、A3、A4 至 P8 接口插座八位接口插针部分电路功能检验。

将 LED 数码管引脚插入接口单排圆排母中。数字万用表置二极管挡，红表笔分别接各个 9012 三极管的集电极，黑表笔依次接 P8 接口插座的八位接口插针，应当分别测得相应数码管八个字段依次发光。如果存在不能正常发光的情况，说明所在支路中存在开路故障，则要检查相应支路的焊接与连线，直至排除故障为止。

任务 5-2　LED 数码计数牌控制程序设计

本项任务分为四个系列子任务。通过本项任务的实践，学习 LED 数码管基础知识与显示驱动方法，学习动态扫描显示编程中的逐位数据显示处理方法，掌握 LED 数码管静态显示、动态扫描显示程序设计方法。

任务 5-2-1　LED 数码计数牌的点亮与闪烁程序设计

◯ 工作任务与目标

1. 理解共阴极数码管数字显示段码分析方法。
2. 理解 LED 数码管的两种显示驱动方式。
3. 学会使用 C 语言编程通过单片机控制数码管静态显示数码。

◯ 任务相关知识链接

LED 数码管的驱动方式

数码管要正常显示，就要用驱动电路来驱动数码管的各个段码，从而显示出我们想要的数字。根据数码管的驱动方式的不同，可以分为静态显示和动态显示两类。

1. 静态显示驱动

静态驱动也称为直流驱动。静态驱动是指每个数码管的每一个段码都要由单片机 I/O 口的一位端线进行驱动，或者使用如 BCD 码二-十进制译码器译码进行驱动。静态驱动的优点是编程简单，显示亮度高。缺点是占用 I/O 口端线多，如驱动 5 个数码管静态显示需要 5×8＝40 根 I/O 口端线来驱动（要知道一个 51 单片机可用的 I/O 口端线总共才有 32 位），实际应用时必须增加译码驱动器进行驱动，增加了硬件电路的复杂性。

2. 动态显示驱动

数码管动态显示接口是单片机中应用最为广泛的一种显示方式之一，动态驱动是将所有数码管的 8 个笔画显示字段 "a、b、c、d、e、f、g、dp" 的同名端连在一起，另外为每个数码管的公共极 COM 增加位选通控制电路，各位选通由各自独立的 I/O 线控制。当单片机输出字符的字段码时，所有数码管都接收到相同的字段码。究竟由那一个数码管显示出字符的字形，取决于单片机位选通电路对各个数码管公共极 COM 端的控制。只要将需要显示的数码管的选通控制打开，该位就显示出字形，没有选通的数码管就不会亮。通过分时轮流控制各个数码管的公共极 COM 端，就使各个数码管轮流受控显示，这就是动态驱动。在轮流显示过程中，每位数码管的点亮时间一般控制为 1～2ms，由于人的视觉暂留现象及发光二极管的余辉效应，尽管实际上各位数码管并非同时点亮，但因为扫描的速度足够快，给人的印象就是一组稳定的显示数据，不会有闪烁感，给人感觉动态显示的效果和静态显示的效果是一样的，这样能够节省大量的 I/O 口端线，而且功耗更低。

◯ 硬件电路设计

运用 Proteus 进行的硬件电路设计及仿真效果如图 5-13 所示。

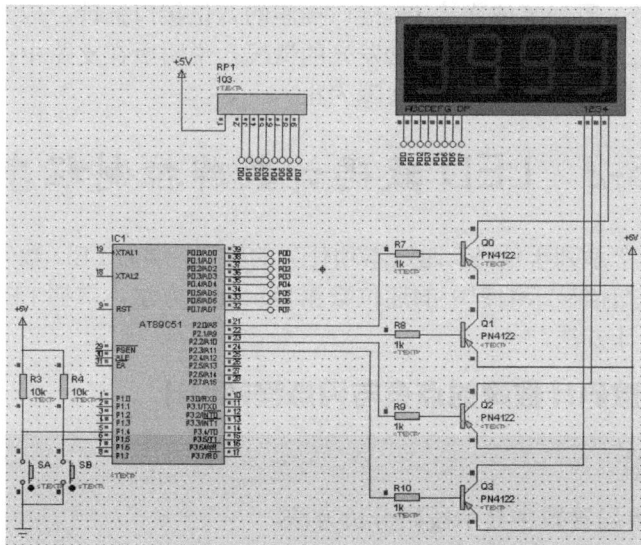

图 5-13　LED 数码计数牌点亮与闪烁仿真原理图

　　【必的要说明】Proteus 软件虽然总体来说仿真功能比较强大，但是在一些特定情况下也存在仿真效果不尽如人意的地方。在本例仿真中，由于 Proteus 软件自身在设计方面存在的百密一疏之不足，用于数码管驱动的三极管在仿真时序上与数码管动态扫描时序不够协调，而且三极管仿真时也没有第三态高阻态电平状态，直接使用图 5-13 进行仿真的效果并不好，有时甚至会出现仿真乱码或显示混乱。在仿真方面一个等效的变通处理办法是，使用 74LS04 六非门集成电路代替 PNP 三极管驱动数码管。众所周知，非门电路本身就是一个反相器，其作用与这里的 PNP 三极管完全类似，用 74LS04 六非门集成电路代替 PNP 三极管驱动数码管进行仿真，能达到完美的仿真效果。本项目中各任务的电路仿真均采用了类似的仿真处理方法，在后续的仿真实例中就不再一一加以说明了。

图 5-14 为使用 74LS04 六非门集成电路代替 PNP 三极管驱动数码管后的 LED 数码计数牌点亮与闪烁仿真原理图。

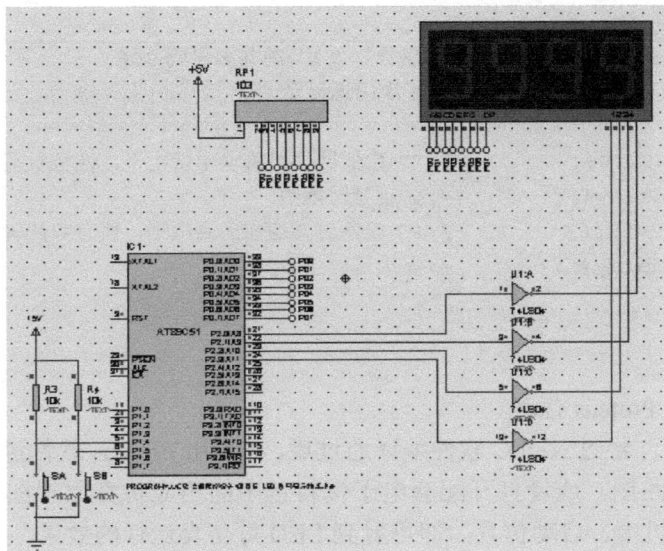

图 5-14　使用 74LS04 六非门集成电路代替 PNP 三极管驱动数码管后的仿真原理图

软件程序设计

打开 D\: "单片机项目设计"，在其中建立"项目五：LED 数码显示技术项目开发"子文件夹，以及下一级"C 语言源程序设计"子文件夹，在其中建立并打开"Keil μVision2"工程项目"项目五　LED 数码显示技术项目开发"，在其中新建如下示例程序。

1. 示例程序设计

示例程序设计如下：

```
//5-2-1：LED 数码计数牌点亮与闪烁
#include<reg51.h>            //包含 51 单片机寄存器定义的头文件
sbit SA=P1^4;
sbit SB=P1^5;
/******************************************
延时函数
******************************************/
void delay(void)
  {
      unsigned int i;
      for(i=0;i<30000;i++)
          ;
  }
/************************************************
主函数
************************************************/
void main(void)
{
    if(SA==0)          //如果按下 SA 键
    {
      P2=0xfe;          //P2.0 引脚输出低电平，最低位数码管接通电源准备点亮
      P0=0x99;          //让 P0 口输出数字"4"的共阳段码 99H
```

```
    }
    if(SB==0)          //如果按下 SB 键
    {
        unsigned char m;
        P0=0x90;       //让 P0 口输出数字 " 9 " 的共阳段码 90H
        for(m=0;m<4;m++)    //4 次闪烁显示
        {
            P2=0xf0;            //P2 口低四位引脚输出低电平，四位数码管均接通电源点亮
             delay();           //调用延时函数
             P2=0xff;           //P2 口各引脚均输出高电平，所有数码管关闭
             delay();           //调用延时函数
        }
    }
}
```

2. 程序编译与 Proteus 仿真

程序设计好之后，经过 Keil C 软件编译通过后，再利用 Proteus 软件进行仿真。在 Proteus ISIS 中绘制仿真电路图，或者打开配套电子资料包中的相应仿真原理图文件，将编译好的 HEX 文件载入单片机中。启动仿真，即可看到 LED 灯仿真运行的效果。

◯ **任务验证实践**

将实验板上的数码管段码接口插座 P8 用 8 芯排线连接至单片机 P0 口接口插座（数码管段码插座的插针依序分别接至各数码管 8 个笔画显示字段"a、b、c、d、e、f、g、dp"的输入端），数码管位控制码接口插座 P7 上的 A1～A4 插针分别用 4 芯杜邦排线连接至接口排针 P5 上 P2 口的 P20～P23 针。将四位独立按键中的"SA"按键插针用跳线连接到接口排针 P4 上 P1 口的 P14 针，将四位独立按键中的"SB"按键插针用跳线连接到接口排针 P4 上 P1 口的 P15 针，连接计算机与主实验板，将 C 源程序编译生成的 HEX 文件通过下载数据线下载至主实验板上的单片机 STC89C52RC 中。

接通实验板电源，运行该程序，反复按下按键 SA、SB，验证项目实现效果。图 5-15 为本实验的现象。

图 5-15　LED 数码计数牌点亮与闪烁实验现象

工作任务拓展

主函数的调整:

（1）改变程序设计中的显示段码,重新运行程序,验证自己的设计效果。

（2）改变程序设计中的控制位码,重新运行程序,验证程序调整后的显示效果。

思考与练习

1. 简述 LED 数码管的工作原理。

2. 试比较共阴极数码管与共阳极数码管控制方式上的异同。

3. 试比较数码管静态显示与动态显示各自的优缺点。

4. 调整本任务示例程序数码管位码控制方式与段码显示内容,完成相应的数码管静态显示 C 语言源程序设计。

5. 将上题中的 C 语言源程序编译生成 HEX 文件后,用 Proteus 软件仿真验证程序的正确性。

6. 将第 4 题中设计的 C 语言源程序编译生成的 HEX 文件,用 STC_ISP_V488 程序烧录软件载入制作的单片机主实验板中运行,验证程序的正确性。

任务 5-2-2 LED 数码计数牌动态扫描显示程序设计

工作任务与目标

1. 了解 MCS-51 单片机的工作时序知识,学会识读简单的时序图。

2. 进一步理解 LED 数码管的两种显示驱动方式。

3. 学会使用 C 语言编程通过单片机控制数码管动态扫描显示数码。

任务相关知识链接

MCS-51 单片机的工作时序

1. MCS-51 单片机的时序单位

时序是用定时单位来描述的,MCS-51 单片机的时序单位有四个,它们分别是节拍、状态、机器周期和指令周期,接下来分别加以说明。

（1）节拍与状态。把振荡脉冲的周期定义为节拍（为方便描述,用 P 表示）,振荡脉冲经过二分频后即得到整个单片机工作系统的时钟信号,把时钟信号的周期定义为状态（用 S 表示）,这样一个状态就有两个节拍,前半周期相应的节拍定义为 P1,后半周期对应的节拍定义为 P2。

（2）机器周期。MCS-51 单片机有固定的机器周期,规定一个机器周期有 6 个状态,分别表示为 S1~S6,而一个状态包含两个节拍,那么一个机器周期就有 12 个节拍,可以记作 S1P1、S1P2、…、S6P1、S6P2。一个机器周期共包含 12 个振荡脉冲,即机器周期就是振荡脉冲的 12 分频。显然,如果使用 6MHz 的时钟频率,一个机器周期就是 2μs;如使用 12MHz 的时钟频率,一个机器周期就是 1μs。对于常用的 11.0592MHz 的时钟频率,一个机器周期就是 1.085μs。

（3）指令周期。执行一条指令所需要的时间称为指令周期。MCS-51 单片机的指令有单字节指令、双字节指令和三字节指令,所以它们的指令周期也不尽相同,也就是说它们所需的机器周期不相同，可能包括一到四个不等的机器周期。

2．MCS-51 单片机的指令时序

MCS-51 单片机指令系统中，按它们的长度可分为单字节指令、双字节指令和三字节指令。执行这些指令需要的时间是不同的，也就是说它们所需的机器周期是不同的，有下面几种形式：

（1）单字节指令单机器周期；

（2）单字节指令双机器周期；

（3）双字节指令单机器周期；

（4）双字节指令双机器周期；

（5）三字节指令双机器周期；

（6）单字节指令四机器周期（如单字节的乘除法指令）。

图 5-16 所示是 MCS-51 系列单片机的取指令时序图。

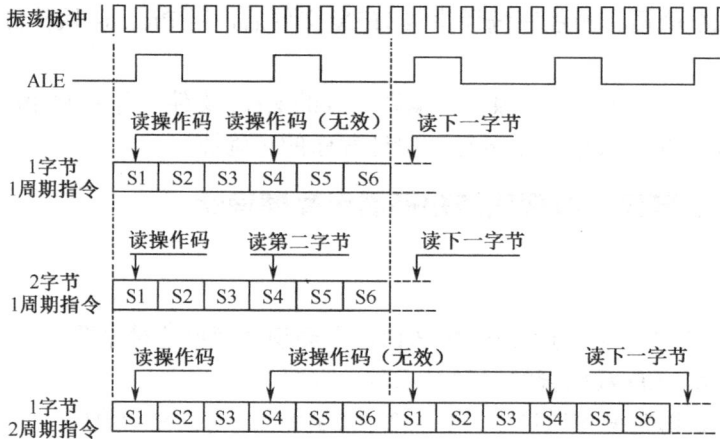

图 5-16　MCS-51 系列单片机的取指令时序图

图 5-16 是单周期和双周期取指及执行时序，图 5-16 中的 ALE 脉冲是为了锁存地址的选通信号，每出现一次该信号单片机即进行一次读指令操作。从时序图中可以看出，该信号是时钟频率 6 分频后得到，在一个机器周期中，ALE 信号两次有效，第一次在 S1P2 和 S2P1 期间，第二次在 S4P2 和 S5P1 期间。

3．对几个典型的指令时序的说明

接下来分别对几个典型的指令时序加以说明。

（1）单字节单周期指令。单字节单周期指令只进行一次读指令操作，当第二个 ALE 信号有效时，PC 并不加 1，那么读出的还是原指令，属于一次无效的读操作。

（2）双字节单周期指令。这类指令两次的 ALE 信号都是有效的，只是第一个 ALE 信号有效时读的是操作码，第二个 ALE 信号有效时读的是操作数。

（3）单字节双周期指令。两个机器周期需进行四读指令操作，但只有一次读操作是有效的，后三次的读操作均为无效操作。

单字节双周期指令有一种特殊的情况，像 MOVX 这类指令，执行这类指令时，先在 ROM 中读取指令，然后对外部数据存储器进行读或写操作，头一个机器周期的第一次读指令的操作码为有效，而第二次读指令操作则为无效的。在第二个指令周期时，则访问外部数据存储器，这时，ALE 信号对其操作无影响，即不会再有读指令操作动作。

在上述时序图中只描述了指令的读取状态，而没有画出指令执行时序，因为每条指令都包含了具体的操作数，而操作数类型种类繁多，这里不便列出，有兴趣的读者可参阅有关书籍。

硬件电路设计

运用 Proteus 进行的硬件电路设计及仿真效果如图 5-17 所示。

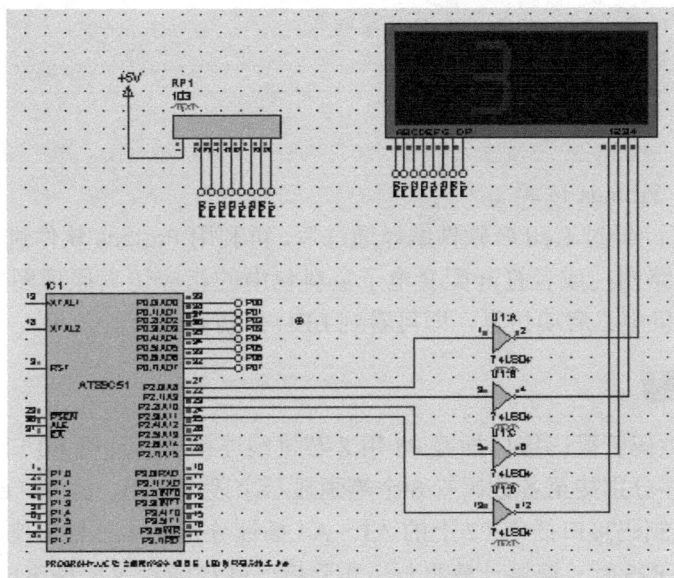

图 5-17 LED 数码计数牌动态扫描显示数码仿真原理图

软件程序设计

打开 D\:"单片机项目设计"\"项目五：LED 数码显示技术项目开发"\"C 语言源程序设计"子文件夹，打开里面的"Keil μVision2"工程项目，在其中新建如下示例程序。

1. 程序设计

示例程序设计如下：

```
//5-2-2：用数码管动态扫描显示数码
#include<reg51.h>              //包含 51 单片机寄存器定义的头文件

void delay(void)              //延时函数，延时一段时间
{
  unsigned char i,j;
   for(i=0;i<250;i++)
       for(j=0;j<250;j++)
        ;
 }

void main(void)              //主函数
{
    unsigned char i;
    unsigned char code WM[4]={0xfe,0xfd,0xfb,0xf7};      //数码管控制位码，程序
运行中当数组值不发生变化时，前面加关键字 code ，可以大大节约单片机的存储空间
    unsigned char code DM[4]={0xf9,0xa4,0xb0,0x99};
                             //数码管显示数字 1、2、3、4 的共阳段码
```

```
    while(1)                      //无限循环
      {
       for(i=0;i<4;i++)
         {
          P0=DM[i];               //P0 口输出数字段码
          P2=WM[i];               //P2 口输出数码管控制位码
          delay();                //调用延时函数
          P2=0xff;                //关闭数码管
         }
      }
}
```

2. 程序编译与 Proteus 仿真

程序设计好之后，经过 Keil C 软件编译通过后，再利用 Proteus 软件进行仿真。在 Proteus ISIS 中绘制仿真电路图，或者打开配套电子资料包中的相应仿真原理图文件，将编译好的 HEX 文件载入单片机中。启动仿真，即可看到 LED 灯仿真运行的效果。

任务验证实践

将实验板上的数码管段码接口插座 P8 用 8 芯排线连接至单片机 P0 口接口插座（数码管段码插座的插针依序分别接至各数码管 8 个笔画显示字段 "a、b、c、d、e、f、g、dp" 的输入端），数码管位控制码接口插座 P7 上的 A1～A4 插针分别用 4 芯杜邦排线连接至接口排针 P5 上 P2 口的 P20～P23 针。连接计算机与主实验板，将 C 源程序编译生成的 HEX 文件通过下载数据线下载至主实验板上的单片机 STC89C52RC 中。

接通实验板电源，运行该程序，验证项目实现效果。图 5-18 为本实验的现象。

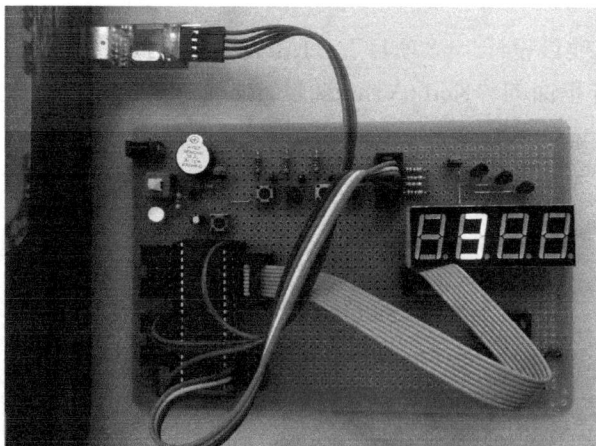

图 5-18　用数码管动态扫描显示数码实验现象

工作任务拓展

主函数的调整：

（1）改变程序设计中的显示段码，重新运行程序，验证自己的设计效果。

（2）改变程序设计中的控制位码，重新运行程序，验证程序调整后的显示效果。

思考与练习

1．MCS-51 单片机的时序单位有哪些？

2．简述 MCS-51 单片机晶振频率、机器周期、指令周期三个概念之间的联系与区别。

3．简述 MCS-51 单片机指令按时序特征的分类。

4．调整本任务示例程序数码管位码控制方式与段码显示内容，完成相应的数码管动态显示 C 语言源程序设计。

5．将上题中的 C 语言源程序编译生成 HEX 文件后，用 Proteus 软件仿真验证程序的正确性。

6．将第 4 题中设计的 C 语言源程序编译生成的 HEX 文件，用 STC_ISP_V488 程序烧录软件载入制作的单片机主实验板中运行，验证程序的正确性。

任务 5-2-3　用 LED 数码计数牌倒计数显示程序设计

工作任务与目标

1．理解 C 语言中常用的对十进制数据的显示处理方法。

2．学会使用 C 语言编程处理十进制数据的显示问题。

3．学会使用 C 语言编程控制数码管进行计数显示。

任务相关知识链接

C 语言中十进制数据的显示处理

单片机对十进制数码的显示是用将其译码后形成的二进制段码去控制数码管显示的。对于多位的十进制数据，要将其按照"个、十、百、千、万"的十进制权位正确地显示出来，首先要将多位的十进制数据各个权位上的十进制数码分解出来。这通常要运用 C 语言中的除法运算与取余运算（模运算）来完成。以一个四位十进制数据"5678"为例进行分析如下：

1．千位数码的分解

C 语言中的除法运算，其结果是保留商的整数部分，余数部分弃掉。C 语言中的取余运算（模运算）与此正好相反，其结果是保留商的余数部分，整数部分弃掉。可见在 C 语言中，完整的除法运算的结果（商与余数）要用两种运算来表达，这与我们通常在数学中对除法运算的理解有所不同。C 语言中这样的处理实际上是为了将复杂的问题简单化。在将多位的十进制数据各个权位上的十进制数码分解出来的问题中，就能体会到这样处理的好处。

要将十进制数据"5678"的千位数字"5"分解出来，在 C 语言中只要运用除法运算将"5678"除以"1000"，所得结果就是"5"，余数"678"被弃掉了。用 C 语言的算式表示，就是：

```
5678/1000=5
```

2．百位数码的分解

在分解千位的运算时产生的余数"678"含有百位数字"6"，可以用与分解千位数字类似的处理方法，前提是先得到余数"678"。所以处理的方法是，先用除千取余运算得到余数"678"，再用除百运算得到百位数字"6"。用 C 语言的算式表示，就是：

```
5678%1000/100=6
```

3. 十位数码的分解

在除百运算时产生的余数"78"含有十位数字"7"，也可以用与分解千位数字类似的处理方法分解出十位数字，前提是先通过除百运算取余得到余数"78"。所以处理的方法是，先用除百取余运算得到余数"78"，再用除十运算得到十位数字"7"。用 C 语言的算式表示，就是：

```
5678%100/10=7
```

4. 个位数码的分解

个位数码的分解最简单，只要将十进制数据直接除十取余即可。用 C 语言的算式表示，就是：

```
5678%10=8
```

硬件电路设计

运用 Proteus 进行的硬件电路设计及仿真效果如图 5-19 所示。

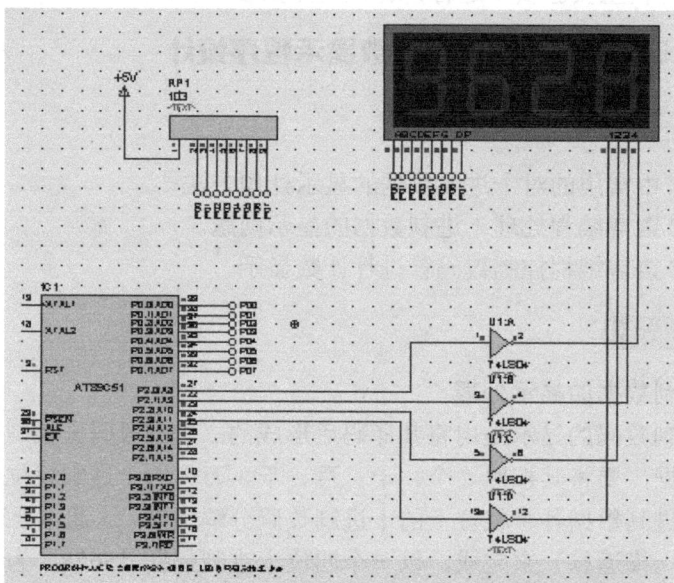

图 5-19　用 LED 数码计数牌倒计数显示仿真原理图

软件程序设计

打开 D\:"单片机项目设计"\"项目五：LED 数码显示技术项目开发"\"C 语言源程序设计"子文件夹，打开里面的"Keil μVision2"工程项目，在其中新建如下示例程序。

1. 程序设计

示例程序设计如下：

```
//5-2-3:用 LED 数码计数牌倒计数过程
#include<reg51.h>              //包含 51 单片机寄存器定义的头文件
unsigned int x;                //倒计数的数据
unsigned char code Tab[]={0xc0,0xf9,0xa4,0xb0,0x99,0x92,0x82,0xf8,0x80,0x90};
                              //数码管显示 0～9 的共阳段码表


/*********************************************************
延时函数
*********************************************************/
void delay(void)
```

```
{
  unsigned int m;
  for(m=0;m<600;m++)
      ;
}


/*******************************************************************
4 位数码显示函数
（入口参数：k）
*******************************************************************/
void display(unsigned int k)
{
    P0=Tab[k/1000];         //显示千位
  P2=0xf7;                  //即 P2=1111 0111B, P2.3 引脚输出低电平, 数码管 DS4 接通电源
    delay();
    P2=0xff;                //即 P2=1111 1111B, 关闭数码管 DS4

    P0=Tab[(k%1000)/100];       //显示百位
    P2=0xfb;                //即 P2=11111011B, P2.2 引脚输出低电平, 数码管 DS3 接通电源
    delay();
    P2=0xff;                //即 P2=1111 1111B, 关闭数码管 DS3


    P0=Tab[(k%100)/10];         //显示十位
    P2=0xfd;                //即 P2=1111 1101B, P2.1 引脚输出低电平, 数码管 DS2 接通电源
    delay();
    P2=0xff;                //即 P2=1111 1111B, 关闭数码管 DS2


    P0=Tab[k%10];               //显示个位
    P2=0xfe;                //即 P2=1111 1110B, P2.0 引脚输出低电平, 数码管 DS1 接通电源
    delay();
    P2=0xff;                //关闭数码管 DS1
 }


/*******************************************************************
主函数
*******************************************************************/
void main(void)
{
    unsigned char i;
    x=9999;
    while(1)
    {
        if(x==0)            //条件判断: x 是否为 0
        x=9999;             //如果 x 为 0, 则为 x 重新赋值 9999
        for(i=0;i<5;i++)
        display(x);         //调用 4 位数码显示函数
        x--;
    }
}
```

2. 程序编译与 Proteus 仿真

程序设计好之后, 经过 Keil C 软件编译通过后, 再利用 Proteus 软件进行仿真。在 Proteus

ISIS 中绘制仿真电路图，或者打开配套电子资料包中的相应仿真原理图文件，将编译好的 HEX 文件载入单片机中。启动仿真，即可看到 LED 灯仿真运行的效果。

任务验证实践

将实验板上的数码管段码接口插座 P8 用 8 芯排线连接至单片机 P0 口接口插座（数码管段码插座的插针依序分别接至各数码管 8 个笔画显示字段 "a、b、c、d、e、f、g、dp" 的输入端），数码管位控制码接口插座 P7 上的 A1～A4 插针分别用 4 芯杜邦排线连接至接口排针 P5 上 P2 口的 P20～P23 针。连接计算机与主实验板，将 C 源程序编译生成的 HEX 文件通过下载数据线下载至主实验板上的单片机 STC89C52RC 中。

接通实验板电源，运行该程序，验证项目实现效果。图 5-20 为本实验的现象。

图 5-20   用 LED 数码计数牌倒计数实验现象

工作任务拓展

主函数的调整：

改变程序设计用数码管显示正计数过程，重新运行程序，验证自己的设计效果。

思考与练习

1．简述 C 语言是怎样将十进制数据进行显示处理的？

2．调整本任务示例程序为用数码管位码显示正计数过程，完成相应的数码管计数显示 C 语言源程序设计。

3．将上题中的 C 语言源程序编译生成 HEX 文件后，用 Proteus 软件仿真验证程序的正确性。

4．将第 2 题中设计的 C 语言源程序编译生成的 HEX 文件，用 STC_ISP_V488 程序烧录软件载入制作的单片机主实验板中运行，验证程序的正确性。

任务 5-2-4   用 LED 数码计数牌仿跑马灯程序设计

工作任务与目标

1．理解动态信息的动态扫描显示原理。

2．理解动态信息的动态扫描显示 C 语言程序设计方法，学会使用 C 语言编程用单片机控制数码管动态扫描显示多帧动画图像。

○ **任务相关知识链接**

1．动态信息的动态扫描显示

在任务 5-2-2 中的动态扫描显示，在多位数码管上能够分别显示不同的字符，信息显示的能力比静态显示有了很大的提高。但是很多情况下，显示的要求会更高，在各位数码管上要显示的内容还会在不停地动态变化。如图 5-21 所示的数码管仿跑马灯动画循环显示，一至四帧显示画面依次不断地循环显示，就能产生模仿循环流动广告灯的效果。在这一显示案例中可以看到，四位数码管在每一帧画面中的显示内容各不相同；在不同帧画面中同一位的数码管所要显示的内容也在不断地动态变化。这就是多帧动画图像的动态扫描显示，它是动态信息的动态扫描显示方式。由于它能不断地动态刷新显示信息，因此在人们日常生活中有着广泛的应用。

2．动态信息的动态扫描显示程序设计方法

对于上述案例，以共阳极数码管为例进行分析。首先，要将动态显示所需要用到的显示段码正确地分析清楚。本例所要用到的显示字符及其段码分析如图 5-22 所示。

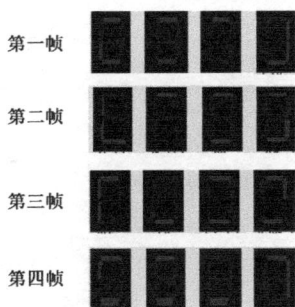

图 5-21　数码管仿跑马灯动画分解图　　　　图 5-22　数码管仿跑马灯显示字符段码分析图

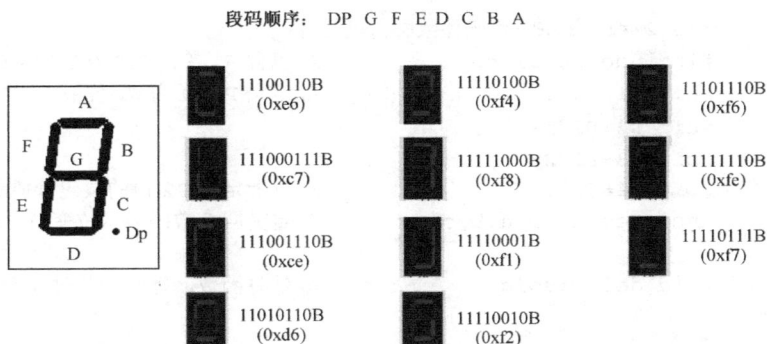

其次，在程序设计中引入四个变量，如 a、b、c、d，分别用来表示四个数码管所要显示的字符的段码。

然后，通过条件语句来控制对于不同的显示帧，为上述六个变量赋不同的要显示字符的段码；通过循环语句来控制对不同显示帧的依序循环调用。

这样，通过对变量的运用，就能适应动态扫描显示方式中所要显示信息的动态变化了。

○ **硬件电路设计**

运用 Proteus 进行的硬件电路设计及仿真效果如图 5-23 所示。

○ **软件程序设计**

打开 D\:"单片机项目设计"\"项目五：LED 数码显示技术项目开发"\"C 语言源程序设计"子文件夹，打开里面的"Keil μVision2"工程项目，在其中新建如下示例程序。

1．程序设计

示例程序设计如下：

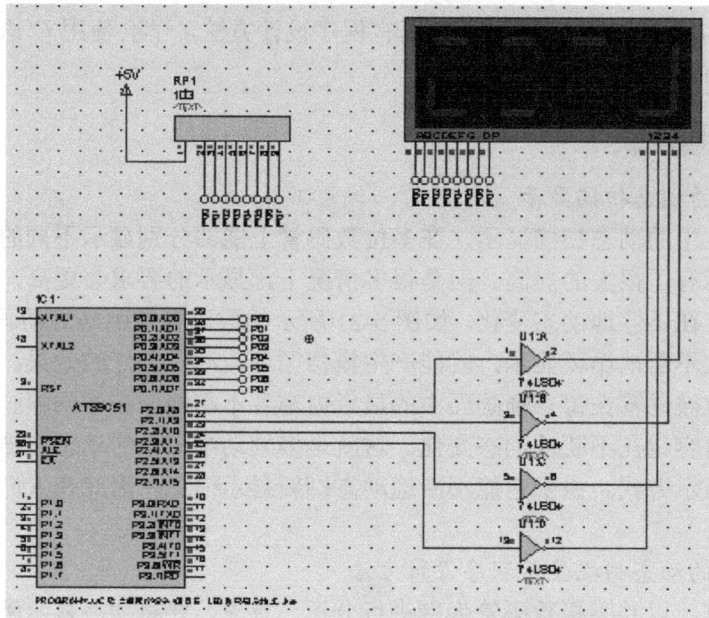

图 5-23 用 LED 数码计数牌仿跑马灯仿真原理图

```
//5-2-4: 用 LED 数码计数牌仿跑马灯
#include<reg51.h>            //包含 51 单片机寄存器定义的头文件
sbit w1=P2^0;                //定义 P2.0 为 w1 位
sbit w2=P2^1;
sbit w3=P2^2;
sbit w4=P2^3;                //以上定义 P2 口的数码管控制位
unsigned char a,b,c,d;       //定义四个数码显示位变量,用于每帧图像刷新

void delay(void)             //延时函数,延时一段时间
{
  unsigned int i;
    for(i=0;i<50;i++)
        ;
}


void display(void)           //显示函数
{
w1=1;
w2=1;
w3=1;
w4=1;                        //以上关闭所有数码管

P0=a;                        //P0 口输出 a 变量段码
w1=0;                        //点亮数码管 DS1
delay();
w1=1;                        //关闭数码管 DS1

P0=b;                        //P0 口输出 b 变量段码
w2=0;                        //点亮数码管 DS2
delay();
```

```
        w2=1;                          //关闭数码管 DS2

        P0=c;                          //P0 口输出 c 变量段码
        w3=0;                          //点亮数码管 DS3
        delay();
        w3=1;                          //关闭数码管 DS3

        P0=d;                          //P0 口输出 d 变量段码
        w4=0;                          //点亮数码管 DS4
        delay();
        w4=1;                          //关闭数码管 DS4
    }

    void main(void)            //主函数
    {
        int m,n;
        while(1)
        {
            for(m=0;m<4;m++)           //四帧动画图像依次调用
            {
                if(m==0)               //如果 m==0
                {a=0xf1;b=0xfe;c=0xf6;d=0xe6; }
                               //变量 a、b、c、d 分别赋第一帧图像显示字符段码
                if(m==1)               //如果 m==1
                {a=0xf2;b=0xf6;c=0xfe;d=0xc7; }
                               //变量 a、b、c、d 分别赋第二帧图像显示字符段码
                if(m==2)               //如果 m==2
                {a=0xf4;b=0xf6;c=0xf7;d=0xce; }
                               //变量 a、b、c、d 分别赋第三帧图像显示字符段码
                if(m==3)               //如果 m==3
                {a=0xf8;b=0xf7;c=0xf6;d=0xd6; }
                               //变量 a、b、c、d 分别赋第四帧图像显示字符段码

                for(n=0;n<200;n++)  //每帧动画图像每次调用显示函数显示 200 遍
                    display();
            }
        }
    }
```

115

2. 程序编译与 Proteus 仿真

程序设计好之后，经过 Keil C 软件编译通过后，再利用 Proteus 软件进行仿真。在 Proteus ISIS 中绘制仿真电路图，或者打开配套电子资料包中的相应仿真原理图文件，将编译好的 HEX 文件载入单片机中。启动仿真，即可看到 LED 灯仿真运行的效果。

○ **任务验证实践**

将实验板上的数码管段码接口插座 P8 用 8 芯排线连接至单片机 P0 口接口插座（数码管段码插座的插针依序分别接至各数码管 8 个笔画显示字段 "a、b、c、d、e、f、g、dp" 的输入端），数码管位控制码接口插座 P7 上的 A1～A4 插针分别用 4 芯杜邦排线连接至接口排针 P5 上 P2 口的 P20～P23 针。连接计算机与主实验板，将 C 源程序编译生成的 HEX 文件通过下载数据线下载至主实验板上的单片机 STC89C52RC 中。

接通实验板电源，运行该程序，验证项目实现效果。图 5-24 为本实验的现象。

图 5-24　用 LED 数码计数牌仿跑马灯实验现象

工作任务拓展

主函数的调整：

设计不同的跑马灯花样，改变程序中的显示段码，重新运行程序，验证自己的设计效果。

思考与练习

1．自行设计本任务示例程序数码管段码显示内容，完成独具特色的跑马灯 C 语言源程序设计。

2．将上题中的 C 语言源程序编译生成 HEX 文件后，用 Proteus 软件仿真验证程序的正确性。

3．将第 1 题中设计的 C 语言源程序编译生成的 HEX 文件，用 STC_ISP_V488 程序烧录软件载入制作的单片机主实验板中运行，验证程序的正确性。

任务 5-3　在数码管显示技术中应用中断系统

本项任务分为两个系列子任务。通过本项任务的实践，学习单片机中断系统基础知识，理解在 LED 数码管显示技术中应用单片机外部中断控制程序运行的方法,掌握应用单片机外部中断控制 LED 数码管显示运行的程序设计方法。

任务 5-3-1　用数码管显示外部中断 INT0 对脉冲信号计数结果程序设计

工作任务与目标

1．理解单片机中断系统基础知识。
2．掌握 C 语言程序设计外部中断的应用技术。
3．学会使用 C 语言编程设计对脉冲信号的计数控制。

任务相关知识链接

MCS-51 单片机的中断系统

单片机中 CPU 只有一个，但在运行常规程序的同时却可能会面临着要处理其他突发性、实时性的紧急任务的需求，如数据的输入和输出，定时/和计数时间已到要做相应处理，可能还有一些外部的更重要的中断请求（如超温超压、事故应急报警与处理）等需要优先处理。此时就得停下正在运行的常规程序先去完成这样的紧急任务，这种工作方式就是中断。

上升到计算机理论，中断工作方式就是一个资源面对多项任务的处理方式。由于资源有限，面对多项任务同时要处理时，就会出现资源竞争的现象。中断技术就是解决资源竞争的一种可行的方法，采用中断技术可使多项任务共享一个资源，各项任务按照轻重缓急的优先顺序得到合理有序的处理，所以有些文献也称中断技术是一种资源共享技术。

1. MCS-51 单片机的中断结构

单片机的中断系统能够加强 CPU 对多任务事件的处理能力，从而使它的应用范围进一步扩大。MCS-51 单片机提供了 5 个中断源，两个中断优先级控制，可实现两个中断服务嵌套。当 CPU 支持中断屏蔽指令后，可将一部分或所有的中断关断，只有打开相应的中断控制位后，方可接收相应的中断请求。程序设置中断的允许或屏蔽，也可设置中断的优先级。

图 5-25 所示为 MCS-51 单片机的中断结构。MCS-51 单片机有 5 个中断源：外部中断 0（$\overline{\text{INT0}}$）、定时/计数器 T0、外部中断 1（$\overline{\text{INT1}}$）、定时/计数器 T1、串口中断 TI 或 RI。有两个中断控制寄存器，其中中断允许寄存器 IE 控制中断源的使用与屏蔽。中断优先级寄存器 IP 实现中断源的两个优先级控制。

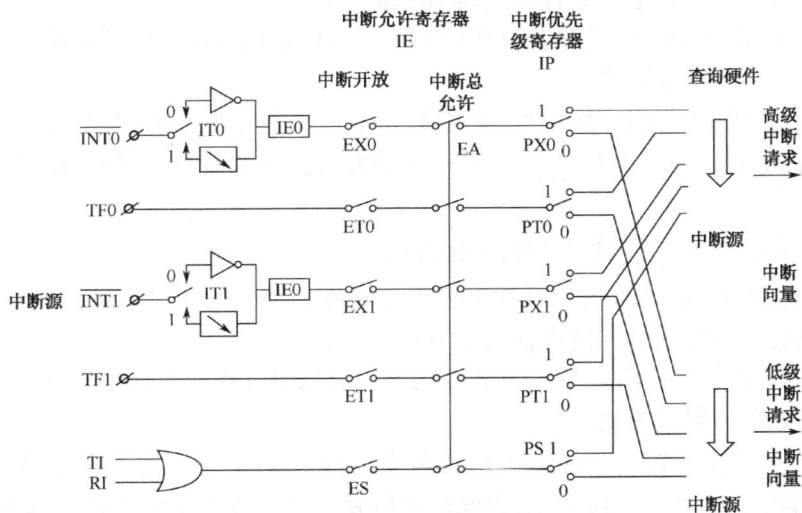

图 5-25　MCS-51 单片机的中断结构

2. MCS-51 的中断源

MCS-51 单片机有 5 个中断源，它们是两个外中断 $\overline{\text{INT0}}$（P3.2）和 $\overline{\text{INT1}}$（P3.3）、两个片内定时/计数器溢出中断 TF0 和 TF1，一个片内串行口中断 TI 或 RI，这几个中断源由 TCON 和 SCON 两个特殊功能寄存器进行控制。

TCON 寄存器的结构如表 5-3 所示。

表 5-3　TCON 寄存器结构

TCON	D7	D6	D5	D4	D3	D2	D1	D0
	TF1	TR1	TF0	TR0	IE1	IT1	IE0	IT0
位地址	8FH	8EH	8DH	8CH	8BH	8AH	89H	88H

TCON 寄存器各位控制功能简要说明如下。

（1）TF1：定时/计数器 T1 的溢出标志位。

当定时/计数器 T1 溢出时，TF1 被硬件置"1"，表示定时/计数器 T1 有中断请求。

当定时/计数器 T1 定时/计数未满时，TF1 为"0"。

（2）TR1：定时/计数器 T1 的运行控制位。

TR1 被软件置"1"时，启动定时/计数器 T1 工作。

TR1 被软件置"0"时，停止定时/计数器 T1 工作。

（3）TF0：定时/计数器 T0 的溢出标志位。

当定时/计数器 T0 溢出时，TF0 被硬件置"1"，表示定时/计数器 T0 有中断请求；

当定时/计数器 T0 定时/计数未满时，TF0 为"0"。

（4）TR0：定时/计数器 T0 的运行控制位。

TR0 被软件置"1"时，启动定时/计数器 T0 工作。

TR0 被软件置"0"时，停止定时/计数器 T0 工作。

（5）IE1：外部中断 $\overline{INT1}$ 的中断请求标志位。

当单片机外部有中断请求信号（低电平或负跳变）输入 P3.3 引脚时，IE1 会被硬件自动置"1"。在 CPU 响应中断后，硬件自动将 IE1 清"0"。

（6）IT1：外部中断 $\overline{INT1}$ 的触发方式控制位，可以通过软件置位或复位，用于控制外部中断 $\overline{INT1}$ 的中断信号触发方式。

IT1=1 时，外部中断 $\overline{INT1}$ 为负跳变边沿触发方式（即由"1"到"0"跳变时触发外部中断 $\overline{INT1}$ ）；IT1=0 时，外部中断 $\overline{INT1}$ 为低电平触发方式（即低电平"0"期间触发外部中断 $\overline{INT1}$ ）。

（7）IE0：外部中断 $\overline{INT0}$ 的中断请求标志位。

当单片机外部有中断请求信号（低电平或负跳变）输入 P3.2 引脚时，IE0 会被硬件自动置"1"。在 CPU 响应中断后，硬件自动将 IE0 清"0"。

（8）IT0：外部中断 $\overline{INT0}$ 的触发方式控制位，可以通过软件置位或复位，用于控制外部中断 $\overline{INT0}$ 的中断信号触发方式。

IT0=1 时，外部中断 $\overline{INT0}$ 为负跳变边沿触发方式（即由"1"到"0"跳变时触发外部中断 $\overline{INT0}$ ）；IT0=0 时，外部中断 $\overline{INT0}$ 为低电平触发方式（即低电平"0"期间触发外部中断 $\overline{INT0}$ ）。

SCON 寄存器是串行口控制寄存器，有关 SCON 寄存器的知识将在下一模块中介绍。

3. 中断的控制

有四个特殊功能寄存器可以用来进行中断的控制，它们是 TCON、SCON、IE 和 IP。下面对 IE 和 IP 进行具体说明。

（1）中断允许控制寄存器 IE。MCS-51 单片机对中断的开放和屏蔽是由中断允许寄存器 IE 控制来实现的，IE 的结构格式如表 5-4 所示。

表 5-4　IE 寄存器结构

IE	D7	D6	D5	D4	D3	D2	D1	D0
	EA	-	-	ES	ET1	EX1	ET0	EX0
位地址	AFH			ACH	ABH	AAH	A9H	A8H

IE 寄存器的各控制位功能说明如下：

① EA：中断总控制位。

EA=1，CPU 开放中断；EA=0，CPU 禁止所有中断。

② EX0：外部中断 $\overline{\text{INT0}}$ 的中断控制位。

EX0=1，允许使用外部中断 $\overline{\text{INT0}}$ 的中断；EX0=0，禁止使用外部中断 $\overline{\text{INT0}}$ 的中断。

③ ET0：定时/计数器 T0 的中断控制位。

ET1=1，允许使用 T0 的中断；ET1=0，禁止使用 T0 的中断。

④ EX1：外中断 $\overline{\text{INT1}}$ 的中断控制位。

EX1=1，允许使用外部中断 $\overline{\text{INT1}}$ 的中断；EX1=0，禁止使用外部中断 $\overline{\text{INT1}}$ 的中断。

⑤ ET1：定时/计数器 T1 的中断控制位。

ET1=1，允许使用 T1 的中断；ET1=0，禁止使用 T1 的中断。

⑥ ES：串行口中断控制位。

ES=1，允许使用串行口的中断；ES=0，屏蔽串行口的中断。

（2）中断优先级控制寄存器 IP。

MCS-51 单片机对中断优先级的控制是由中断优先级控制寄存器 IP 来实现的，IP 的结构格式如表 5-5 所示。

表 5-5　IP 寄存器结构

IP	D7	D6	D5	D4	D3	D2	D1	D0
	-	-	-	PS	PT1	PX1	PT0	PX0
位地址				BCH	BBH	BAH	B9H	B8H

IP 寄存器的各控制位功能说明如下：

① PX0：外部中断 $\overline{\text{INT0}}$ 优先级控制位。

PX0=1，声明外部中断 $\overline{\text{INT0}}$ 为高优先级中断；PX0=0，定义外部中断 $\overline{\text{INT0}}$ 为低优先级中断。

② PT0：定时/计数器 T0 优先级控制位。

PT0=1，声明定时/计数器 T0 为高优先级中断；PT0=0，定义定时/计数器 T0 为低优先级中断。

③ PX1：外部中断 $\overline{\text{INT1}}$ 优先级控制位。

PX1=1，声明外部中断 $\overline{\text{INT1}}$ 为高优先级中断；PX1=0，定义外部中断 $\overline{\text{INT1}}$ 为低优先级中断。

④ PT1：定时/计数器 T1 优先级控制位。

PT1=1，声明定时/计数器 T1 为高优先级中断；PT1=0，定义定时/计数器 T1 为低优先级中断。

⑤ PS：串行口中断优先级控制位。

PS=1，声明串行口中断为高优先级中断；PS=0，定义串行口中断为低优先级中断。

MCS-51 的两个中断优先级，即高优先级和低优先级，每个中断源都可设置为高或低中断优先级。如果有一低优先级的中断正在执行，那么高优先级的中断出现中断请求时，CPU 则会响应这个高优先级的中断，也即高优先级的中断可以打断低优先级的中断。而若 CPU 正在处理一个高优先级的中断，此时，就算是有低优先级的中断发出中断请求，CPU 也不会理会这个中断，而是继续执行正在执行的中断服务程序，一直到程序结束，执行最后一条返回指令，返回主程序然后再执行一条指令后才会响应新的中断请求。

表 5-6 列出了 MCS-51 单片机的 5 个中断源由其硬件结构决定的自然优先级别排列顺序与服务程序入口地址。

表 5-6　5 个中断源的自然优先级与服务程序入口地址

中断编号	中断源	自然优先顺序	入口地址
0	外部中断 $\overline{INT0}$		0003H
1	定时/计数器 T0	高	000BH
2	外部中断 $\overline{INT1}$	→	0013H
3	定时/计数器 T1	低	001BH
4	串行口中断 RI 或 TI		0023H

4. 中断的响应

MCS-51CPU 在每一个机器周期顺序检查每一个中断源，在机器周期的 S6 按优先级处理所有被激活的中断请求，此时，如果 CPU 没有正在处理更高或相同优先级的中断，或者现在的机器周期不是所执行指令的最后一个机器周期，或者 CPU 不是正在执行 RETI 指令或访问 IE 和 IP 的指令（因为按 MCS-51 中断系统的特性规定，在执行完这些指令之后，还要在继续执行一条指令，才会响应中断），CPU 在下一个机器周期响应激活了的最高级中断请求。

中断响应的主要内容就是由硬件自动生成一条长调用 LCALL addr16 指令，这里的 addr16 就是程序存储器中相应的中断区入口地址，这些中断源的服务程序入口地址如表 5-6 所示。

生成 LCALL 指令后，CPU 紧跟着便执行之。首先将 PC（程序计数器）的内容压入堆栈保护断点，然后把中断入口地址赋予 PC，CPU 便按新的 PC 地址（即中断服务程序入口地址）执行程序。

值得一提的是，各中断区只有 8 个单元，一般情况下（除非中断程序非常简单），都不可能安装下一个完整的中断服务程序。因此，通常是在这些入口地址区放置一条无条件转移指令，使程序按转移的实际地址去执行真正的中断服务程序。

◯ 硬件电路设计

运用 Proteus 进行的硬件电路设计及仿真效果如图 5-26 所示。

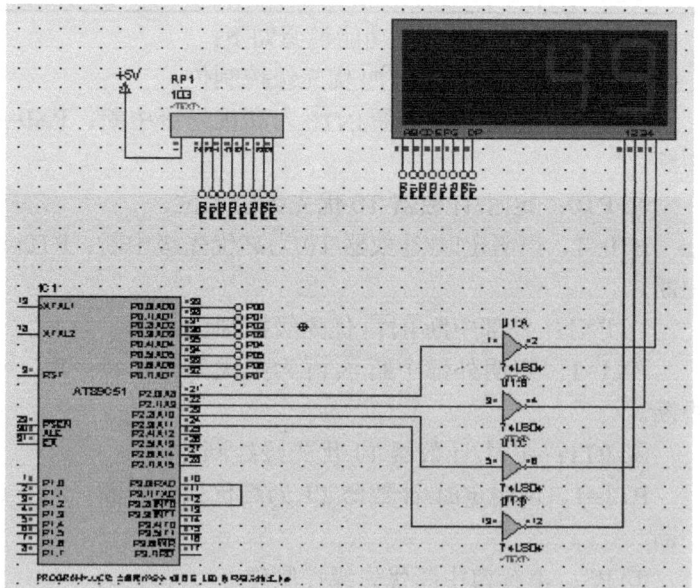

图 5-26　用数码管显示外中断 $\overline{INT0}$ 对脉冲信号计数结果仿真原理图

◯ 软件程序设计

打开 D\:"单片机项目设计"\"项目五：LED 数码显示技术项目开发"\"C 语言源程序设计"子文件夹，打开里面的"Keil μVision2"工程项目，在其中新建如下示例程序。

120

1. 程序设计

示例程序设计如下：

```
//5-3-1：用数码管显示外中断 INT0 对脉冲信号计数结果
#include<reg51.h>    //包含 51 单片机寄存器定义的头文件
sbit u=P3^0;         //将 u 位定义为 P3.0，从该引脚输出矩形脉冲
unsigned char code Tab[]={0xc0,0xf9,0xa4,0xb0,0x99,0x92,0x82,0xf8,0x80,0x90};
//数码管显示 0～9 的段码表
unsigned char Countor;  //设置全局变量，储存脉冲负跳变累计数
/*************************************************
延时函数
*************************************************/
void delay(unsigned char x)
{
  unsigned char m,n;
  for(m=0;m<x;m++)
    for(n=0;n<100;n++)
      ;
}

/******************************************************************
2 位数码显示函数
（入口参数：k）
******************************************************************/
void display(unsigned char k)
{
  P0=Tab[k/10];        //显示十位
  P2=0xfd;        //即 P2=1111 1101B，P2.1 引脚输出低电平，数码管 DS2 接通电源
    delay(8);
  P2=0xff;      //关闭所有数码管

  P0=Tab[k%10];        //显示个位
  P2=0xfe;        //即 P2=1111 1110B，P2.0 引脚输出低电平，数码管 DS1 接通电源
    delay(8);
  P2=0xff;      //关闭所有数码管
}

/*******************************************
主函数
*******************************************/
void main(void)
{
  unsigned char i;
  EA=1;         //开放总中断
  EX0=1;        //允许使用外部中断 0
  IT0=1;        //选择负跳变来触发外部中断 0
  Countor=0;    //初始计数值为 0

  for(i=0;i<100;i++)        //输出 100 个负跳变
    {
      u=1;
        delay(250);
      u=0;
```

```
        delay(250);
        display(Countor);
    }
}


/***************************************************************
外部中断 INT0 的中断服务程序
***************************************************************/
void int0(void) interrupt 0 using 0        //外部中断 0 的中断编号为 0
{
  Countor++;
}
```

2. 程序编译与 Proteus 仿真

程序设计好之后，经过 Keil C 软件编译通过后，再利用 Proteus 软件进行仿真。在 Proteus ISIS 中绘制仿真电路图，或者打开配套电子资料包中的相应仿真原理图文件，将编译好的 HEX 文件载入单片机中。启动仿真，即可看到 LED 灯仿真运行的效果。

○ 任务验证实践

将实验板上的数码管段码接口插座 P8 用 8 芯排线连接至单片机 P0 口接口插座（数码管段码插座的插针依序分别接至各数码管 8 个笔画显示字段 "a、b、c、d、e、f、g、dp" 的输入端），数码管位控制码接口插座 P7 上的 A1～A4 插针分别用 4 芯杜邦排线连接至接口排针 P5 上 P2 口的 P20～P23 针。用一根杜邦线将接口排针 P4 上 P3 口的 P30 针与 P32 针相连接。连接计算机与主实验板，将 C 源程序编译生成的 HEX 文件通过下载数据线下载至主实验板上的单片机 STC89C52RC 中。

接通实验板电源，运行该程序，验证项目实现效果。图 5-27 为本实验的现象。

图 5-27 用数码管显示外中断 INT0 对脉冲信号计数结果的实验现象

○ 工作任务拓展

主函数的调整：

改变程序设计，用外部中断 INT1 的中断控制显示按键次数，重新运行程序，验证自己的设计效果。

思考与练习

1．简述 MCS-51 单片机的中断处理流程。

2．调整本任务示例程序，改用外中断$\overline{\text{INT1}}$的中断控制显示对脉冲信号计数，完成相应的计数显示 C 语言源程序设计。

3．将上题中的 C 语言源程序编译生成 HEX 文件后，用 Proteus 软件仿真验证程序的正确性。

4．将第 2 题中设计的 C 语言源程序编译生成的 HEX 文件，用 STC_ISP_V488 程序烧录软件载入制作的单片机主实验板中运行，验证程序的正确性。

任务 5-3-2 用外部中断$\overline{\text{INT1}}$控制数码管显示按键次数程序设计

工作任务与目标

1．掌握 C 语言程序设计外部中断的应用技术。

2．学会使用 C 语言编程控制计数显示的数值范围。

任务相关知识链接

单片机模块化程序设计基础知识

1．程序的组成

程序包括数据说明（由数据定义部分来实现）和数据操作（由语句来实现）两部分。数据说明主要定义数据结构（由数据类型表示）和数据的初值。数据操作的任务是对数据进行加工处理。从结构化程序设计的角度来说，程序应该分成若干源程序，每个源程序完成特定的功能，源程序中可重复使用的部分由子程序完成。在 C 语言中，子程序的作用是由函数来完成的，函数是 C 语言最基本的组成单位。C 程序的组成如图 5-28 所示。

2．与模块化程序设计相关的几个术语

（1）文件。单片机控制的数据或程序都是以文件的形式来储存的，文件是单片机控制技术中的基本存储单位。在单片机控制技术中要用到各种各样的文件。

（2）源程序文件。一个 C 源程序文件是由一个或多个函数组成的。

（3）目标文件。目标文件包含所要开发使用的单片机的机器代码。目标指的是所要用的单片机，目标文件即目标程序文件，是单片机可执行的程序文件。

图 5-28 C 程序的组成

（4）汇编器/编译器。汇编器是针对汇编语言程序的；编译器是针对高级语言（如 C 语言）程序的。它们的作用是把源程序翻译成单片机可执行的目标代码，产生一个目标文件。一个源程序文件是一个汇编/编译的单位。图 5-29 所示为 Keil C 软件的汇编/编译图示。

因为 C 程序可由多个源文件组成，对每个源程序的编译只能得到相对地址。这需要最后重新进行统一的地址分配（定位）。列表文件是汇编器/编译器生成的包含源程序、目标代码

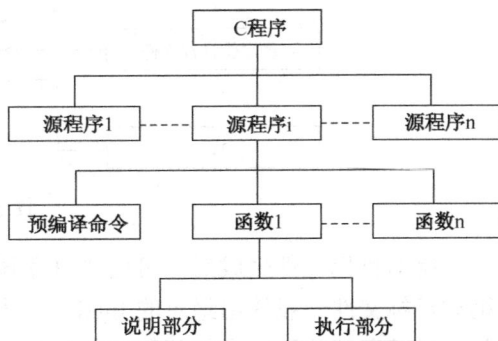

和错误信息等的可打印文件。

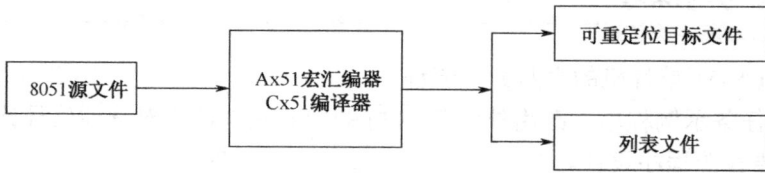

图 5-29　Keil C 软件汇编/编译图示

（5）段。段和程序存储器或数据存储器有关，可分为程序段和数据段。段可以是重定位的，具有一个段名、类型及其属性。它们在存储器中的最终位置留给链接器/定位器确定，或由编程者指定绝对地址。一个完整段由各个模块中具有相同段名的段组合而成。

（6）模块。模块是包含一个或多个段的文件，由编程者命名。模块的定义决定局部符号的作用域。通常模块为显示、计算或用户接口相关的函数或子程序。

（7）库。库是包含一个或多个模块的文件。这些模块通常是由编译或汇编得到的可重定位的目标模块，在链接时和其他模块组合。链接器从库中仅仅选择与其他模块相关的模块，即由其他模块调用的模块。

（8）链接器/定位器。链接是把各模块中所有具有相同段名及类型名的段连接起来，生成一个完整程序的过程。链接由链接器完成。它识别所有的公共符号（变量、函数和标号名）。定位器是给每个段分配地址的工具。在链接时把模块的同名段放入一整段，定位时重新填入段的绝对地址。所有同类（程序 CODE、内部数据 DATA 和外部数据 XDATA 等）组合成相应的单一段。Keil C 软件中，链接器和定位器合二为一，成为链接器/定位器 Lx51,如图 5-30所示。

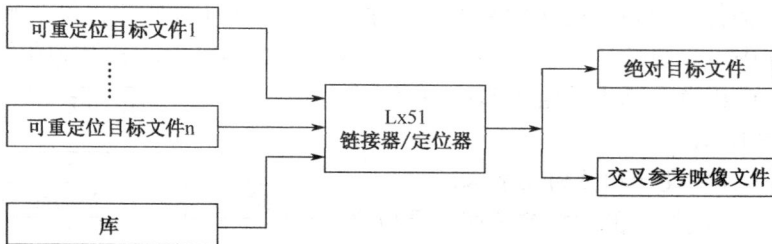

图 5-30　链接图示

绝对目标文件生成后，可由仿真器调试或者进行 EPROM 固化，或与模拟器一起使用。绝对目标文件一般使用绝对的 Intel 目标格式。交叉参考映像文件包含存储器映像、全局和局部符号的存储分配以及外部和公共符号的交叉参考报告。

（9）应用程序。应用程序是整个开发过程的目的，是单一的绝对目标文件。它把全部输入模块的所有绝对及可重新定位的段链接起来，最后形成单一的绝对模块。应用程序准备下载到仿真器调试运行，调试通过后固化到 EPROM 中，在用户目标系统中运行，完成所需的功能。

3. 文件命名说明

程序文件有几个常用的扩展名，需要做一些了解，简要说明如下：

".ASM" 或 ".A51"：汇编语言源文件。

".P51"：PL/M 语言源文件。

"".C51"" 或 ".C"：C 语言源文件。

"".LST"：包含汇编/编译的程序和错误的列表文件。

"".OBJ"：可重定位的目标模块文件（最后的绝对目标文件用同名而无扩展名的文件表示）。

"".HEX"：转换成的 Intel 目标文件。

"".LIB"：库文件。

"".M51" 或 ".MAP"：链接/定位后的映像文件。

"".LNK"：链接器/定位器使用的文件。

"".H"：编译时加入到源文件中的头文件。

4．模块化程序开发的优点

模块化程序开发是一种软件设计方法，各模块程序分别编写、编译和调试，最后各模块一起链接/定位。模块化程序开发有以下优点：

（1）模块化程序开发使程序开发更有效。小块程序更容易理解与调试。当知道模块的输入和所要求的输出时，就可以相对独立地直接测试小模块。

（2）当同类功能的需求较多时，可以把相关子程序放入库中以备反复调用，而不必每次都要重新编写。

（3）模块化程序开发使得要解决的问题与特定模块分离，很容易找到出错的模块，大大简化了程序的调试环节。

5．模块化程序开发过程

图 5-31 为 C 语言模块化程序开发过程示意图。因为需要不断完善，所以这个程序开发过程经常会重复许多遍。优秀的系统开发者会先让各模块正常工作起来，然后再把它们集成到最终的软件当中。下面对图 5-31 做简要说明。

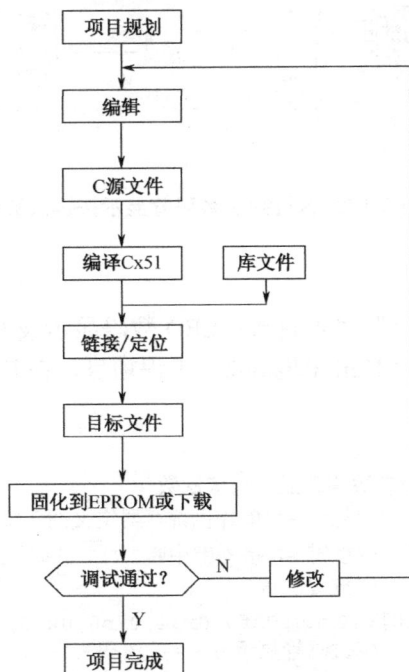

图 5-31　C 语言模块化程序开发过程示意图

（1）规划整个项目，包括使用哪些硬件以及规划软件怎么分工。

（2）编写程序，并把它输入到文件中以便编译。

（3）编译源程序，可包括把目标模块放入库中。

（4）让目标文件分配到特定的存储位置，这是定位，通常包括链接。对于较为复杂的开发项目，整个程序通常由几个源程序构成，它们分别编写，或许也有库包含在内。

（5）让绝对目标文件传入单片机进行控制工作。若是由驻留的监控程序完成的，就是下载；若是把文件写入 EPROM 装入目标单片机中，就是固化。

（6）调试程序，对可能存在的问题进行分析诊断与修改完善，直至项目完成。

硬件电路设计

运用 Proteus 进行的硬件电路设计及仿真效果如图 5-32 所示。

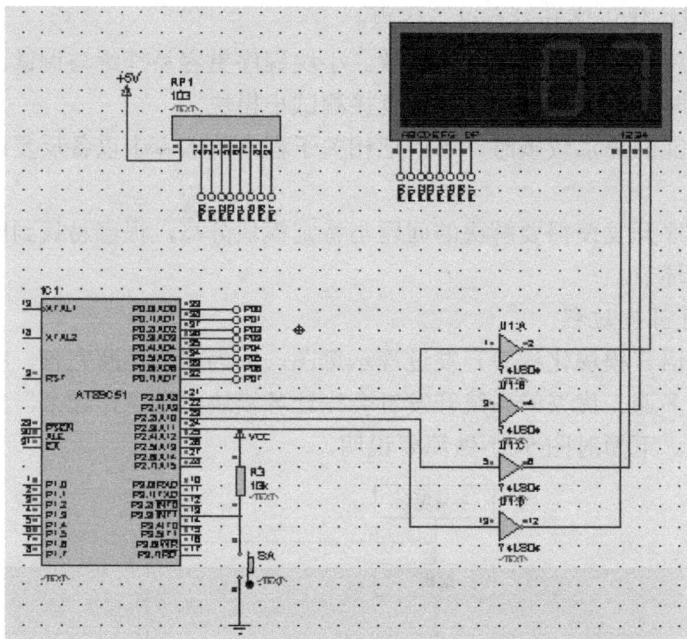

图 5-32　用外部中断 $\overline{INT1}$ 控制数码管显示按键次数仿真原理图

软件程序设计

打开 D\:"单片机项目设计"\"项目五：LED 数码显示技术项目开发"\"C 语言源程序设计"子文件夹，打开里面的"Keil μVision2"工程项目，在其中新建如下示例程序。

1. 程序设计

示例程序设计如下：

```
//5-3-2：用外部中断INT1控制数码管显示按键次数
#include<reg51.h>          //包含51单片机寄存器定义的头文件
sbit SA=P3^3;              //按键SA接外部中断INT1引脚P3.3
unsigned int x;            //按键次数
unsigned char code Tab[10]={0xc0,0xf9,0xa4,0xb0,0x99,0x92,0x82,0xf8,0x80,0x90};
                          //数码管显示0～9的段码表


/************************************************************
```

快速动态扫描延时函数
**/

```c
void delay(void)
{
  unsigned int i;
  for(i=0;i<600;i++)
    ;
}
```

/**
2 位数码显示函数
（入口参数：k）
**/

```c
void display(unsigned int k)
{
  P0=Tab[k/10];      //显示十位
  P2=0xfd;           //即 P2=1111 1101B，P2.1 引脚低电平，数码管 DS2 接通电源
    delay();
  P2=0xff;           //关闭所有数码管

P0=Tab[k%10];        //显示个位
  P2=0xfe;           //即 P2=1111 1110B，P2.0 引脚低电平，数码管 DS1 接通电源
    delay();
  P2=0xff;           //关闭所有数码管
 }
```

/**
主函数
**/

```c
void main(void)
{
          EA=1;        //开启总中断
          EX1=1;       //使用外中断INT1
          IT1=1;       //选择负跳变方式触发外部中断INT1
          x=0;         //按键计数值从 0 开始
          while(1)     //无限循环，反复调用显示函数
    {
          display(x);  //调用 2 位数码显示函数
    }
}
```

/**
外部中断INT1 的中断服务程序
**/

```c
void int1(void) interrupt 2 using 0      //外部中断INT1的中断编号为2
{
    x++;                                 //每触发一次外部中断INT1，按键次数加 1
    if(x==24)
        {
            x=0;                         //按键次数达到 24 次后清 0，从头再来
        }
}
```

2. 程序编译与 Proteus 仿真

程序设计好之后，经过 Keil C 软件编译通过后，再利用 Proteus 软件进行仿真。在 Proteus ISIS 中绘制仿真电路图，或者打开配套电子资料包中的相应仿真原理图文件，将编译好的 HEX 文件载入单片机中。启动仿真，即可看到 LED 灯仿真运行的效果。

任务验证实践

将实验板上的数码管段码接口插座 P8 用 8 芯排线连接至单片机 P0 口接口插座（数码管段码插座的插针依序分别接至各数码管 8 个笔画显示字段"a、b、c、d、e、f、g、dp"的输入端），数码管位控制码接口插座 P7 上的 A1～A4 插针分别用 4 芯杜邦排线连接至接口排针 P5 上 P2 口的 P20～P23 针。用一根杜邦线将四位独立按键中的"SA"按键插针用跳线连接到接口排针 P4 上 P3 口的 P33 针。连接计算机与主实验板，将 C 源程序编译生成的 HEX 文件通过下载数据线下载至主实验板上的单片机 STC89C52RC 中。

接通实验板电源，运行该程序，验证项目实现效果。图 5-33 为本实验的现象。

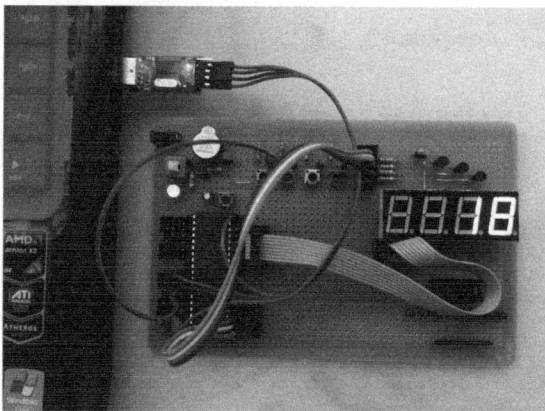

图 5-33 用外部中断 $\overline{INT1}$ 控制数码管显示按键次数的实验现象

工作任务拓展

主函数的调整：

（1）改变程序设计，用外部中断 $\overline{INT0}$ 的中断控制显示按键次数，重新运行程序，验证自己的设计效果。

（2）改变计数显示循环为倒计数方式，调整程序设计，重新运行程序，验证设计的调整效果。

思考与练习

1. 简述 Keil C 软件中常用的文件扩展名的含义。

2. 简述模块化程序开发的优点。

3. 调整本任务示例程序，改用外部中断 $\overline{INT0}$ 的中断控制显示按键次数，完成相应的按键计数 C 语言源程序设计。

4. 将上题中的 C 语言源程序编译生成 HEX 文件后，用 Proteus 软件仿真验证程序的正确性。

5. 将第 3 题中设计的 C 语言源程序编译生成的 HEX 文件，用 STC_ISP_V488 程序烧录软件载入制作的单片机主实验板中运行，验证程序的正确性。

任务 5-4 在数码管显示技术中应用定时/计数器

本项任务分为四个系列子任务。通过本项任务的实践，学习单片机定时/计数器基础知识，理解在 LED 数码管显示技术中应用单片机定时/计数器控制程序运行的方法，掌握应用单片机定时/计数器控制 LED 数码管显示运行的程序设计方法。

任务 5-4-1 数码管显示技术中运用定时/计数器查询方式程序设计

工作任务与目标

1. 了解 MCS-51 单片机定时/计数器的基础知识。
2. 理解 MCS-51 单片机定时/计数器中定时/计数初值的计数方法。
3. 掌握 MCS-51 单片机定时/计数器查询方式的简单运用。
4. 掌握定时/计数器计数功能的简单技术应用。
5. 掌握运用 C 语言编程显示计数器计数结果的方法与技能。

任务相关知识链接

1. MCS-51 单片机的定时/计数器

MCS-51 的单片机内有两个 16 位可编程的定时/计数器，它们具有四种工作方式，其控制字和状态均在相应的特殊功能寄存器中，通过对控制寄存器的编程，就可方便地选择适当的工作方式。

1）定时/计数器的结构。

MCS-51 单片机内部的定时/计数器的结构如图 5-34 所示，定时/计数器 T0 由特殊功能寄存器 TL0（低 8 位）和 TH0（高 8 位）构成，定时/计数器 T1 由特殊功能寄存器 TL1（低 8 位）和 TH1（高 8 位）构成。特殊功能寄存器 TMOD 控制定时/计数器的工作方式，TCON 则用于控制定时/计数器 T0 和 T1 的启动和停止，同时管理定时/计数器 T0 和 T1 的溢出标志等。程序开始时需对 TL0、TH0、TL1、TH1 和 TCON 进行初始化编程，以定义它们的工作方式和控制定时/计数器 T0 和 T1 的启动和停止。

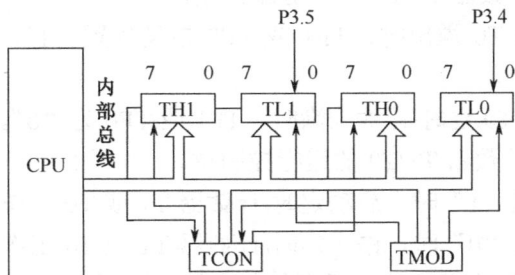

图 5-34 MCS-51 单片机定时/计数器的结构

2）特殊功能寄存器 TMOD 和 TCON 的格式

（1）定时/计数器的方式控制寄存器 TMOD：功能是控制定时/计数器的工作方式。字节地址为 89H，不可以进行位操作，在上电和复位时 TMOD 的初始值为 00H。其格式如表 5-7 所示。

表 5-7　方式控制寄存器 TMOD 的格式

D7	D6	D5	D4	D3	D2	D1	D0
GATE	C/$\overline{\text{T}}$	M1	M0	GATE	C/$\overline{\text{T}}$	M1	M0
T1				T0			

TMOD 各位的意义：

寄存器 TMOD 中的高 4 位用来控制定时/计数器 T1，低 4 位用来控制定时/计数器 T0。

① GATE：门控制位，用来控制定时/计数器的启动模式。

GATE=0 时，只要使寄存器 TCON 中的 TR0 或 TR1 置"1"（高电平），就可以启动定时/计数器 T0 或 T1 工作。

GATE=1 时，除了要使寄存器 TCON 中的 TR0 或 TR1 置"1"（高电平）外，还需要外部中断源输入引脚 $\overline{\text{INT0}}$ 或 $\overline{\text{INT1}}$ 也为高电平，才可以启动定时/计数器 T0 或 T1 工作。

② C/$\overline{\text{T}}$：定时/计数器功能选择位。

C/$\overline{\text{T}}$=0，定时/计数器被设置为定时器功能；

C/$\overline{\text{T}}$=1，定时/计数器被设置为计数器功能。

③ M1M0：定时/计数器工作方式设置位。

M1M0=00，工作方式 0，13 位定时/计数器，最大计数值 2^{13}=8192。

M1M0=01，工作方式 1，16 位定时/计数器，最大计数值 2^{16}=65536。

M1M0=10，工作方式 2，初值自动重装 8 位定时/计数器，最大计数值 2^8=256。

M1M0=11，工作方式 3，2 个 8 位定时/计数器，仅适用于 T0。

（2）定时/计数器控制寄存器 TCON，字节地址为 88H，位地址为 88H～8FH，其格式如表 5-8 所示。

表 5-8　控制寄存器 TCON 的格式

D7	D6	D5	D4	D3	D2	D1	D0
TF1	TR1	TF0	TR0	IE1	IT1	IE0	IT0

TCON 各位的意义：

TCON 的高四位用于控制定时/计数器的启停和中断请求：

① TF1/TF0：定时/计数器 T1/T0 的溢出标志位。

当定时/计数器 T1 或 T0 溢出时，TF1 或 TF0 被硬件置"1"，表示定时/计数器有中断请求；

当定时/计数器 T1 或 T0 定时/计数未满时，TF1 或 TF0 为"0"。

② TR1/TR0：定时/计数器 T1/T0 的运行控制位。

TR1 或 TR0 被软件置"1"时，启动定时/计数器 T1 或 T0 工作。

TR1 或 TR0 被软件置"0"时，停止定时/计数器 T1 或 T0 工作。

TCON 的低四位与中断有关，将在后面任务中加以说明。

3）定时/计数器的工作方式

MCS-51 的定时/计数器共有四种工作方式，下面逐一进行说明。

（1）工作方式 0。

当方式控制寄存器 TMOD 中定时/计数器 T0 的 M1M0=00 时,定时/计数器 T0 处于工作方式 0。定时/计数器 T0 工作方式 0 的电路逻辑结构如图 5-35 所示(定时/计数器 T1 与其完全类似)。工作方式 0 是 13 位计数结构的工作方式,其计数器由 TH0 的全部 8 位和 TL0 的低 5 位构成,TL0 的高 3 位没有使用。当 C/$\overline{\text{T}}$=0 时,多路开关接通振荡脉冲的 12 分频输出,13 位计数器以次进行计数,这就是定时工作方式。当 C/$\overline{\text{T}}$=1 时,多路开关接通计数引脚 P3.4,外部计数脉冲由单片机引脚 P3.4 输入。当计数脉冲发生负跳变时,计数器加 1,这就是 T0 的计数工作方式。

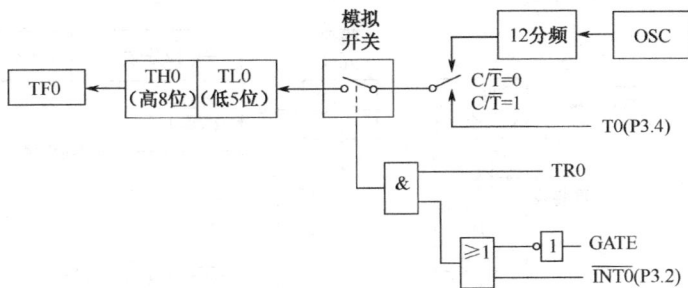

图 5-35 定时/计数器 T0 工作方式 0 的电路逻辑结构

不管是哪种工作方式,当 TL0 的低 5 位溢出时,都会向 TH0 进位,而全部 13 位计数器溢出时,则会向计数器溢出标志位 TF0 进位。

门控位 GATE 的功能:GATE 位的状态决定定时/计数器运行控制取决于 TR0 的一个条件还是 TR0 和 $\overline{\text{INT0}}$ 引脚这两个条件。

当 GATE=0 时,由于 GATE 信号封锁了或门,使引脚 INT0 信号无效。而这时候如果 TR0=1,则接通模拟开关,使计数器进行加法计数,即定时/计数器工作。而 TR0=0,则断开模拟开关,定时/计数器停止工作。

当 GATE=1 时,由于 GATE 信号开通或门,使引脚 $\overline{\text{INT0}}$ 信号得以通过或门到达与门。与门的输出由 TR0 和 $\overline{\text{INT0}}$ 的电平状态共同确定。此时如果 TR0=1、$\overline{\text{INT0}}$=1,与门输出为 1,允许定时/计数器计数。如果 TR0 和 $\overline{\text{INT0}}$ 中有一个不为 1,则与门输出为 0,模拟开关断开,定时/计数器停止工作。在这种情况下,运行控制由 TR0 和 $\overline{\text{INT0}}$ 两个条件共同控制。

TF0 是定时/计数器的溢出状态标志,溢出时由硬件置位。TF0 溢出中断被 CPU 响应时,转入中断时硬件清 "0",TF0 也可由程序查询和清 "0"。

(2)工作方式 1。

当方式控制寄存器 TMOD 中定时/计数器 T0 的 M1M0=01 时,定时/计数器 T0 处于工作方式 1。此时,定时/计数器 T0 工作方式 1 的电路逻辑结构如图 5-36 所示(定时/计数器 T1 与其完全类似)。

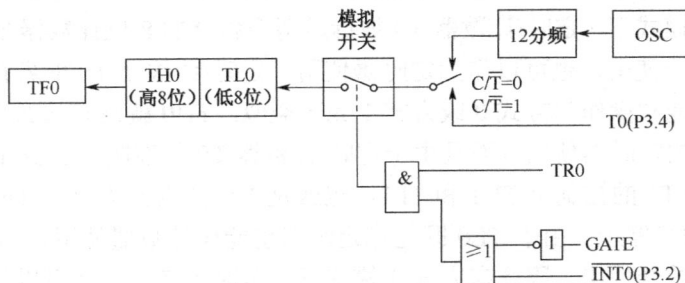

图 5-36 定时/计数器 T0 工作方式 1 的电路逻辑结构

可以看出，方式 1 和方式 0 的区别仅在于计数器的位数不同，方式 0 为 13 位，而方式 1 则为 16 位，由 TH0 作为高 8 位，TL0 为低 8 位。有关控制状态字（GATE、C/$\overline{T}$、TF0、TR0）和方式 0 相同。

（3）工作方式 2。

当方式控制寄存器 TMOD 中定时/计数器 T0 的 M1M0=10 时，定时/计数器 T0 处于工作方式 2。此时，定时/计数器 T0 工作方式 2 的电路逻辑结构如图 5-37 所示（定时/计数器 T1 与其完全类似）。

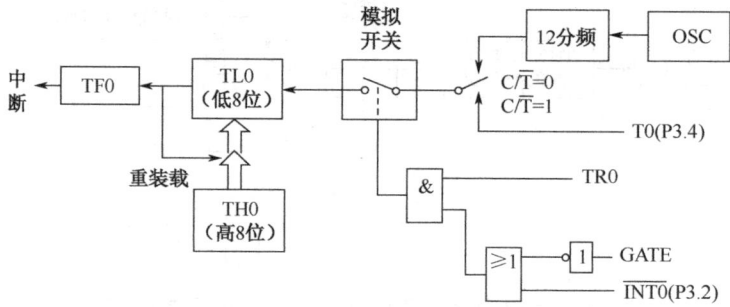

图 5-37　定时/计数器 T0 工作方式 2 的电路逻辑结构

工作方式 0 和工作方式 1 的最大不足就是计数溢出后，计数器为全 0，因而循环定时或循环计数应用时就存在反复设置初值的问题，这给程序设计带来许多不便，同时也会影响计时精度。工作方式 2 就针对这个问题而设置，它具有自动重装载功能，即自动加载计数初值，所以也有的文献称为自动重加载工作方式。在这种工作方式中，16 位计数器分为两部分，即以 TL0 为计数器，以 TH0 作为预置寄存器，初始化时把计数初值分别加载至 TL0 和 TH0 中，当计数溢出时，不再像方式 0 和方式 1 那样需要"人工干预"（由软件重新赋值），而是由预置寄存器 TH 以硬件方法自动给计数器 TL0 重新加载。

程序初始化时，给 TL0 和 TH0 同时赋以初值，当 TL0 计数溢出时，置位 TF0 的同时把预置寄存器 TH0 中的初值加载给 TL0，TL0 重新计数。如此反复，这样省去了程序需不断给计数器赋值的麻烦，而且计数准确度也提高了。但这种方式也有其不利的一面，就是这样一来的计数结构只有 8 位，计数值有限，最大只能到 255。所以这种工作方式很适合于需要重复计数的应用场合。工作方式 2 也可以当作串行数据通信的波特率发送器使用。

（4）工作方式 3。

当方式控制寄存器 TMOD 中定时/计数器 T0 的 M1M0=11 时，定时/计数器 T0 处于工作方式 3。此时，定时/计数器 T0 工作方式 3 的电路逻辑结构如图 5-38 所示。值得注意的是，在工作方式 3 下，定时/计数器 1 的工作模式与 T0 不同，下面进行具体说明。

在工作方式 3 模式下，定时/计数器 T0 被拆成两个独立的 8 位计数器 TL0 和 TH0。其中 TL0 既可以作计数器使用，也可以作为定时器使用，定时/计数器 T0 的各控制位和引脚信号全归它使用。其功能和操作与方式 0 或方式 1 完全类似。TH0 就没有那么多"资源"可利用了，只能作为简单的定时器使用，而且由于定时/计数器 T0 的控制位已被 TL0 占用，因此只能借用定时/计数器 T1 的控制位 TR1 和 TF1，也就是以计数溢出去置位 TF1，TR1 则负责控制 TH0 定时的启动和停止。由于 TL0 既能作定时器也能作计数器使用，而 TH0 只能作定时器使用而不能作计数器使用，因此在方式 3 模式下，定时/计数器 T0 可以构成两个定时器或者一个定时器和一个计数器。

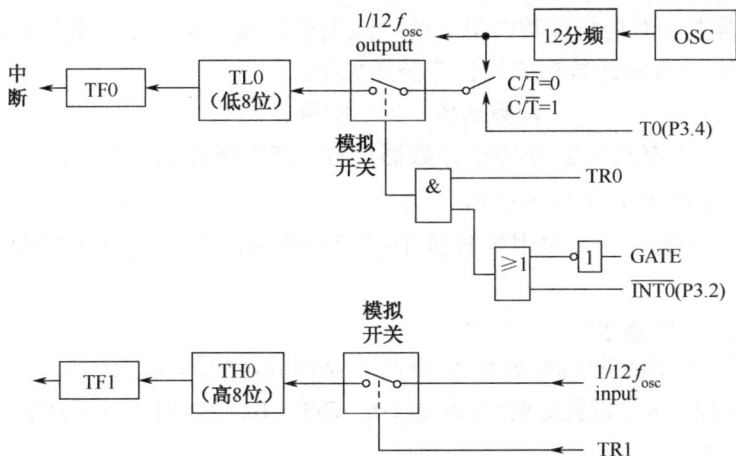

图 5-38　定时/计数器 T0 工作方式 3 的电路逻辑结构

如果定时/计数器 T0 工作于工作方式 3，那么定时/计数器 T1 的工作方式就不可避免受到一定的限制。因为定时/计数器 T1 的一些控制位已被定时/计数器 T0 借用，所以定时/计数器 T1 只能工作在方式 0、方式 1 或方式 2 下，等效电路如图 5-39 所示。

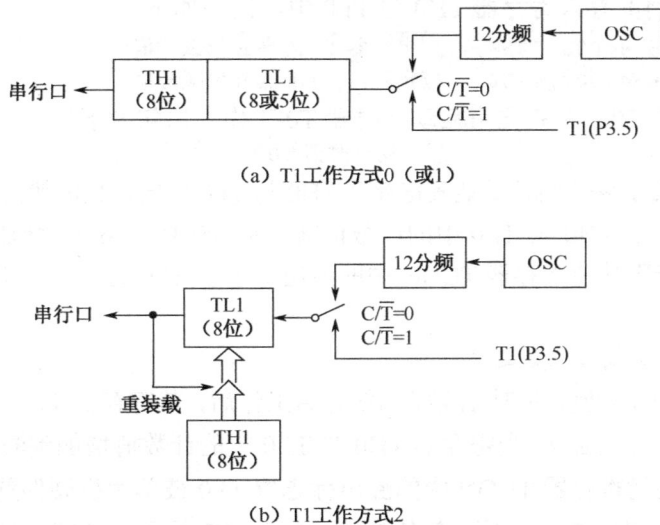

（a）T1工作方式0（或1）

（b）T1工作方式2

图 5-39　定时/计数器 T0 工作于方式 3 时 T1 的电路逻辑结构

在这种情况下，定时/计数器 T1 通常作为串行口的波特率发生器使用，以确定串行通信的速率。因为已没有 TF1 可用，TF1 已被定时/计数器 T0 借用了，所以只能把计数溢出直接送给串行口。当作波特率发生器使用时，只需设置好工作方式，即可自动运行。如要停止它的工作，需送入一个把它设置为方式 3 的方式控制字即可，这是因为定时/计数器 T1 本身就不能工作在方式 3，如硬把它设置为方式 3，自然会停止工作。

2. 定时/计数器中定时/计数初值的设定

设单片机时钟电路的振荡频率 f_{osc} 为 11.0592MHz，则经 12 分频后得到的机器周期 T_0 为

$$T_0 = \frac{12}{f_{osc}} = \frac{12}{11.0592} \mu s = 1.085 \mu s$$

MCS-51 单片机的定时/计数器 T1 和 T0 都是增量计数器，因此不能直接将要计数的值作

为初值放入寄存器中，而是将计数的最大值（溢出值）减去实际要计数的值，将差值存入寄存器中。所以定时/计数器计数初值的计算公式如下：

$$计数初值 = 2^n - 实际计数值$$

式中，n 为由工作方式决定的定时/计数器位数。在工作方式 0 下，n 取 13，$2^{13} = 8192$；在工作方式 1 下，n 取 16，$2^{16} = 65536$。

例如，在工作方式 1 下，要用定时器 T0 定时 50ms，在 C 语言程序设计中，要做如下工作：

（1）设置定时/计数器 T0 工作方式：

```
TMOD=0x01;  // TMOD=0000 0001B，低四位 GATE=0，C/T̄=0，M1M0=01
```

语句中 TMOD 低四位设置定时/计数器 T0。$C/\overline{T} = 0$，T0 为定时器功能；M1M0=01，定时器 T0 工作于方式 1。

（2）计算实际计数值。实际计数值可按下式计算：

$$实际计数值 = \frac{定时时间}{机器周期} = \frac{50ms}{1.085\mu s} = 46083$$

（3）确定定时器 T0 的计数初值。定时/计数器 T0 计数初值为 $(2^{16} - 46083) = (65536 - 46083)$，用 C 语言将其存入寄存器 TH0 与 TL0 中，语句如下：

```
TH0=(65536-46083)/256;   //定时器 T0 的高 8 位赋初值
TL0=(65536-46083)%256;   //定时器 T0 的低 8 位赋初值
```

（4）启动定时器 T0。用 C 语言启动定时器 T0 工作，语句如下：

```
TR0=1;                      //启动定时器 T0
```

定时器 T0 启动后，每个机器周期其寄存器 TH0 与 TL0 中的计数值就会自加 1，经过 46083 个机器周期后，寄存器 TH0 与 TL0 中的计数值就会从 65536—46083 增加到溢出值 65536，从而产生溢出。其特殊功能寄存器 TCON 中的溢出标志位 TF0 会被单片机硬件置"1"，给出中断请求信号。

3. 定时/计数器查询方式的运用

以定时/计数器 T0 为例，定时/计数器 T0 开始工作后，其寄存器 TH0 与 TL0 中的计数值就会随着每个机器周期自加 1，当寄存器 TH0 与 TL0 中的计数值增加到溢出值 65536 时就会产生溢出，其特殊功能寄存器 TCON 中的溢出标志位 TF0 被单片机硬件置"1"，给出中断请求信号。可以通过编程让单片机不断查询溢出标志位 TF0 是否为"1"：若为"1"，则表示计时/计数已到，程序执行相应的预定语句；若仍为"0"，则执行持续计时/计数状态下的程序语句。

● 硬件电路设计

运用 Proteus 进行的硬件电路设计及仿真效果如图 5-40 所示。

● 软件程序设计

打开 D\:"单片机项目设计"\"项目五：LED 数码显示技术项目开发"\"C 语言源程序设计"子文件夹，打开里面的"Keil μVision2"工程项目，在其中新建如下示例程序。

1. 程序设计

示例程序设计如下：

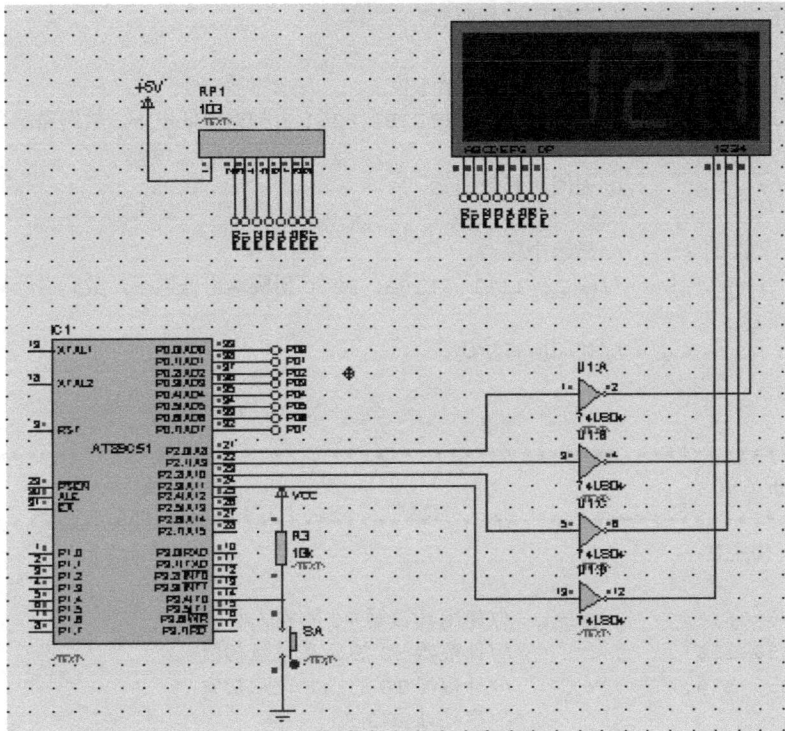

图 5-40 将计数器 T0 计数的结果送 LED 数码管显示仿真原理图

```
//5-4-1: 将计数器 T0 计数的结果送 LED 数码管显示
#include<reg51.h>                //包含 51 单片机寄存器定义的头文件
sbit S=P3^4;                     //将 S 位定义为 P3.4 引脚
unsigned char code Tab[]={0xc0,0xf9,0xa4,0xb0,0x99,0x92,0x82,0xf8,0x80,0x90};
                                 //数码管显示 0~9 的段码表

unsigned int x;
/**************************************************************
延时函数
**************************************************************/
void delay(unsigned char k)
{
  unsigned int m,n;
    for(n=0;n<k;n++)
        for(m=0;m<600;m++)
            ;
}
/**************************************************************
3 位数码显示函数
(入口参数: k)
**************************************************************/
void display(unsigned int k)
{
   P0=Tab[k/100];   //显示百位
   P2=0xfb;         //即 P2=1111 1011B, P2.2 引脚输出低电平, 数码显示器 DS3 接通电源
     delay(1);
```

```
    P2=0xff;                //关闭所有数码管

    P0=Tab[(k%100)/10];         //显示十位
    P2=0xfd;                //即 P2=1111 1101B，P2.1 引脚输出低电平，数码显示器 DS2 接通电源
      delay(1);
    P2=0xff;                //关闭所有数码管

    P0=Tab[k%10];       //显示个位
    P2=0xfe;                //即 P2=1111 1110B，P2.0 引脚输出低电平，数码显示器 DS1 接通电源
      delay(1);
    P2=0xff;                //关闭所有数码管
  }

/****************************************************************
函数功能：主函数
****************************************************************/
void main(void)
{
    TMOD=0x06;              //使用计数器 T0 的模式 2
    TH0=256-156;            //计数器 T0 的高 8 位赋初值
    TL0=256-156;            //计数器 T0 的低 8 位赋初值
    TR0=1;                  //启动计数器 T0
    x=0;
    while(1)                //无限循环等待查询
    {
      while(TF0==0)         //如果未计满就显示按键后 TL0 的值
       {
         if(S==0)           //按键 S 按下接地，电平为 0
               delay(10);   //软件延时消抖
               if(S==0)     //按键 S 按下接地，电平为 0
               x=TL0;       //将 TL0 的值赋给 x
               display(x);  //显示 x
      }
       TF0=0;               //计数器溢出后，将 TF0 清 0
    }
}
```

2. 程序编译与 Proteus 仿真

程序设计好之后，经过 Keil C 软件编译通过后，再利用 Proteus 软件进行仿真。在 Proteus ISIS 中绘制仿真电路图，或者打开配套电子资料包中的相应仿真原理图文件，将编译好的 HEX 文件载入单片机中。启动仿真，即可看到 LED 灯仿真运行的效果。

⬤ 任务验证实践

将实验板上的数码管段码接口插座 P8 用 8 芯排线连接至单片机 P0 口接口插座（数码管段码插座的插针依序分别接至各数码管 8 个笔画显示字段"a、b、c、d、e、f、g、dp"的输入端），数码管位控制码接口插座 P7 上的 A1～A4 插针分别用 4 芯杜邦排线连接至接口排针 P5 上 P2 口的 P20～P23 针。将四位独立按键中的"SA"按键插针用跳线连接到接口排针 P4 上 P3 口的 P34 针，连接计算机与主实验板，将 C 源程序编译生成的 HEX 文件通过下载数据

线下载至主实验板上的单片机 STC89C52RC 中。

接通实验板电源，运行该程序，反复按下按键 SA，验证项目实现效果。图 5-41 为本实验的现象。

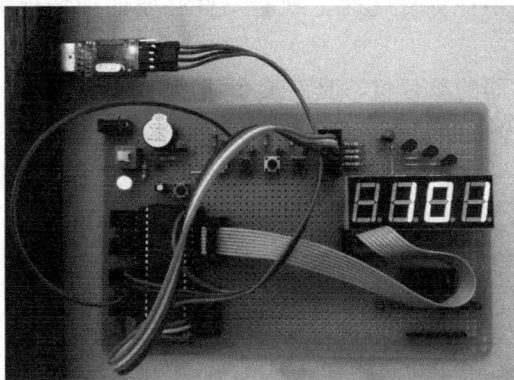

图 5-41　将计数器 T0 计数的结果送 LED 数码管显示实验现象

工作任务拓展

主函数的调整

（1）如果不用软件消抖，试试程序运行效果。

（2）换用计数器 T1 再做类似的实验，看看程序应做哪些调整。

（3）要想让显示的数字最大 20 就回头从 1 循环，计数器应该怎样赋初值？

思考与练习

1．简述 74HC573 锁存器的控制作用。

2．调整本任务示例程序将计数器 T1 计数的结果送 LED 数码管显示，完成相应的计数显示 C 语言源程序设计。

3．将上题中的 C 语言源程序编译生成 HEX 文件后，用 Proteus 软件仿真验证程序的正确性。

4．将第 2 题中设计的 C 语言源程序编译生成的 HEX 文件，用 STC_ISP_V488 程序烧录软件载入制作的单片机主实验板中运行，验证程序的正确性。

任务 5-4-2　使用定时器 T0 的中断控制数码管倒计数显示程序设计

工作任务与目标

1．熟练掌握运用 C 语言编程设计多位数码显示函数。

2．进一步掌握 C 语言程序设计中定时器中断的应用技术。

3．学会使用 C 语言编程设计倒计数数码显示。

任务相关知识链接

MCS-51 单片机寄存器组的切换

当单片机正在执行一个特定的任务时，可能有更紧急的事情需要 CPU 来处理。在一个具有优先级的系统中，CPU 不是等待第一个任务完成，而是假定前一个任务已完成，立即处理新任务。但是若程序流程立即转向新任务，则新任务使用的各寄存器破坏了第一个任务使用的中间信息。当新任务完成后返回来重新执行第一个任务时，寄存器的值可引起错误发生。解决的办法是，在每次发生任务变化时，执行一些必要的现场保护指令，这就称为上下文切换。

8051 是一种基于累加器的单片机，具有 8 个通用寄存器（R0～R7）。每个寄存器都是一个单字节的寄存器。这 8 个通用寄存器可以认为是一组寄存器或者一个寄存器组。8051 提供了 4 个可用的寄存器组。当使用中断时，多组寄存器将带来许多方便。典型的 8051C 程序不需要选择或切换寄存器组，默认使用寄存器组 0。寄存器组 1、2 或 3 最好在中断服务程序中使用，以避免用堆栈保存和恢复寄存器。

8051 有 4 个寄存器组，每组 8 字节位于内部 RAM 的起始位置。分配 R0～R7 对应这 8 个字节，具体位置取决于 PSW（程序状态字）的两位（RS0、RS1）设置。这两位决定给定时间内 R0～R7 对应的 HEX 地址 0～7、8～F、10～17 或 18～1F。寄存器组使得程序流程有非常快的上下文切换。当中断发生时，典型变化包括由一动作移到另一动作。不是推进和弹出堆栈，两位（RS0、RS1）的改变可保存所有 8 个寄存器。当运行一个中断任务时，采用不同的寄存器组。一个任务的 8 字节保留，另一个不同的 8 字节用在新任务中。

高优先级中断可以中断正在处理的低优先级中断，因而必须注意寄存器组的分配。最好给每种优先级程序分配不同的寄存器组。当前工作寄存器可由 PSW 中的两位设置，也可使用 using 指定，using 后的变量为一个 0～3 的常整数。

using 不允许用于外部函数。它对函数的目标代码影响如下：

① 函数入口处将当前寄存器组保留；

② 使用指定的寄存器组；

③ 函数退出前，寄存器组恢复。

中断服务函数的完整语法如下：

返回值 函数名（[参数]）[模式] [重入] interrupt n [using n]

中断不允许用于外部函数。它对函数的目标代码影响如下：

① 当调用函数时，SFR 中的 ACC、B、DPH、DPL 和 PSW（当需要时）入栈；

② 如果不使用寄存器组切换，则甚至中断函数所需的所有工作寄存器都入栈；

③ 函数退出前，所有的寄存器内容出栈；

④ 函数由 8051 的指令 RETI 终止。

○ 硬件电路设计

运用 Proteus 进行的硬件电路设计及仿真效果如图 5-42 所示。

○ 软件程序设计

打开 D\:"单片机项目设计" \ "项目五：LED 数码显示技术项目开发" \ "C 语言源程序设计"子文件夹，打开里面的"Keil μVision2"工程项目，在其中新建如下示例程序。

1. 程序设计

示例程序设计如下：

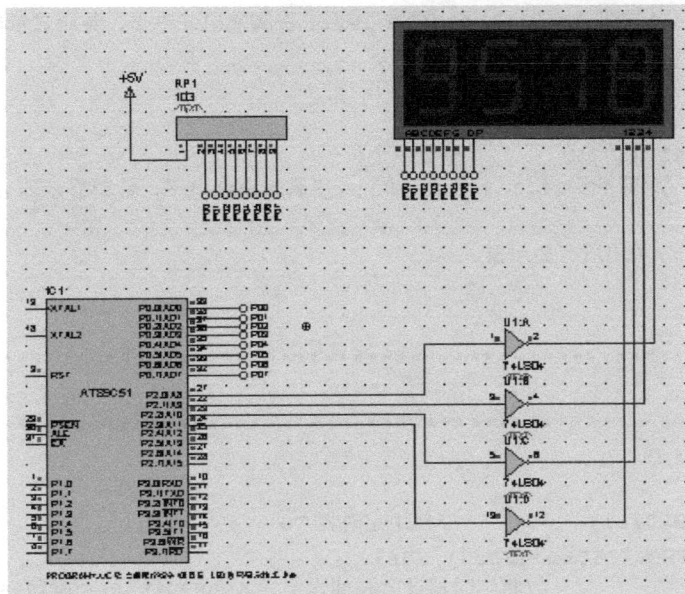

图 5-42 用定时器 T0 的中断控制数码管倒计数显示仿真原理图

```
//5-4-2：用定时器 T0 的中断控制数码管倒计数显示
#include<reg51.h>                // 包含 51 单片机寄存器定义的头文件
unsigned int x;                //倒计数的数据
unsigned char code Tab[10]={0xc0,0xf9,0xa4,0xb0,0x99,0x92,0x82,0xf8,0x80,0x90};
//数码管显示 0～9 的段码表

/*******************************************************************
快速动态扫描延时函数
*******************************************************************/
void delay(void)
{
  unsigned int i;
  for(i=0;i<600;i++)
    ;
}
/*******************************************************************
4 位数码显示函数
（入口参数：k）
*******************************************************************/
void display(unsigned int k)
{
  P0=Tab[k/1000];              //显示千位
  P2=0xf7;    //即 P2=1111 0111B，P2.3 引脚输出低电平，数码显示器 DS4 接通电源
    delay();
  P2=0xff;   //关闭所有显示器

  P0=Tab[(k%1000)/100];        //显示百位
  P2=0xfb;   //即 P2=1111 1011B，P2.2 引脚输出低电平，数码显示器 DS3 接通电源
    delay();
  P2=0xff;   //关闭所有显示器

  P0=Tab[(k%100)/10];          //显示十位
```

```
    P2=0xfd;    //即 P2=1111 01101B,P2.1 引脚输出低电平,数码显示器 DS2 接通电源
    delay();
  P2=0xff;   //关闭所有显示器

    P0=Tab[k%10];            //显示个位
  P2=0xfe;    //即 P2=1111 1110B,P2.0 引脚输出低电平,数码显示器 DS1 接通电源
    delay();
  P2=0xff;   //关闭所有显示器
}


/****************************************************************
主函数
****************************************************************/
void main(void)
{
        TMOD=0x01;            //使用定时器 T0
          TH0=(65536-46083)/256;
                      //将定时器计时时间设定为 46083×1.085 微秒=50000 微秒=50 毫秒
          TL0=(65536-46083)%256;
          EA=1;              //开启总中断
          ET0=1;             //定时器 T0 中断允许
          TR0=1;             //启动定时器 T0 开始运行
          x=9999;
    while(1)
    {
        display(x);          //调用 4 位数码显示函数
    }

}
/********************************************************
定时器 T0 的中断服务函数
********************************************************/
void Time0(void) interrupt 1 using 1
{
  TR0=0;                  //关闭定时器 T0
  x--;                    //每来一次中断,i 自减 1
  if(x==0)                //条件判断:x 是否为 0
    {
      x=9999;             //如果 x 减为 0,则重新给 x 赋值 9999
    }
  TH0=(65536-46083)/256;  //重新给计数器 T0 赋初值
  TL0=(65536-46083)%256;
  TR0=1;                  //启动定时器 T0
}
```

2. 程序编译与 Proteus 仿真

程序设计好之后,经过 Keil C 软件编译通过后,再利用 Proteus 软件进行仿真。在 Proteus ISIS 中绘制仿真电路图,或者打开配套电子资料包中的相应仿真原理图文件,将编译好的 HEX 文件载入单片机中。启动仿真,即可看到倒计数显示运行的效果。

任务验证实践

将实验板上的数码管段码接口插座 P8 用 8 芯排线连接至单片机 P0 口接口插座（数码管段码插座的插针依序分别接至各数码管 8 个笔画显示字段 "a、b、c、d、e、f、g、dp" 的输入端），数码管位控制码接口插座 P7 上的 A1~A4 插针分别用 4 芯杜邦排线连接至接口排针 P5 上 P2 口的 P20~P23 针。连接计算机与主实验板，将 C 源程序编译生成的 HEX 文件通过下载数据线下载至主实验板上的单片机 STC89C52RC 中。

接通实验板电源，运行该程序，验证项目实现效果。图 5-43 为本实验的现象。

图 5-43　用定时器 T0 的中断控制数码管倒计数显示实验现象

工作任务拓展

主函数的调整：

（1）改变程序设计，用定时器 T1 作中断定时，重新运行程序，验证自己的设计效果。

（2）改变程序设计，将显示方式调整为三位正计数显示，重新运行程序，验证自己的设计效果。

思考与练习

1．调整本任务示例程序使用计数器 T1 定时，完成相应的计数显示 C 语言源程序设计。

2．将上题中的 C 语言源程序编译生成 HEX 文件后，用 Proteus 软件仿真验证程序的正确性。

3．将第 1 题中设计的 C 语言源程序编译生成的 HEX 文件，用 STC_ISP_V488 程序烧录软件载入制作的单片机主实验板中运行，验证程序的正确性。

任务 5-4-3　使用计数器 T1 的中断控制数码管显示按键计数程序设计

工作任务与目标

1．掌握 C 语言程序设计中计数器的应用技术。

2．学会使用 C 语言编程控制计数显示的数值范围。

任务相关知识链接

C 语言的编译预处理

编译预处理是 C 语言编译器的一个组成部分。在 C 语言中，通过一些预处理命令，可以在很大程度上为 C 语言本身提供许多功能和符号上的扩充，增强 C 语言的灵活性和方便性。预处理命令可以在编写程序时加在需要的地方，但它只在程序编译时起作用，并且通常是按行进行处理的，因此又称为编译控制行。编译器在对整个程序进行编译之前，先对程序中的编译控制进行预处理，然后再将预处理的结果与整个 C 语言源程序一起进行编译，以产生目标代码。常用的预处理命令有宏定义、文件包含和条件命令。为了与一般的 C 语言语句区别，预处理命令由 "#" 开头。

1. 宏定义

C 语言允许用一个标志符来表示一个字符，称为宏。被定义为宏的标志符为宏名。在编译预处理时，程序中的所有宏名都用宏定义中的字符串代替，这个过程称为宏代换。宏定义分为不带参数的宏定义和带参数的宏定义。

（1）不带参数的宏定义的一般形式如下：

```
#define 标志符 字符串
```

示例如下：

```
#define PI 3.1415926
```

对于不带参数的宏定义说明如下：

① 宏定义不是 C 语句，不能在行末加分号，如果加了分号，则会连分号一起进行替代。

② 宏名的有效范围为定义命令之后到本源文件结束。通常#define 命令写在文件开关，在函数之前。作为文件的一部分，在此文件范围内有效。

③ 可以用#undef 命令终止宏定义的作用域。

（2）带参数的宏定义。带参数的宏定义不是进行简单的字符串替换，还要进行参数替换，其一般形式：

```
#define 宏名（参数表）字符串
```

字符串中包含在括弧中所指定的参数，示例如下：

```
#define PI 3.1415926
#define l(r) 2*PI*r
main()
{
float a,circle;
a=3.2;
circle= l(r);
…
}
```

经预处理后，程序在编译时如果遇到带参数的宏，如 l（r），则按照指定的字符串 2*PI*r 从左到右进行置换。

对于带参数的宏定义说明如下：

① 宏定义#define l（r）2*PI*r 可能会引发歧义。如果参数不是 r 而是 R+r 时，l（R+r）将被替换为 2*PI*R+r，这显然与宏定义时的意思不一致。为此，还应当在定义时在字符串中的形式参数外面加上括弧，即：

```
#define l（r） 2*PI* (r)
```

② 宏名与参数表之间不能有空格，否则将空格以后的字符都作为替代字符串的一部分。

2. 文件包含

文件包含是指一个程序将另一个指定的文件的全部内容包含进来。文件包含命令的一般格式如下：

```
#include<文件名>
```

文件包含命令#include 的功能是用指定文件的全部内容替换该预处理行。在进行较大规模的程序设计时，文件包含命令十分有用。为了使用模块化编程，可以将组成 C 语言程序的各个功能函数分散到多个程序文件中，分别由若干人员完成，最后再将它们嵌入到一个总的程序文件中。

一条#include 命令只能指定一个被包含文件。如果程序中要包含多个文件，则需要使用多个包含命令。当程序中需要调用 C51 编译器提供的各种库函数时，必须在程序的开头使用#include 命令将相应的函数说明文件包含进来。

3. 条件编译

一般情况下，对 C 语言程序进行编译时，所有的程序都参加编译。但有时希望对其中某一部分内容只在满足一定条件下才进行编译，这就是所谓的条件编译。条件编译可以选择不同的编译范围，从而产生不同的代码。C51 编译器的预处理提供的条件编译命令可以分为以下 3 种形式：

（1）形式一：

```
#ifdef 标识符
      程序段 1
#else
      程序段 2
#end if
```

如果指定的标识符已被定义，则"程序段 1"参加编译，并产生有效代码，而忽略掉"程序段 2"，否则，"程序段 2"参加编译并产生有效代码，而忽略掉"程序段 1"。

（2）形式二：

```
#if 常量表达式
      程序段 1
#else
      程序段 2
#end if
```

如果常量表达式为"真"，则编译程序段 1；否则编译"程序段 2"。

（3）形式三：

```
#ifndef 标识符
      程序段 1
#else
      程序段 2
#end if
```

该形式编译命令的格式与第一种命令格式只有第一行不同，它的作用与第一种编译命令的作用正好相反，即指定的标识符末被定义，则"程序段 1"参加编译，并产生有效代码，而忽略掉"程序段 2"；否则，"程序段 2"参加编译并产生有效代码，而忽略掉"程序段 1"。

硬件电路设计

运用 Proteus 进行的硬件电路设计及仿真效果如图 5-44 所示。

软件程序设计

打开 D\:"单片机项目设计"\"项目五：LED 数码显示技术项目开发"\"C 语言源程序设计"子文件夹，打开里面的"Keil μVision2"工程项目，在其中新建如下示例程序。

1. 程序设计

示例程序设计如下：

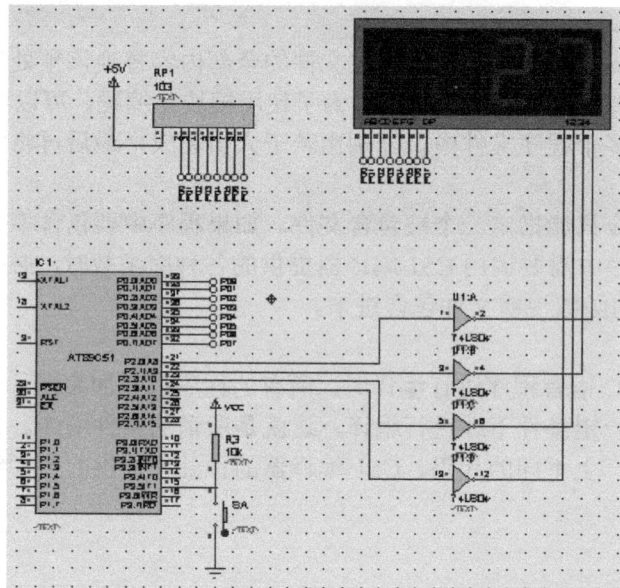

图 5-44　使用计数器 T1 的中断控制数码管显示按键计数仿真原理图

```
//5-4-3: 使用计数器 T1 的中断控制数码管显示按键计数
#include<reg51.h>              //包含 51 单片机寄存器定义的头文件
sbit SA=P3^5;                  //按键 SA 接计数器 T1 引脚 P3.5
unsigned int x;                //按键次数
unsigned char code Tab[10]={0xc0,0xf9,0xa4,0xb0,0x99,0x92,0x82,0xf8,0x80,0x90};
//数码管显示 0～9 的段码表


/*************************************************************
快速动态扫描延时函数
*************************************************************/
void delay(void)
{
  unsigned int i;
  for(i=0;i<600;i++)
    ;
}


/*************************************************************
2 位数码显示函数
(入口参数: k)
*************************************************************/
void display(unsigned int k)
{
  P0=Tab[k/10];    //显示十位
   P2=0xfd;         //即 P2=1111 1101B, P2.1 引脚低电平, 数码管 DS2 接通电源
    delay();
   P2=0xff;         //关闭所有显示器

   P0=Tab[k%10];          //显示个位
  P2=0xfe;   //即 P2=1111 1110B, P2.0 引脚低电平, 数码管 DS1 接通电源
   delay();
  P2=0xff;   //关闭所有显示器
}
```

```
/*********************************************************************
主函数
*********************************************************************/
void main(void)
{
        TMOD=0x60;              //TMOD=0110 0000B，使用计数器 T1 方式 2
        EA=1;                   //开启总中断
        ET1=0;                  //使用计数器 T1 的计数中断方式
        TR1=1;                  //启动计数器 T1 开始运行
        TL1=225;                //计数器低 8 位赋初值
        TH1=225;                //计数器高 8 位赋初值
   while(1)                     //无限循环，反复调用显示函数
   {
      x=TL1-225;                //计数次数从 0 开始，计到 30 后清 0，再从头循环
      display(x);               //调用 2 位数码显示函数
   }
}
```

2. 程序编译与 Proteus 仿真

程序设计好之后，经过 Keil C 软件编译通过后，再利用 Proteus 软件进行仿真。在 Proteus ISIS 中绘制仿真电路图，或者打开配套电子资料包中的相应仿真原理图文件，将编译好的 HEX 文件载入单片机中。启动仿真，即可看到 LED 灯仿真运行的效果。

○ 任务验证实践

将实验板上的数码管段码接口插座 P8 用 8 芯排线连接至单片机 P0 口接口插座（数码管段码插座的插针依序分别接至各数码管 8 个笔画显示字段 "a、b、c、d、e、f、g、dp" 的输入端），数码管位控制码接口插座 P7 上的 A1～A4 插针分别用 4 芯杜邦排线连接至接口排针 P5 上 P2 口的 P20～P23 针。将四位独立按键中的 "SA" 按键插针用跳线连接到接口排针 P4 上 P3 口的 P35 针，连接计算机与主实验板，将 C 源程序编译生成的 HEX 文件通过下载数据线下载至主实验板上的单片机 STC89C52RC 中。

接通实验板电源，运行该程序，反复按下按键 SA，验证项目实现效果。图 5-45 为本实验的现象。

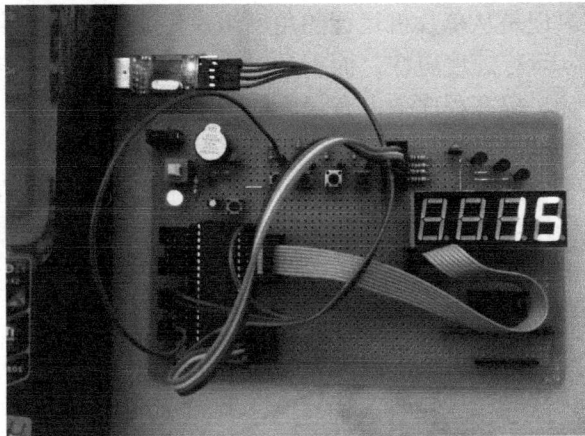

图 5-45　使用计数器 T1 的中断控制数码管显示按键计数实验现象

○ **工作任务拓展**

主函数的调整：

（1）改变程序设计，用定时/计数器 T0 作计数器，重新运行程序，验证自己的设计效果。

（2）改变计数显示循环上限（比如按下 24 次计数显示归 0），调整程序设计，重新运行程序，验证设计的调整效果。

思考与练习

1．简述宏的定义。

2．简述 MCS-51 单片机文件包含的概念及命令格式。

3．调整本任务示例程序使用计数器 T0 的中断，完成相应的按键计数 C 语言源程序设计。

4．将上题中的 C 语言源程序编译生成 HEX 文件后，用 Proteus 软件仿真验证程序的正确性。

5．将第 3 题中设计的 C 语言源程序编译生成的 HEX 文件，用 STC_ISP_V488 程序烧录软件载入制作的单片机主实验板中运行，验证程序的正确性。

任务 5-4-4　使用数码管显示倒计数过程穿插中断控制程序设计

○ **工作任务与目标**

1．掌握 C 语言程序设计中断控制技术的组合应用。

2．学会使用 C 语言编程设计较为复杂的中断控制应用系统。

○ **任务相关知识链接**

单片机 C 语言程序设计的优化

程序设计的优化，就是改善编程的效率。具体来说，判断编程效率的高低，主要体现在以下几个方面：占用的存储空间是否更少；程序的运行时间是否更短；程序设计所采用的方法是否使编程更省时、省力。

上述几个方面实际上是相互联系的，通常占用的存储空间少的程序，其编程会更省时、省力，运行时间会更短。但是从单片机运行的角度来说，程序的效率高，更直接地意味着最终程序代码的长度更短，运行速度更快，而不是对应于编写和调试所耗费的时间长短。以下注意事项对优化程序设计、提高程序效率有很大的影响。

（1）尽量选择小存储模式。

（2）使用大存储模式（COMPACT/LARGE）时应仔细考虑需要放在内部数据存储器的变量，这些变量要求是经常用的或是用于存放中间结果的。访问内部数据存储器比访问外部数据存储器快得多。内部 RAM 由寄存器组、位数据区和其他用户用 data 类型定义的变量共享。由于内部 RAM 容量的限制（128～256 字节，由使用的单片机决定），因此必须权衡利弊，以解决访问效率与这些对象的数量之间的矛盾。

（3）要考虑合理的操作顺序，完成一件事再做另一件事。

（4）注意程序编写细节，使用更加科学合理的指令编写程序。

（5）因为单片机基于二进制，所以合理选择数据存储类型和控制数组大小可以节省 CPU

的许多不必要的操作。

（6）尽可能使用最小的数据类型。8051 系列单片机是 8 位机，显然对具有 char 类型对象的操作比 int 或者 long 类型对象的操作要更高效。

（7）尽可能使用 unsigned 数据类型。8051 系列单片机并不直接支持有符号数的运算，因而 Cx51 编译器必须产生与之相关的更多的程序代码以解决这个问题。

（8）尽可能使用局部变量。编译器总是尝试在寄存器里保持局部变量。这样，将循环变量（如 for 和 while 循环中的计数变量）说明为局部变量是最好的。使用 unsigned char/int 的对象通常能获得最好的结果。

此外，选择的编译器对产生程序代码的效率也有很大的影响。Keil 编译器性能卓越，Keil Cx51 编译器可将即使是有经验的程序员编制的程序进行进一步的优化，这也是为什么 Keil C51 软件会有如此广泛应用的原因之一。

硬件电路设计

运用 Proteus 进行的硬件电路设计及仿真效果如图 5-46 所示。

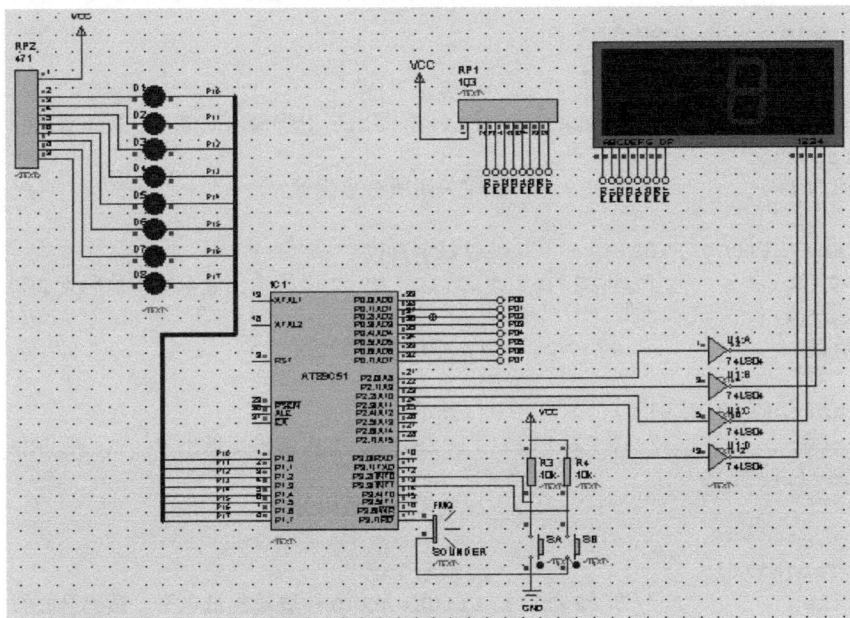

图 5-46　用数码管显示倒计数过程穿插中断控制仿真原理图

软件程序设计

打开 D\:"单片机项目设计"\"项目五　LED 数码显示技术"\"C 语言源程序设计"子文件夹，打开里面的"Keil μVision2"工程项目，在其中新建如下示例程序。

1. 程序设计

示例程序设计如下：

```
//5-4-4：用数码管显示倒计数过程穿插中断控制
#include<reg51.h>          //包含 51 单片机寄存器定义的头文件
sbit sound=P3^7;          //将 sound 位定义为 P3.7
sbit SA=P3^2;             //将 SA 位定义为 P3.2
sbit SB=P3^3;             //将 SB 位定义为 P3.3
```

```
unsigned int x;                 //倒计数的数据
unsigned char code Tab[10]={0xc0,0xf9,0xa4,0xb0,0x99,0x92,0x82,0xf8,0x80,0x90};
                                //数码管显示 0～9 的段码表


/*******************************************************************
快速动态扫描延时函数
*******************************************************************/
void delay(unsigned int k)
{
    unsigned int i,j;
        for(i=0;i<k;i++)
            for(j=0;j<500;j++)
                ;
}


/*******************************************************************
4 位数码显示函数
(入口参数: k)
*******************************************************************/
void display(unsigned int k)
{
  P0=Tab[k/1000];                  //显示千位
   P2=0xf7;            //即 P2=1111 0111B, P2.3 引脚输出低电平, 数码管 DS4 接通电源
   delay(1);
  P2=0xff;                         //关闭所有数码管

   P0=Tab[(k%1000)/100];           //显示百位
   P2=0xfb;            //即 P2=1111 1011B, P2.2 引脚输出低电平, 数码管 DS3 接通电源
   delay(1);
  P2=0xff;                         //关闭所有数码管

  P0=Tab[(k%100)/10];              //显示十位
  P2=0xfd;             //即 P2=1111 1101B, P2.1 引脚输出低电平, 数码管 DS2 接通电源
   delay(1);
  P2=0xff;                         //关闭所有数码管

   P0=Tab[k%10];                   //显示个位
  P2=0xfe;             //即 P2=1111 1110B, P2.0 引脚输出低电平, 数码管 DS1 接通电源
   delay(1);
  P2=0xff;                         //关闭所有数码管
 }


/*******************************************************************
主函数
*******************************************************************/
void main(void)
{
    TMOD=0x01;                     //使用定时器 T0
    TH0=(65536-46083)/256;
                     //将定时器计时时间设定为 46083×1.085 微秒=50000 微秒=50 毫秒
    TL0=(65536-46083)%256;
    IE=0x87;
```

148

```
//IE=10000111B,开启总中断、定时器 T0 中断、外部中断源 INT0 中断和外部中断源 INT1 中断
  TR0=1;                        //启动定时器 T0 开始运行
   x=9999;


   while(1)
   {
     display(x);               //调用 4 位数码显示函数
   }
}


/*************************************************************
函数功能: 定时器 T0 的中断服务程序
*************************************************************/
void Time0(void) interrupt 1 using 1
{
    TR0=0;        //关闭定时器 T0
    x--;          //每来一次中断, x 自减 1
    if(x==0)      //条件判断: x 是否减到 0
      {
      x=9999;                       //如果 x 减到 0, 将 x 重新赋值 9999
      }
    TH0=(65536-46083)/256;          //重新给定时器 T0 赋初值
    TL0=(65536-46083)%256;
    TR0=1;                          //启动定时器 T0
}


/*************************************************************
函数功能: 外部中断源 INT0 的中断服务程序
*************************************************************/
void Int0(void) interrupt 0 using 0
{
    unsigned int i;
    for(i=0;i<600;i++)              //发声控制
      {
        sound=~sound;
        delay(1);
      }
}


/*************************************************************
函数功能: 外部中断源 INT1 的中断服务程序
*************************************************************/
void Int1(void) interrupt 2 using 2
{
    unsigned int i;
    for(i=0;i<20;i++)              //发光管闪烁控制
      {
        P1=0x00;                   //8 位发光管全亮
        delay(50);
        P1=0xff;                   //8 位发光管全灭
        delay(50);
      }
}
```

2. 程序编译与 Proteus 仿真

程序设计好之后，经过 Keil C 软件编译通过后，再利用 Proteus 软件进行仿真。在 Proteus ISIS 中绘制仿真电路图，或者打开配套电子资料包中的相应仿真原理图文件，将编译好的 HEX 文件载入单片机中。启动仿真，即可看到倒计数过程穿插中断控制仿真运行的效果。

任务验证实践

将主实验板上的 8 位 LED 广告流水灯接口插座 P6 用 8 芯排线连接至单片机 P1 口接口插座，将实验板上的数码管段码接口插座 P8 用 8 芯排线连接至单片机 P0 口接口插座（数码管段码插座的插针依序分别接至各数码管 8 个笔画显示字段 "a、b、c、d、e、f、g、dp" 的输入端），数码管位控制码接口插座 P7 上的 A1~A4 插针分别用 4 芯杜邦排线连接至接口排针 P5 上 P2 口的 P20~P23 针。将四位独立按键中的 "SA" 按键插针用跳线连接到接口排针 P4 上 P3 口的 P32 针，将四位独立按键中的 "SB" 按键插针用跳线连接到接口排针 P4 上 P3 口的 P33 针，将蜂鸣器接口插针 "fmq" 针用跳线连接到 P3 口插排 P3 上的 P37 针，连接计算机与主实验板，将 C 源程序编译生成的 HEX 文件通过下载数据线下载至主实验板上的单片机 STC89C52RC 中。

接通实验板电源，运行该程序，反复按下按键 SA、SB，验证项目实现效果。图 5-47 为本实验的现象。

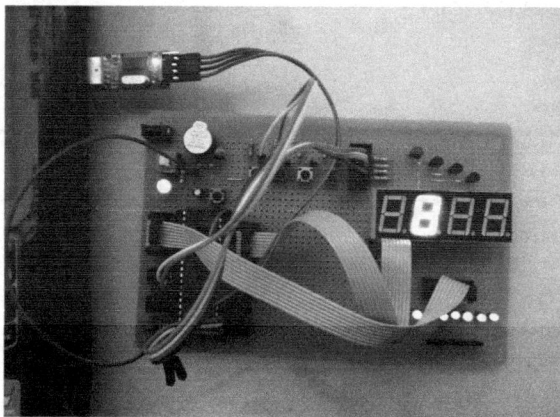

图 5-47　用数码管显示倒计数过程穿插中断控制实验现象

工作任务拓展

中断服务程序的调整：

（1）改变用外中断实施的中断服务程序控制内容，重新运行程序，验证自己的设计效果。

（2）用定时器 T1 替换 T0，调整程序设计，重新运行程序，验证设计的调整效果。

思考与练习

1. 简述 C 语言程序设计中常用的优化方法。

2. 调整本任务示例程序，改变用外部中断实施的中断服务程序控制内容，完成相应的穿插中断 C 语言源程序设计。

3. 将上题中的 C 语言源程序编译生成 HEX 文件后，用 Proteus 软件仿真验证程序的正确性。

4．将第 2 题中设计的 C 语言源程序编译生成的 HEX 文件，用 STC_ISP_V488 程序烧录软件载入制作的单片机主实验板中运行，验证程序的正确性。

任务 5-5　数码电子钟设计

本项任务分为两个系列子任务。通过本项任务的实践，学习单片机中断知识在 LED 数码管显示技术中的综合应用方法，掌握综合应用单片机中断系统进行数码电子钟程序设计的方法与技能。

任务 5-5-1　简易数码秒表程序设计

工作任务与目标

1．理解中断的概念及中断相关基础知识。
2．初步掌握 C 语言程序设计中定时器中断的应用技术。
3．学会使用 C 语言编程设计简易的数码秒表。

任务相关知识链接

MCS-51 单片机的中断处理流程

CPU 响应中断请求后，就立即转入执行中断服务程序。不同的中断源、不同的中断要求可能有不同的中断处理方法，但中断处理的一般流程大致如下。

1．现场保护和现场恢复

中断是在执行预定中的常规任务的过程中转去执行临时性的随机任务，为了在执行完中断服务程序后，回头执行原先的程序时，知道程序原来在何处打断的，各有关寄存器的内容如何，就必须在转入执行中断服务程序前，将这些内容和状态进行备份，即保护现场。单片机的中断处理方法，中断开始前需将各有关寄存器的内容压入堆栈进行保存，以便在恢复原来程序时使用。

中断服务程序完成后，继续执行原先的程序，就需把保存的现场内容从堆栈中弹出，恢复寄存器和存储单元的原有内容，这就是现场恢复。

如果在执行中断服务程序时不是按上述方法进行现场保护和恢复现场，就会使程序运行紊乱，程序跑飞，使单片机不能正常工作。

2．中断打开和中断关闭

在中断处理进行过程中，可能又有新的中断请求到来。单片机技术中规定，现场保护和现场恢复的操作是不允许打扰的，否则保护和恢复的过程就可能使数据出错。为此在进行现场保护和现场恢复的过程中，必须关闭总中断，屏蔽其他所有的中断，待这个操作完成后再打开总中断，以便实现中断嵌套。

3．中断服务程序

既然有中断产生，就必然有其具体的需执行的任务。中断服务程序就是中断时所要执行或处理的具体任务，一般以子程序的形式出现。所有的中断都要转去执行中断服务程序，进入中断服务。

4. 中断返回

执行完中断服务程序后，必然要返回原工作程序，中断返回就是使程序的运行从中断服务程序转回到原工作程序上来。在 MCS-51 单片机中，中断返回是通过一条专门的指令实现的，这条指令是中断服务程序的最后一条指令。

硬件电路设计

运用 Proteus 进行的硬件电路设计及仿真效果如图 5-48 所示。

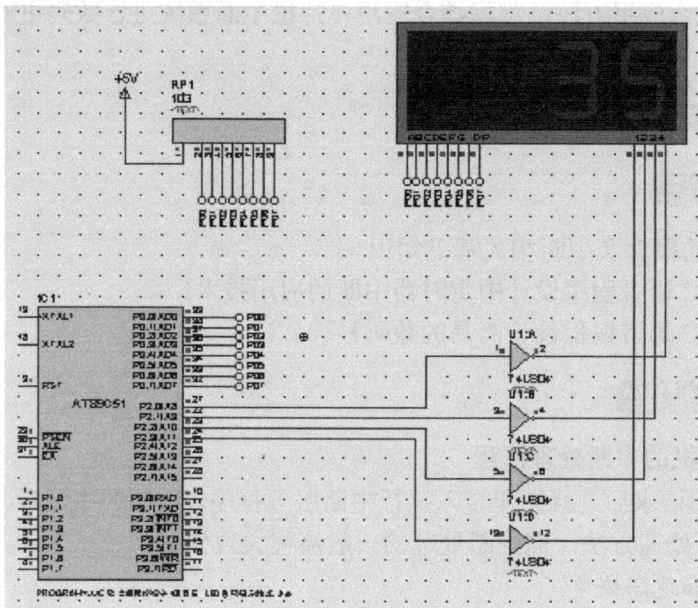

图 5-48　简易数码秒表设计仿真原理图

软件程序设计

打开 D\：" 单片机项目设计 " \ " 项目五：LED 数码显示技术项目开发 " \ "C 语言源程序设计 " 子文件夹，打开里面的 "Keil μVision2" 工程项目，在其中新建如下示例程序。

1. 程序设计

示例程序设计如下：

```
//5-5-1 简易数码秒表设计
#include<reg51.h>                    //包含 51 单片机寄存器定义的头文件
unsigned char code Tab[]={0xc0,0xf9,0xa4,0xb0,0x99,0x92,0x82,0xf8,0x80,0x90};
  //数码管显示 0~9 的段码表
unsigned char int_time;             //记录中断次数
unsigned char second;               //储存秒

/************************************************************
快速动态扫描延时函数
************************************************************/
void delay(void)
{
  unsigned char i;
  for(i=0;i<200;i++)
```

```
        ;
}


/*******************************************************************
秒显示函数
（入口参数：k）
*******************************************************************/
 void Display Second(unsigned char k)
{
   P0=Tab[k/10];              //显示十位
   P2=0xfd;                   //P2.1 引脚输出低电平，DS2 点亮
   delay();
   P2=0xff;                   //关闭所有数码管

   P0=Tab[k%10];              //显示个位
   P2=0xfe;                   //P2.0 引脚输出低电平，DS1 点亮
   delay();
   P2=0xff;                   //关闭所有数码管
}


/*******************************************************************
主函数
*******************************************************************/
void main(void)
{
  TMOD=0x01;                  //使用定时器 T0 方式 1
  TH0=(65536-46083)/256;      //将定时器定时时间设定为46083×1.085微秒=50毫秒
  TL0=(65536-46083)%256;
    EA=1;                     //开启总中断
    ET0=1;                    //定时器 T0 中断允许
    TR0=1;                    //启动定时器 T0 开始运行
    int_time=0;              //中断次数初始化
    second=0;                 //秒初始化
    while(1)
    {
     Display_Second(second);  //调用秒的显示子程序
    }
}


/*******************************************************
函数功能：定时器 T0 的中断服务程序
*******************************************************/
 void Time0 serve(void ) interrupt 1 using 1
   //定时器 T0 的中断服务函数，T0 的中断编号为1，使用第1组工作寄存器
  {
   TR0=0;                     //关闭定时器 T0
   int_time ++;               //每来一次中断,中断次数 int_time 自加1
    if(int_time==20)          //够20次中断,即1秒钟（50ms×20）进行一次时间控制
     {
      int_time=0;            //中断次数清0
      second++;               //秒加1
       if(second==60)
         second =0;           //秒等于60就返回0
```

153

```
        }
        TH0=(65536-46083)/256;          //重新给计数器 T0 赋初值
        TL0=(65536-46083)%256;
        TR0=1;                          //启动定时器 T0
    }
```

2. 程序编译与 Proteus 仿真

程序设计好之后，经过 Keil C 软件编译通过后，再利用 Proteus 软件进行仿真。在 Proteus ISIS 中绘制仿真电路图，或者打开配套电子资料包中的相应仿真原理图文件，将编译好的 HEX 文件载入单片机中。启动仿真，即可看到数码秒表仿真运行的效果。

任务验证实践

将实验板上的数码管段码接口插座 P8 用 8 芯排线连接至单片机 P0 口接口插座（数码管段码插座的插针依序分别接至各数码管 8 个笔画显示字段 "a、b、c、d、e、f、g、dp" 的输入端），数码管位控制码接口插座 P7 上的 A1~A4 插针分别用 4 芯杜邦排线连接至接口排针 P5 上 P2 口的 P20~P23 针。连接计算机与主实验板，将 C 源程序编译生成的 HEX 文件通过下载数据线下载至主实验板上的单片机 STC89C52RC 中。

接通实验板电源，运行该程序，验证项目实现效果。图 5-49 为本实验的现象。

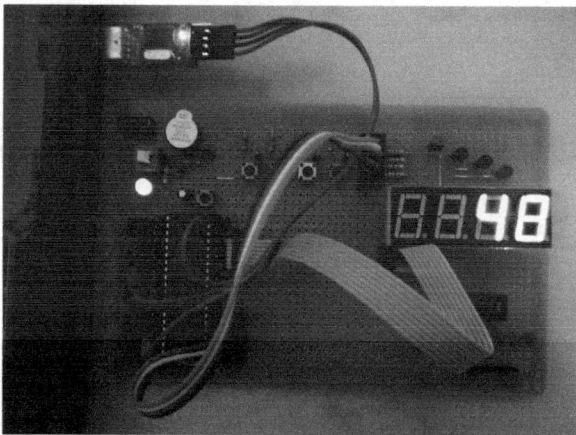

图 5-49　简易数码秒表实验现象

工作任务拓展

主函数的调整：

改变程序设计，用定时器 T1 做中断定时，重新运行程序，验证自己的设计效果。

思考与练习

1. 简述 MCS-51 单片机的中断结构。
2. MCS-51 单片机有哪些中断源？
3. 简述 MCS-51 单片机特殊功能寄存器 TCON 低 4 位的控制功能。
4. 简述 MCS-51 单片机中断允许控制寄存器 IE 的结构格式和各控制位功能。
5. 简述 MCS-51 单片机中断优先级控制寄存器 IP 的结构格式和各控制位功能。

6. 调整本任务任务例程序使用计数器 T1 定时，完成相应的数码秒表 C 语言源程序设计。

7. 将上题中的 C 语言源程序编译生成 HEX 文件后，用 Proteus 软件仿真验证程序的正确性。

8. 将第 6 题中设计的 C 语言源程序编译生成的 HEX 文件，用 STC_ISP_V488 程序烧录软件载入制作的单片机主实验板中运行，验证程序的正确性。

任务 5-5-2　可调时数码电子钟程序设计

◯ 工作任务与目标

1. 理解数码电子钟时、分、秒等计时变量之间的关系，理解数码电子钟的工作原理。
2. 理解数码电子钟的调时原理。
3. 学会使用 C 语言编程设计独立式键盘调时的数码电子钟。

◯ 任务相关知识链接

独立键盘扫描程序

对于应用多个独立按键进行控制的单片机程序，为了便于集中控制，常常将多个独立按键看作一个整体性的由独立按键构成的独立键盘，通常独立键盘中的独立按键数是四个。图 5-50 所示为一种常用的独立键盘扫描接口电路。下面对独立键盘的工作原理进行简要说明。

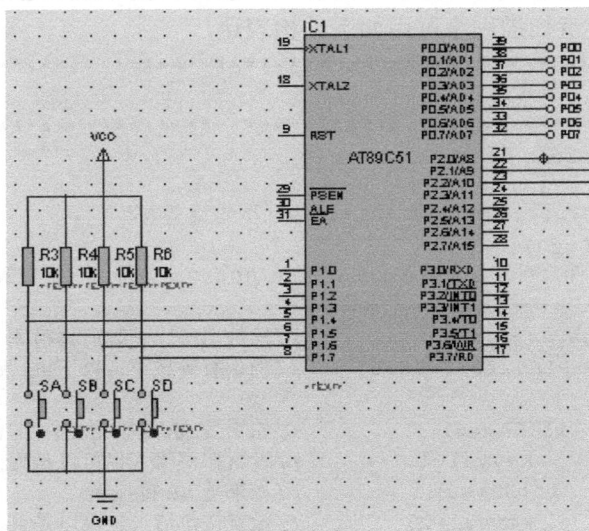

图 5-50　CPU 控制的独立键盘扫描接口电路

CPU 按程序编写的指令顺序执行程序，通常情况下执行到键盘扫描子程序时，才开始键盘扫描。也就是说，只有在 CPU 空闲时才能去扫描键盘。这常常导致因为按键时 CPU 忙而按键无效。为了克服这一缺陷，提高按键的灵敏度与有效性，就必须在足够短的时间里对键盘进行定期重复扫描。通常的做法是将键盘扫描子程序放置在定时器中断服务程序中，搭载定时器中断服务程序运行键盘扫描子程序，以保证很好地实现按键控制功能。

图 5-50 中的 4 个独立按键可以分别对应 4 种控制功能，可以为每个按键设置一个按键值"keyval"以便通过按键值来调用相应的控制功能。通常按顺序规定如下：

按下 SA 键时，keyval=1;

155

按下 SB 键时，keyval=2；

按下 SC 键时，keyval=3；

按下 SD 键时，keyval=4。

在控制功能比较简单时，控制功能的实现只要用简单的一两条语句就能表达清楚。在这种情况下，也可以不设置按键值"keyval"，而直接在按键确认时接着编写相应的控制语句。

是否有键按下的判断方法如下：

先将 4 个独立按键的接口 P1 口的高 4 位（P1.4～P1.7）均置高电平"1"（P1=0xf0）。此时如果有某一按键按下，则按键连接的相应位会被强制出"0"。然后再读取这 4 位的电平，就会有一位不为"1"，P1 口的状态将不再为"0xf0"，说明有键按下。用 C 语言的编程语句可表示如下：

```
P1=0xf0;     //P1=1111 0000B，P1.4～P1.7 均置高电平 1
if((P1&0xf0)!= 0xf0);
             //条件判断：P1 跟 0xf0（1111 0000B）按位"与"运算后的结果是否为 0xf0
```

上述条件语句中的表达式，在无键按下时为"假"，不需进行键盘扫描，结束本次键盘扫描子程序的运行；上述条件语句中的表达式，在有键按下时为"真"，需要继续进行键盘扫描检测，确认到底是哪一个按键被按下。

上述条件语句中的表达式为"真"时，说明有键被按下，在继续进行键盘扫描检测前，为防止按键抖动的干扰，需要接着进行软件消抖。

软件消抖之后就要进行按键（键值）的确认。按键确认可采用逐位扫描的方法。

综上所述，独立键盘扫描程序可用如下结构表达：

```
/******************************************************************
键盘扫描函数
******************************************************************/
void key scan(void)
{
P1=0xf0;     // P1=1111 0000B，P1.4～P1.7 均置高电平 1
if((P1&0xf0)!= 0xf0);
             //条件判断：P1 跟 0xf0（1111 0000B）按位"与"运算后的结果是否为 0xf0
    {
            delay ();                //软件消抖，延时后再检测
            if((P1&0xf0)!=0xf0)      //确认有键按下，以下进行键盘扫描
              {
                 if(SA==0)           //如果是 SA 键按下
                    keyval=1;        //设置按键值（也可以是直接的控制语句）
                 if(SB==0)           //如果是 SB 键按下
                    keyval=2;        //设置按键值（也可以是直接的控制语句）
                 if(SC==0)           //如果是 SC 键按下
                    keyval=3;        //设置按键值（也可以是直接的控制语句）
                 if(SD==0)           //如果是 SD 键按下
                    keyval=4;        //设置按键值（也可以是直接的控制语句）
              }
        }
}
```

硬件电路设计

运用 Proteus 进行的硬件电路设计及仿真效果如图 5-51 所示。

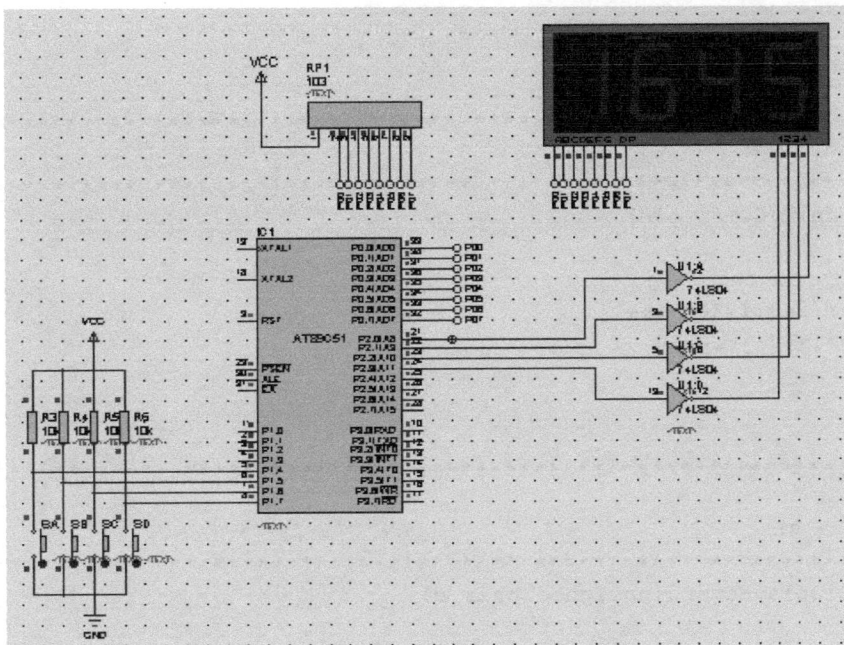

图 5-51　可调时数码电子钟仿真原理图

软件程序设计

打开 D\:"单片机项目设计" \ "项目五：LED 数码显示技术项目开发" \ "C 语言源程序设计"子文件夹，打开里面的"Keil μVision2"工程项目，在其中新建如下示例程序。

1. 程序设计

示例程序设计如下：

```c
//5-5-2 独立式键盘调时的数码电子钟
#include<reg51.h>                     //包含 51 单片机寄存器定义的头文件
unsigned char code Tab[ ]={0xc0,0xf9,0xa4,0xb0,0x99,0x92,0x82,0xf8,0x80,0x90};
                                       //数字 0~9 的段码
unsigned char int_time ;              //中断次数计数变量
unsigned char second;                 //秒计数变量
unsigned char minute;                 //分钟计数变量
unsigned char hour;                   //小时计数变量
unsigned char show_mode;              //显示模式设置变量

sbit SA=P1^4;                         //将 SA 位定义为 P1.4
sbit SB=P1^5;                         //将 SB 位定义为 P1.5
sbit SC=P1^6;                         //将 SC 位定义为 P1.6
sbit SD=P1^7;                         //将 SD 位定义为 P1.7


/*******************************************************************
数码管扫描延时函数
*******************************************************************/
void delay(void)
{
  unsigned char i;
    for(i=0;i<200;i++)
```

```
         ;
      }

/*****************************************************************
键盘扫描延时函数
*****************************************************************/
  void delay60ms(void)
  {
    unsigned char i,j;
      for(i=0;i<200;i++)
      for(j=0;j<100;j++)
        ;
  }


/*****************************************************************
秒显示函数
(入口参数: s)
*****************************************************************/
  void DisplaySecond(unsigned char s)
{
    P0=Tab[s/10];              //显示十位
    P2=0xfd;                   //P2.1 引脚输出低电平，DS2 点亮
    delay();
    P2=0xff;                   //关闭所有数码管

    P0=Tab[s%10];              //显示个位
    P2=0xfe;                   //P2.0 引脚输出低电平，DS1 点亮
    delay();
    P2=0xff;                   //关闭所有数码管
  }


/*****************************************************************
分显示函数_1
(入口参数: m)
*****************************************************************/
void DisplayMinute_1(unsigned char m)
{
    P0=Tab[m/10];              //显示个位
    P2=0xf7;                   //P2.3 引脚输出低电平，DS4 点亮
    delay();
    P2=0xff;                   //关闭所有数码管

    P0=Tab[m%10];
    P2=0xfb;                   //P2.2 引脚输出低电平，DS3 点亮
    delay();
    P2=0xff;                   //关闭所有数码管
}


/*****************************************************************
分显示函数_2
(入口参数: m)
*****************************************************************/
void DisplayMinute_2(unsigned char m)
```

```
{
    P0=Tab[m/10];              //显示个位
    P2=0xfd;                   //P2.1 引脚输出低电平, DS2 点亮
    delay();
    P2=0xff;                   //关闭所有数码管

    P0=Tab[m%10];
    P2=0xfe;                   //P2.0 引脚输出低电平, DS1 点亮
    delay();
    P2=0xff;                   //关闭所有数码管
}

/******************************************************************
时显示函数
(入口参数: h)
******************************************************************/
void DisplayHour(unsigned char h)
{
    P0=Tab[h/10];              //显示十位
    P2=0xf7;                   //P2.3 引脚输出低电平, DS4 点亮
    delay();
    P2=0xff;                   //关闭所有数码管

    P0=Tab[h%10];              //显示个位
    P2=0xfb;                   //P2.2 引脚输出低电平, DS5 点亮
    delay();
    P2=0xff;                   //关闭所有数码管
}

/******************************************************************
键盘扫描函数
******************************************************************/
void key scan(void)
{
    show_mode=0;               //将 show_mode 初始化为 0
    P1=0xf0;                   //将 P1 口高 4 位置高电平 1
    if((P1&0xf0)!=0xf0)        //有键按下
    {
        delay60ms();           //延时 60ms 再检测
        if((P1&0xf0)!=0xf0)    //确实有键按下
        {
            if(SA==0)          //如果是 SA 键按下
              second++;        //秒加 1
            if(SB==0)          //如果是 SB 键按下
              minute++;        //分加 1
            if(SC==0)          //如果是 SC 键按下
              hour++;          //时加 1
            if(SD==0)          //如果是 SD 键按下
            {
                show_mode++;   //show_mode 自增 1
                if(show_mode==2) //如果 show_mode=2, 重新将其置为 0
              show mode=0;
            }
```

```
            }
        }
}

/*****************************************************************
主函数
*****************************************************************/
void main(void)
  {
        TMOD=0x01;                    //使用定时器 T0
        EA=1;                         //开中断总允许
        ET0=1;                        //允许 T0 中断
        TH0=(65536-46083)/256;        //定时器高八位赋初值
        TL0=(65536-46083)%256;        //定时器低八位赋初值
        TR0=1;                        //启动定时器 T0
        int_time=0;                   //中断计数变量初始化
        second=0;                     //秒计数变量初始化
        minute=0;                     //分钟计数变量初始化
        hour=0;                       //小时计数变量初始化

    while(1)
      {
            switch(show_mode)         //使用多分支选择语句
            {
              case 0: DisplaySecond(second);              //调用秒显示函数
                        DisplayMinute_1(minute);          //调用分钟显示函数_1
                    break;
                case 1: DisplayMinute_2(minute);          //调用分钟显示函数_2
                        DisplayHour(hour);                //调用时显示函数
                    break;
            }
      }
  }

/*****************************************************************
定时器 T0 的中断服务函数
*****************************************************************/
  void interserve(void ) interrupt 1 using 1   //using Time0
  {
    TR0=0;                      //关闭定时器 T0
    int_time++;                 //中断次数加 1
        if(int_time==20)        //如果中断次数满 20
          {
            int_time=0;         //中断计数变量清 0
                second++;       //秒计数变量加 1
          }
        if(second==60)          //如果秒计满 60
          {
                second=0;       //如果秒计满 60,将秒计数变量清 0
                minute++;       //分钟计数变量加 1
          }
        if(minute==60)          //如果分钟计满 60
          {
```

```
                minute=0;              //如果分钟计满 60, 将分钟计数变量清 0
                hour++;                //小时计数变量加 1
            }
        if(hour==24)                   //如果小时计满 24
            {
                hour=0;                //如果小时计满 24, 将小时计数变量清 0
            }
        key_scan();                    //执行键盘扫描
            TH0=(65536-46083)/256;     //定时器 T0 高 8 位赋值
            TL0=(65536-46083)%256;     //定时器 T0 低 8 位赋值
        TR0=1;                         //启动定时器 T0
    }
}
```

2. 程序编译与 Proteus 仿真

程序设计好之后,经过 Keil C 软件编译通过后,再利用 Proteus 软件进行仿真。在 Proteus ISIS 中绘制仿真电路图,或者打开配套电子资料包中的相应仿真原理图文件,将编译好的 HEX 文件载入单片机中。启动仿真,即可看到 LED 灯仿真运行的效果。

任务验证实践

将实验板上的数码管段码接口插座 P8 用 8 芯排线连接至单片机 P0 口接口插座(数码管段码插座的插针依序分别接至各数码管 8 个笔画显示字段 "a、b、c、d、e、f、g、dp" 的输入端),数码管位控制码接口插座 P7 上的 A1~A4 插针分别用 4 芯杜邦排线连接至接口排针 P5 上 P2 口的 P20~P23 针。将四位独立按键 "SA、SB、SC、SD" 按键插针分别用跳线连接到接口排针 P4 上 P1 口的 P14、P15、P16、P17 针,连接计算机与主实验板,将 C 源程序编译生成的 HEX 文件通过下载数据线下载至主实验板上的单片机 STC89C52RC 中。

接通实验板电源,运行该程序,按下调时按键 SA~SD,验证时钟调整效果。图 5-52 为本实验的现象。

图 5-52　独立式键盘调时的数码电子钟实验现象

工作任务拓展

主函数的调整:

进一步添加功能,增加闹钟报时与停止功能,完善程序设计,重新运行程序,验证自己的设计效果。

思考与练习

1. 简述独立键盘的工作原理。

2. 升级本任务示例程序，增加闹钟报时与停止功能，完成相应的电子钟 C 语言源程序设计。

3. 将上题中的 C 语言源程序编译生成 HEX 文件后，用 Proteus 软件仿真验证程序的正确性。

4. 将第 2 题中设计的 C 语言源程序编译生成的 HEX 文件，用 STC_ISP_V488 程序烧录软件载入制作的单片机主实验板中运行，验证程序的正确性。

项目六

单片机音频控制技术项目开发

单片机发声控制是单片机控制技术中的一个重要方面。通过本项目的单片机音频控制技术实训，可以循序渐进地掌握较复杂、较全面的单片机发声控制技术。

任务 6-1 音频控制电路设计与制作

工作任务与目标

通过本项任务的实践，了解音频控制电路的结构与作用，学习音频控制电路设计的思路与方法，完成音频控制电路原理图与装配图的设计，了解音频控制电路制作相关元器件的基本知识，理解电路制作工艺要求，掌握电路制作的方法与技能，完成音频控制电路的制作，并掌握音频控制电路制作质量的检验方法，为后续单片机电路音频控制实验打下良好的硬件基础。

任务 6-1-1 音频控制电路设计

1. 了解蜂鸣器

（1）蜂鸣器简介。蜂鸣器是一种一体化结构的电子讯响器，采用直流电压供电，广泛应用于计算机、打印机、复印机、报警器、电子玩具、汽车电子设备、电话机、定时器等电子产品中作发声器件。

蜂鸣器按其结构可分为电磁式蜂鸣器和压电式蜂鸣器两种类型。电磁式蜂鸣器由振荡器、电磁线圈、磁铁、振动膜片及外壳等组成。接通电源后，振荡器产生的音频信号电流通过电磁线圈，使电磁线圈产生磁场，振动膜片在电磁线圈和磁铁的相互作用下，周期性地振动发声。压电式蜂鸣器主要由多谐振荡器、压电蜂鸣片、阻抗匹配器及共鸣箱、外壳等组成。多谐振荡器由晶体管或集成电路构成，当接通电源后，多谐振荡器起振，输出 1.5kHz～2.5kHz 的音频信号，阻抗匹配器推动压电蜂鸣片发声。

蜂鸣器按其是否含有振荡源又分为有源和无源两种类型。有源蜂鸣器只需要在其供电端加上额定直流电压，其内部的振荡器就可以产生固定频率的信号，驱动蜂鸣器发出声音。无源蜂鸣器可以理解成喇叭一样，需要在其供电端上加上高低不断变化的电信号才可以驱动发出声音。图 6-1 所示为一种常用的电磁式有源蜂鸣器的实物图。

图 6-1 中的蜂鸣器，顶部标有"+"极符号一侧的引脚为蜂鸣器的正极，另一侧的引脚为负极。蜂鸣器的引脚也可以从引线的长短来识别：引线长者为正极，引线短者为负极。这一点与电解电容、发光二极管引脚的识别相类似。蜂鸣器顶部的标签除了标识作用外，还有调整蜂鸣器音量的作用：当蜂鸣器发音时，除去顶部标签后，蜂鸣器的音量会有明显的增大。

（2）蜂鸣器的检验。检验蜂鸣器是有源蜂鸣器还是无源蜂鸣器，可以用指针式万用表电阻挡（R×1 挡）测试：用黑表笔接蜂鸣器 "+" 引脚，红表笔在另一引脚上来回碰触，如果触发出咔咔声且电阻只有 8Ω（或 16Ω）的是无源蜂鸣器；如果能发出持续的微弱声音，且电阻在几百欧以上的，是有源蜂鸣器。

有源蜂鸣器直接接上额定电源就可连续发声；无源蜂鸣器则和电磁扬声器一样，需要接在音频输出电路中才能发声。

2. 蜂鸣器的驱动电路

蜂鸣器的发声，是电流通过电磁线圈，使电磁线圈产生磁场来驱动振动膜发声的，因此需要一定的电流才能驱动它。单片机 I/O 引脚输出的电流较小，单片机输出的 TTL 电平驱动不了蜂鸣器，因此需要增加一个放大电流的驱动电路。

通常可以通过一个三极管来放大电流驱动蜂鸣器。驱动电路如图 6-2 所示。

图 6-1　电磁式有源蜂鸣器实物图

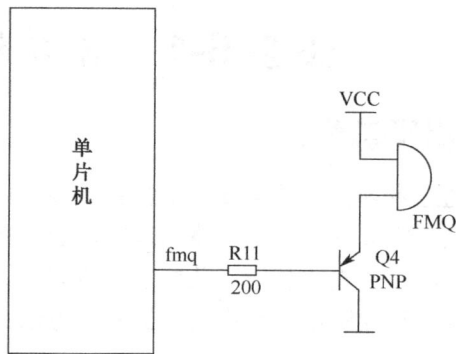

图 6-2　蜂鸣器驱动电路

电路中，单片机 I/O 引脚输出接三极管 Q4 的基极，通过控制三极管 Q4 的导通或截止来控制蜂鸣器上是否有电流，从而发出声音。

蜂鸣器的正极接电源 VCC，负极接三极管 Q4 发射极。三极管的集电极接地，基级经过限流电阻 R11 后由单片机的 I/O 引脚控制。当单片机的 I/O 引脚输出高电平时，三极管 Q4 截止，没有电流流过线圈，蜂鸣器不发声；当单片机的 I/O 引脚输出低电平时，三极管饱和导通，这样蜂鸣器的电流形成回路，发出声音。

因此，通过程序控制单片机 I/O 引脚的电平高低就能使蜂鸣器发出声音。此外，程序中改变控制蜂鸣器的单片机 I/O 引脚输出波形的频率，还可以调整控制蜂鸣器音调，产生各种不同音调的声音，乃至播放简单的音乐。

3. 音频控制电路的设计

（1）电路原理图设计。单片机音频控制电路很简单，单片机只需要一位 I/O 口线就能控制一个蜂鸣器发音。事实上，图 6-2 的蜂鸣器驱动电路就构成一个简单的音频控制电路。当然，发音的音调控制、时长控制等还需要通过软件程序来进一步实现。

电路中蜂鸣器选用电磁式有源蜂鸣器。按照图中的控制方式，三极管 Q4 应使用 PNP 型三极管。在电路设计中选用了较为常见而通用的型号为 9012 的三极管。为确保单片机的 I/O 引脚输出低电平时，三极管饱和导通，基极限流电阻取值 200Ω。

（2）电路装配图设计。根据图 6-2 蜂鸣器音频控制电路原理图，在万能板上设计的电路装配图如图 6-3 所示。

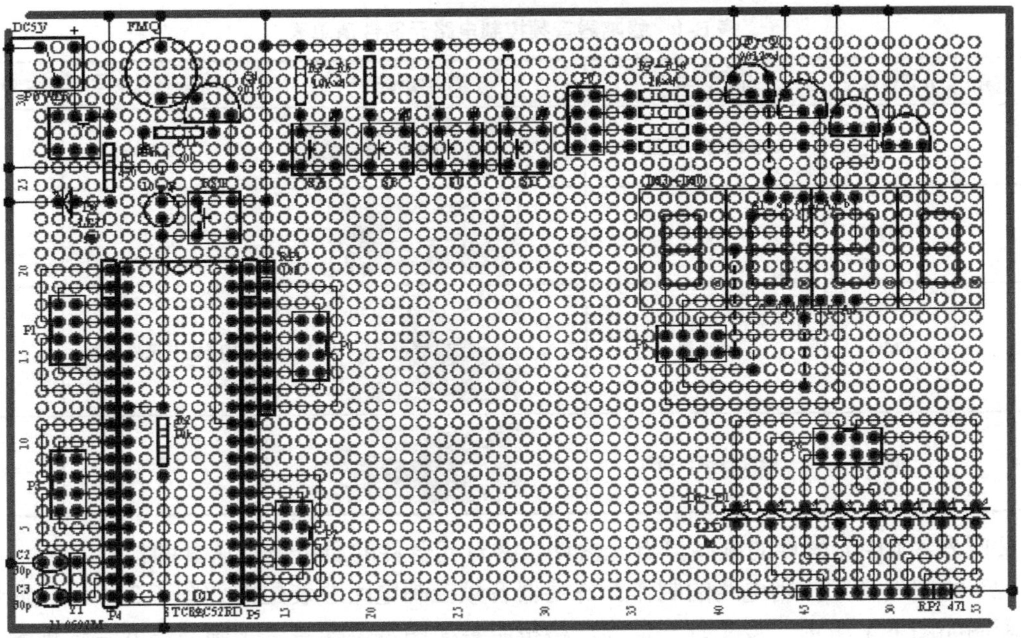

图 6-3　蜂鸣器音频控制电路装配图

万能板上局部的蜂鸣器音频控制电路装配图如图 6-4 所示。

图 6-4 中，fmq 为蜂鸣器音频控制电路的接口插针，电路工作时需用导线将其与单片机相应的 I/O 口线相连接。

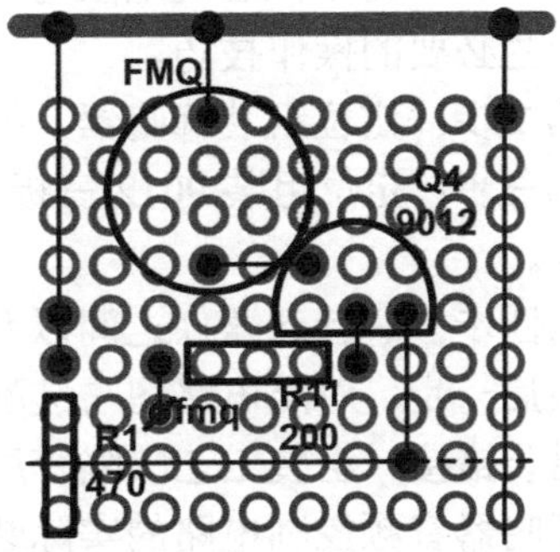

任务 6-1-2　音频控制电路制作

1．蜂鸣器音频控制电路制作工艺要求

蜂鸣器音频控制电路比较简单，在制作工艺方面，着重要注意以下几个方面的问题。

（1）仔细研读电路装配图，对电路结构与原理要有所了解，对元器件的插装定位与相互连接关系的把握要做到准确无误。

图 6-4　蜂鸣器音频控制电路装配图（局部）

（2）所有元器件插装前要先进行质量检验，质量合格的元器件才能上板焊接，以避免故障隐患以及连带产生的拆装工艺质量问题。

（3）元器件插装正确，先定位插装蜂鸣器、9012 三极管，三极管的 e、b、c 引脚要正确识别与插装，然后再定位插装电阻与 fmq 接口插针。

（4）焊接操作工艺规范，焊接质量过硬。

（5）规范连线工艺。蜂鸣器音频控制电路的连线关系十分简单，但仍要求做连线时一丝不苟、严谨细致。

（6）装配图中的连线，虚线表示连线从元件面连接，实线表示连线从焊接面连接，以防止导线在同一面上交叉。

2．蜂鸣器音频控制电路制作

（1）元器件清点与质量检验。蜂鸣器音频控制电路中，各元器件清单列表如表 6-1 所示。

表 6-1　蜂鸣器音频控制电路元器件清单表

序　号	元器件编号	元器件名称	元器件实物图	元器件规格	数　量
1	R11	基极输入电阻		200Ω	1
2	Q4	三极管		9012	1
3	FMQ	蜂鸣器		电磁式有源蜂鸣器	1
4	fmq	蜂鸣器接口插针		1 针	1

按照表 6-1 中元器件的顺序清点元器件，并对元器件的质量进行认真的检验。

（2）蜂鸣器音频控制电路的制作。蜂鸣器音频控制电路总装配图如图 6-3 所示，局部电路装配图如图 6-4 所示。装配时一定要严格按照装配图定位插装，正确而高效合理地利用好万能板上的每一处空间。

万能板上蜂鸣器音频控制电路的组装，大体分为以下几个主要的步骤：

第一步：先定位组装电阻与 fmq 接口插针，插针的定位不太好固定，需要想一些办法，运用一些必要的操作技巧。

第二步：定位组装蜂鸣器，插装时一定要注意蜂鸣器正负极引脚不要插反。

第三步：定位组装 9012 三极管，三极管的 e、b、c 引脚要正确识别与插装，然后进行焊接固定。

第四步：进行元器件之间以及元器件与电源线之间的连线组装操作。

最后一步：对照电路图与装配图对组装的电路进行全面仔细的组装检查，以防止漏装漏接、错装错接、组装工艺缺陷等质量问题的产生。

蜂鸣器音频控制电路的实际装接样板如图 6-5 所示。

（a）正面（元件面）　　　　　　　　　　　（b）反面（焊接面）

图 6-5　蜂鸣器音频控制电路样板图

3. 蜂鸣器音频控制电路的质量检验

蜂鸣器音频控制电路制作完成以后，还要对电路的组装质量进行检验，检验合格以后才能进行后续的电路组装与实验。对蜂鸣器音频控制电路的质量检验，按照以下程序进行：

（1）实验板 DC 插座接入 5V 电源；

（2）将 fmq 接口插针用杜邦线与 IC 插座第 20 脚（GND）接口插针连接起来；

（3）按下电源开关，接通电源，听蜂鸣器是否发声。如发声则电路制作正常，如不发声则说明电路中存在开路故障或连接错误，要检查电路的焊接与连线，直至排除故障为止。

任务 6-2　单片机音频控制程序设计

本项任务分为三个系列子任务。通过本项循序渐进的分层次任务实践，学习应用单片机进行音频控制的知识及 C 语言音频控制程序设计的方法与技术。

任务 6-2-1　用定时器 T1 查询方式控制单片机发出 1kHz 音频

工作任务与目标

1．理解单片机发音的频率控制原理。

2．掌握运用 C 语言编程控制发音频率的方法。

任务相关知识链接

单片机发音的频率控制

1．单片机发音频率控制原理

用单片机驱动蜂鸣器发音时，只要让单片机送给蜂鸣器的电平信号每隔音频的半周期取反一次，即可使蜂鸣器发出相应音频的声音。

2．运用 C 语言编程控制发音频率的方法

用单片机驱动蜂鸣器发音时，电平信号的取反时间要由定时器来控制。以 1kHz 音频发音为例，其音频的半周期为 0.5ms，即 500μs。则要计数的脉冲数为 500/1.085=460（次）。由于这个计数值不大，因此可以用定时器的方式 0（最大计数值为 8192）来定时。若使用定时器 T1，则具体实施如下：

（1）设置定时/计数器 T1 工作方式：

```
TMOD=0x00;  // TMOD=0000 0000B，高四位 GATE=0，C/T̄=0，M1M0=00
```

语句中 TMOD 高四位设置定时/计数器 T1。C/T̄=0，T1 为定时器功能。M1M0=00，定时器 T1 工作于方式 0。

（2）确定定时器 T1 的计数初值。定时/计数器 T1 计数初值为 $2^{13} - 460 = 8192 - 460$，用 C 语言将其存入寄存器 TH1 与 TL1 中，语句如下：

```
TH1=(8192-460)/32;  //定时器 T1 的高 8 位赋初值
TL1=(8192-460)%32;  //定时器 T1 的低 5 位赋初值
```

需要注意的是，定时/计数器 T1 工作于方式 0 时，其低位寄存器 TL1 只使用了 5 位，因此上述运算中所用的除数为 $2^5 = 32$，而不是 256（2^8）。

（3）启动定时器 T1。用 C 语言启动定时器 T1 工作，语句如下：

```
TR1=1;              //启动定时器 T1
```

硬件电路设计

运用 Proteus 进行的硬件电路设计及仿真效果如图 6-6 所示。

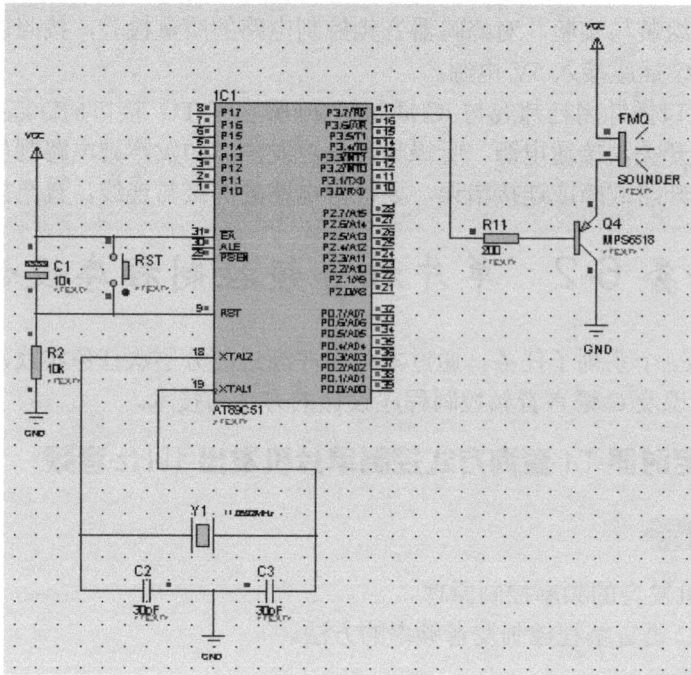

图 6-6　用定时器 T1 查询方式控制单片机发出 1kHz 音频仿真原理图

软件程序设计

在 D 盘下建立的"单片机项目设计"文件夹中，建立 "项目六：单片机音频控制技术"子文件夹，再在"项目六：单片机音频控制技术"子文件夹中建立下一级"C 语言源程序设计"子文件夹。新建的"Keil μVision2"工程项目以及相应的 C 语言源程序设计文件均存放在该子文件夹当中。

打开 D\:"单片机项目设计"\"项目六：单片机音频控制技术"\"C 语言源程序设计"子文件夹，打开里面的"Keil μVision2"工程项目，在其中新建如下示例程序。

1. 程序设计

示例程序设计如下：

```
//6-2-1：用定时器 T1 查询方式控制单片机发出 1kHz 音频
#include<reg51.h>              //包含 51 单片机寄存器定义的头文件
sbit sound=P3^7;              //将 sound 位定义为 P3.7 引脚
/**************************************************************
函数功能：主函数
**************************************************************/
void main(void)
{
    TMOD=0x00;               //使用定时器 T1 的模式 0
    TH1=(8192-460)/32;       //定时器 T1 的高 8 位赋初值
    TL1=(8192-460)%32;       //定时器 T1 的低 5 位赋初值
    TR1=1;                   //启动定时器 T1
    while(1)                 //无限循环等待查询
    {
        while(TF1==0)        //查询定时器 T1 是否溢出
```

```
      ;                          //未溢出，则等待
    TF1=0;                       //溢出，则对标志位软件清零，并执行下面的语句
    sound=~sound;                //将 P3.7 引脚输出电平取反
  TH1=(8192-460)/32;             //定时器 T0 的高 8 位赋初值
  TL1=(8192-460)%32;             //定时器 T0 的低 5 位赋初值
    }
  }
```

2. 程序编译与 Proteus 仿真

程序设计好之后，经过 Keil C 软件编译通过后，再利用 Proteus 软件进行仿真。在 Proteus ISIS 中绘制仿真电路图，或者打开配套电子资料包中的相应仿真原理图文件，将编译好的 HEX 文件载入单片机中。启动仿真，即可听到 1kHz 音频仿真运行的效果。

任务验证实践

将实验板上蜂鸣器接口插针"fmq"针用跳线连接到 P3 口插排 P3 上的 P37 针，连接计算机与实验板，将 C 源程序编译生成的 HEX 文件通过下载数据线下载至实验板上的单片机 STC89C52RC 中。

接通实验板电源，运行该程序，验证项目实现效果。图 6-7 为本实验的现象。

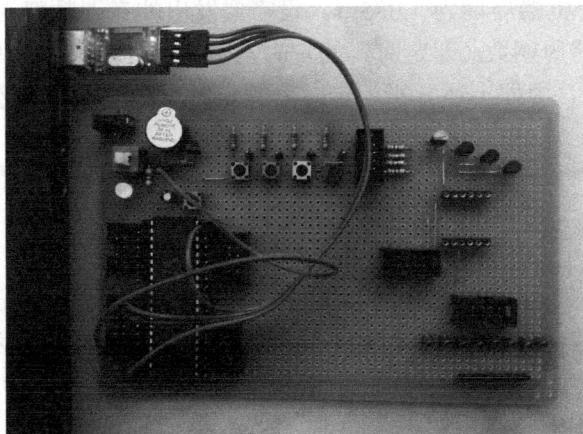

图 6-7　用定时器 T1 查询方式控制单片机发出 1kHz 音频实验现象

工作任务拓展

主函数的调整

（1）调整发音频率，正确设置定时常数，然后验证自己的设计效果。

（2）调整音频输出位，重新连接实验电路，实现调整效果。

思考与练习

1. 简述单片机发音频率控制原理。

2. 简述运用 C 语言编程控制发音频率的方法。

3. 调整本任务示例程序控制单片机发出 2kHz 音频，完成相应的单片机发音 C 语言源程序设计。

4. 将上题中的 C 语言源程序编译生成 HEX 文件后，用 Proteus 软件仿真验证程序的正确性。

5. 将第 3 题中设计的 C 语言源程序编译生成的 HEX 文件，用 STC_ISP_V488 程序烧录软件载入制作的单片机主实验板中运行，验证程序的正确性。

任务 6-2-2　简单双音警铃程序设计

工作任务与目标

1. 理解单片机双音发声的频率控制原理。
2. 掌握运用 C 语言编程控制单片机发出双音频率的方法。

任务相关知识链接

控制单片机发音的定时器初值设定

要让蜂鸣器发出某音调的声音，只要给蜂鸣器输送该音调频率的电平信号就可以了。由于单片机是数字电路系统，因此输送给蜂鸣器的音频信号是方波脉冲，其高低电平转换频率即为音调的频率，每一次高电平或低电平的维持时间为该音频的半周期。为此需要利用定时器的中断，让输送给蜂鸣器的电平信号按音频的半周期取反。本书使用的单片机晶振频率为 11.0592MHz，它的一个机器周期为 1.085μs。设需要发出的音调频率为 f（Hz），则其半周期为 $1/2f$（s），需要的机器周期数（即定时器的定时常数）为音频半周期与机器周期之比。用 C 表示定时器的定时常数，根据上述分析，定时器的定时常数 C 的计算公式为：

$$C = \frac{\dfrac{1}{2f(\text{Hz})}}{1.085(\mu s)} = \frac{460830}{f}$$

设置定时/计数器 T1 工作方式于方式 0：

```
TMOD=0x00;  // TMOD=0000 0000B, 高四位 GATE=0, C/T̄ =0, M1M0=00
```

语句中 TMOD 高四位设置定时/计数器 T1。C/T̄=0，T1 为定时器功能。M1M0=00，定时器 T1 工作于方式 0。由此可确定定时器 T1 的计数初值为 $2^{13} - C = 8192 - C$，用 C 语言将其存入寄存器 TH1 与 TL1 中，语句如下：

```
TH1=(8192-C)/32;  //定时器 T1 的高 8 位赋初值
TL1=(8192-C)%32;  //定时器 T1 的低 5 位赋初值
```

需要注意的是，定时/计数器 T1 工作于方式 0 时，其低位寄存器 TL1 只使用了 5 位，因此上述运算中所用的除数为 $2^5 = 32$，而不是 256（2^8）。

运用定时器定时常数 C 的计算公式进行编程，可以通过设定 f 的值来控制单片机发出相对应频率的声音，方便了声音的灵活控制。

硬件电路设计

运用 Proteus 进行的硬件电路设计及仿真效果如图 6-8 所示。

软件程序设计

打开 D\:"单片机项目设计" \ "项目六：单片机音频控制技术" \ "C 语言源程序设计"子文件夹，打开里面的"Keil μVision2"工程项目，在其中新建如下示例程序。

1. 程序设计

示例程序设计如下：

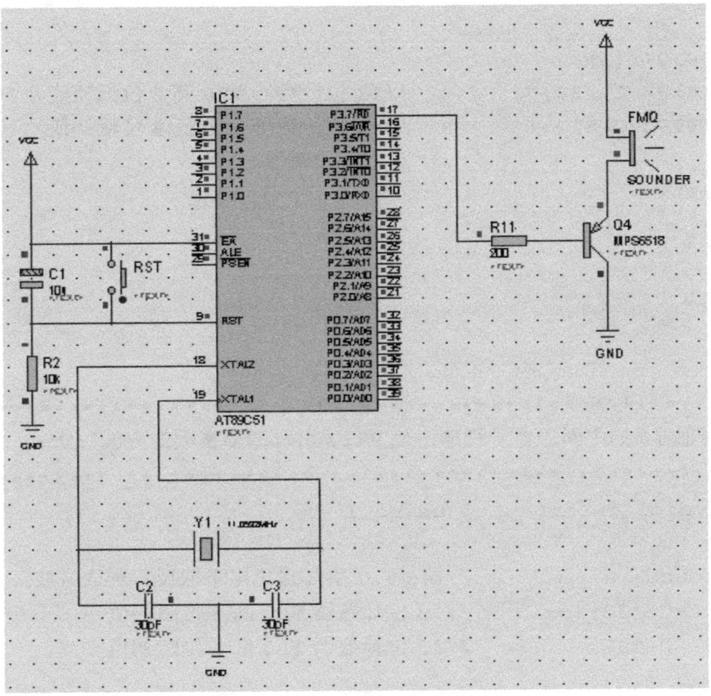

图 6-8　简单双音警铃仿真原理图

```
//6-2-2：简单的双音警铃程序
#include<reg51.h>              //包含 51 单片机寄存器定义的头文件
sbit sound=P3^7;              //将 sound 位定义为 P3.7
unsigned int C;               //储存定时器的定时常数
/**********************************
单位延时函数：延时 200ms
**********************************/
void delay(void)
{
  unsigned char i,j;
  for(i=0;i<250;i++)
    for(j=0;j<250;j++)
            ;
}
/*********************************
主函数
*********************************/
void main(void)
{
  unsigned char i;
  unsigned  int code f[]={1000,700,0xff};  //以 0xff 作为音符的结束标志
  EA=1;                //开总中断
  ET0=1;               //定时器 T0 中断允许
  TMOD=0x00;           //使用定时器 T0 的模式 0（13 位计数器）
  while(1)             //无限循环
```

```
{
    i=0;
    while(f[i]!=0xff)                //只要没有读到结束标志就继续播放
    {
      C=460830/f[i];
      TH0=(8192-C)/32;               //13 位计数器 TH0 高 8 位赋初值
      TL0=(8192-C)%32;               //13 位计数器 TL0 低 5 位赋初值
      TR0=1;                         //启动定时器 T0
      delay();                       //延时 1 个节拍单位
      TR0=0;                         //关闭定时器 T0
      i++;
    }
  }
}
/***************************************************************
函数功能：定时器 T0 的中断服务子程序，使 P3.7 引脚输出音频的方波
***************************************************************/
void Time0(void) interrupt 1 using 1
{
    sound=!sound;                    //将 P3.7 引脚输出电平取反，形成方波
    TH0=(8192-C)/32;                 //13 位计数器 TH0 高 8 位赋初值
    TL0=(8192-C)%32;                 //13 位计数器 TL0 低 5 位赋初值
}
```

2. 程序编译与 Proteus 仿真

程序设计好之后，经过 Keil C 软件编译通过后，再利用 Proteus 软件进行仿真。在 Proteus ISIS 中绘制仿真电路图，或者打开配套电子资料包中的相应仿真原理图文件，将编译好的 HEX 文件载入单片机中。启动仿真，即可听到门铃音效的仿真运行效果。

◯ 任务验证实践

将实验板上蜂鸣器接口插针"fmq"针用跳线连接到 P3 口插排 P3 上的 P37 针，连接计算机与实验板，将 C 源程序编译生成的 HEX 文件通过下载数据线下载至实验板上的单片机 STC89C52RC 中。

接通实验板电源，运行该程序，验证项目实现效果。图 6-9 为本实验的现象。

◯ 工作任务拓展

主函数的调整

（1）改变发音频率，调整设置定时常数，然后验证自己调整设计后的警铃效果。

（2）调整音频输出位，重新连接实验电路，验证调整后的效果。

图 6-9　简单双音警铃实验现象

思考与练习

1. 试写出控制单片机发音的定时常数公式。

2. 简述运用 C 语言编程控制单片机发出双音音频的方法。

3. 调整本任务示例程序单片机发出的双音音频，完成相应的双音警铃 C 语言源程序设计，改变警铃的音效。

4. 将上题中的 C 语言源程序编译生成 HEX 文件后，用 Proteus 软件仿真验证程序的正确性。

5. 将第 3 题中设计的 C 语言源程序编译生成的 HEX 文件，用 STC_ISP_V488 程序烧录软件载入制作的单片机主实验板中运行，验证程序的正确性。

任务 6-2-3 单片机播放音乐程序设计

工作任务与目标

1. 了解简谱中音调与节拍的基础知识

2. 掌握 C 语言程序设计中控制乐曲音调与节拍的应用技术。

3. 学会使用 C 语言编程控制单片机播放简单的乐曲。

任务相关知识链接

单片机的音乐播放控制

1. 音调与频率的对应关系

表 6-2 列出了 C 调的音调与频率的对应关系。

表 6-2　C 调的音调与频率（Hz）对应关系表

音调	低 1（低音"dao"）	低 2	低 3	低 4	低 5	低 6	低 7
频率	262	294	330	349	392	440	494
音调	1（中音"dao"）	2	3	4	5	6	7
频率	523	587	659	698	784	880	988
音调	高 1（高音"dao"）	高 2	高 3	高 4	高 5	高 6	高 7
频率	1046	1175	1318	1397	1568	1760	1967

2. 音调（音频）控制

根据前面任务 6-2-2 中的知识链接，用 C 表示定时器的定时常数，定时器的定时常数 C 的计算公式为

$$C = \frac{\dfrac{1}{2f(\text{Hz})}}{1.085(\mu s)} = \frac{460830}{f}$$

按照表 6-2 所示频率范围计算，定时常数 C 的取值范围在 234～1759 之间，所以定时器工作方式应选用方式 0（最大计数值 8192）或方式 1（最大计数值 65536）。

定时器工作于方式 0 时，其初值可设定如下（以定时器 T0 为例）：

```
TH0=（8192-C）/32        //定时器 T0 高 8 位赋初值
TL0=（8192-C）%32        //定时器 T0 低 5 位赋初值
```

173

定时器工作于方式 1 时，其初值可设定如下（以定时器 T0 为例）：

```
TH0=（65536-C）/256        //定时器 T0 高 8 位赋初值
TL0=（65536-C）%256        //定时器 T0 低 8 位赋初值
```

3. 节拍控制

设简谱的节拍为每分钟 72 拍，则每个节拍需时间 833ms（60s/72）。根据乐谱知识，各相关节拍需时如下：

1 拍	833ms
1/2 拍	416ms
1/4 拍	208ms

根据上述分析，可以取 1/4 拍（约 200ms）为一个延时单位，若某音调为 1/2 拍，则延时 2 个单位；若某音调为 1 拍，则延时 4 个单位。

4. 乐谱的管理

乐谱是由有序的音符（音调与节拍）构成的。有序的音调与节拍可以分别各用一个数组来管理。将简谱中所有音调的频率及其节拍数分别存储于两个数组，乐谱播放时依次从数组中读出频率与节拍数。程序根据频率和定时器延时常数计算公式由定时器中断控制发出该音符的音频与节拍，输出控制电平，控制蜂鸣器播放乐曲。

5. 音调的宏定义

在音调的存储中，直接将频率存入数组，显然不如以 "dao、re、mi、fa、sao、…" 的形式存储更专业、易读。但是单片机并不认识 "dao、re、mi、fa、sao、…" 这些符号。为了让单片机认识 "dao、re、mi、fa、sao、…"，需要在程序开头处对各音调的频率进行宏定义。以下是 C 语言中对音调的频率进行宏定义的几个例句：

```
#define l_dao 262       //将 "l_dao" 宏定义为低音 "1" 的频率 262Hz
#define re 587          //将 "re" 宏定义为中音 "2" 的频率 587Hz
#define h_mi 1318       //将 "h_mi" 宏定义为高音 "3" 的频率 1318Hz
```

有了上述宏定义，只要直接将 "dao、re、mi、fa、sao、…" 及其节拍存入数组，再由单片机读出处理，就可以播放音乐了。

6. 本任务要播放的乐谱

本任务要播放的乐谱如图 6-10 所示。

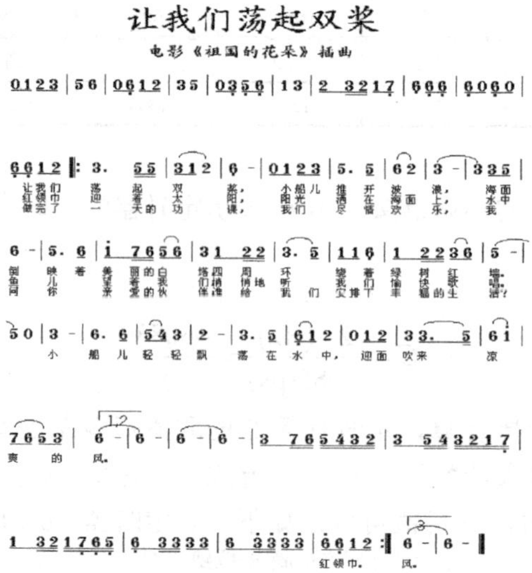

图 6-10 《让我们荡起双桨》乐谱

● 硬件电路设计

运用 Proteus 进行的硬件电路设计及仿真效果如图 6-11 所示。

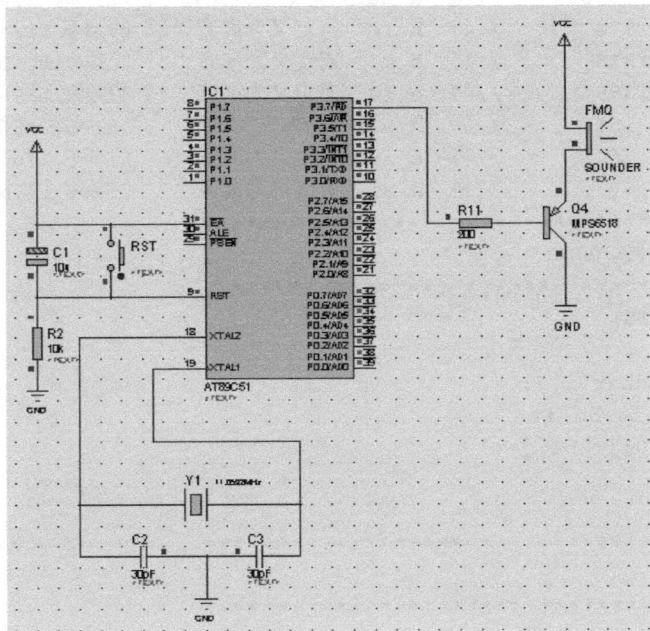

图 6-11　用定时器 T0 的中断实现《让我们荡起双桨》歌曲的播放仿真原理图

● 软件程序设计

在 D 盘下建立的"单片机项目设计"文件夹中的"项目六：单片机音频控制技术"子文件夹中，建立的下一级"C 语言源程序设计"子文件夹中的"Keil μVision2"工程项目中建立相应的 C 语言源程序设计文件，以下是设计的一个可供参考的示例程序。

1. 程序设计

示例程序设计如下：

```
//6-2-3：用定时器 T0 的中断实现《让我们荡起双桨》歌曲的播放
#include<reg51.h>            //包含 51 单片机寄存器定义的头文件
sbit sound=P3^7;             //将 sound 位定义为 P3.7
unsigned int C;              //储存定时器的定时常数
//以下是 C 调低音的音频宏定义
#define l_dao 262            //将"l_dao"宏定义为低音"1"的频率 262Hz
#define l_re 286             //将"l_re"宏定义为低音"2"的频率 286Hz
#define l_mi 311             //将"l_mi"宏定义为低音"3"的频率 311Hz
#define l_fa 349             //将"l_fa"宏定义为低音"4"的频率 349Hz
#define l_sao 392            //将"l_sao"宏定义为低音"5"的频率 392Hz
#define l_la 440             //将"l_a"宏定义为低音"6"的频率 440Hz
#define l_xi 494             //将"l_xi"宏定义为低音"7"的频率 494Hz
//以下是 C 调中音的音频宏定义
#define dao 523              //将"dao"宏定义为中音"1"的频率 523Hz
#define re 587               //将"re"宏定义为中音"2"的频率 587Hz
#define mi 659               //将"mi"宏定义为中音"3"的频率 659Hz
#define fa 698               //将"fa"宏定义为中音"4"的频率 698Hz
#define sao 784              //将"sao"宏定义为中音"5"的频率 784Hz
```

```
#define la 880           //将"la"宏定义为中音"6"的频率880Hz
#define xi 987           //将"xi"宏定义为中音"7"的频率523H
//以下是C调高音的音频宏定义
#define h_dao 1046       //将"h_dao"宏定义为高音"1"的频率1046Hz
#define h_re 1174        //将"h_re"宏定义为高音"2"的频率1174Hz
#define h_mi 1318        //将"h_mi"宏定义为高音"3"的频率1318Hz
#define h_fa 1396        //将"h_fa"宏定义为高音"4"的频率1396Hz
#define h_sao 1567       //将"h_sao"宏定义为高音"5"的频率1567Hz
#define h_la 1760        //将"h_la"宏定义为高音"6"的频率1760Hz
#define h_xi 1975        //将"h_xi"宏定义为高音"7"的频率1975Hz
/*******************************************
单位延时函数：延时200ms
*******************************************/
void delay(void)
  {
    unsigned char i,j;
      for(i=0;i<150;i++)
        for(j=0;j<250;j++)
            ;
  }
/*******************************************
主函数
*******************************************/
void main(void)
  {
  unsigned char i,j;
                //以下是《让我们荡起双桨》的简谱
    unsigned int code f[]={l la,l la,dao,re,mi,sao,sao,mi,dao,re,l la,
                //每行对应一小节音符
                    dao,re,mi,sao,sao,la,re,mi,mi,
                      mi,sao,la,sao,la,h dao,xi,la,sao,la,mi,
                    dao,re,re,mi,sao,dao,dao,l la,dao,re,re,mi,la,sao,sao,
                      mi,la,la,sao,fa,mi,re,mi,sao,l la,dao,re,
                    dao,re,mi,mi,sao,la,h dao,xi,la,sao,mi,la,la,la,la,0xff};
//以0xff作为音符的结束标志
//以下是简谱中每个音符的节拍
//"4"对应4个延时单位，"2"对应2个延时单位，"1"对应1个延时单位
unsigned char code JP[ ]={2,2,2,2,6,1,1,2,2,4,8,
                    2,2,2,6,2,4,4,8,4,
                    2,2,8,6,2,2,1,1,2,2,4,
                    2,1,1,6,2,2,2,4,2,1,1,2,2,8,4,
                    8,6,2,2,2,4,8,6,2,2,2,4,
                    2,2,4,3,1,4,4,2,2,2,2,4,4,4,4,};
      EA=1;                     //开总中断
      ET0=1;                    //定时器T0中断允许
    TMOD=0x00;                  //使用定时器T0的模式1（13位计数器）
    while(1)                    //无限循环
      {
          i=0;                  //从第1个音符f[0]开始播放
        while(f[i]!=0xff)       //只要没有读到结束标志就继续播放
          {
            C=460830/f[i];
            TH0=(8192-C)/32;            //13位计数器TH0高8位赋初值
```

```
            TL0=(8192-C)%32;        //13 位计数器 TL0 低 5 位赋初值
            TR0=1;                  //启动定时器 T0
            for(j=0;j<JP[i];j++)    //控制节拍数
                delay();            //延时 1 个节拍单位
            TR0=0;                  //关闭定时器 T0
            i++;                    //播放下一个音符
                }
        }
}
/**********************************************************
函数功能：定时器 T0 的中断服务子程序，使 P3.7 引脚输出音频的方波
**********************************************************/
 void Time0(void ) interrupt 1 using 1
  {
    sound=!sound;           //将 P3.7 引脚输出电平取反，形成方波
    TH0=(8192-C)/32;        //13 位计数器 TH0 高 8 位赋初值
    TL0=(8192-C)%32;        //13 位计数器 TL0 低 5 位赋初值
  }
```

2. 程序编译与 Proteus 仿真

程序设计好之后，经过 Keil C 软件编译通过后，再利用 Proteus 软件进行仿真。在 Proteus ISIS 中绘制仿真电路图，或者打开配套电子资料包中的相应仿真原理图文件，将编译好的 HEX 文件载入单片机中。启动仿真，即可听到乐曲播放的仿真运行效果。

任务验证实践

将实验板上蜂鸣器接口插针"fmq"针用跳线连接到接口排针 P4 上 P3 口的 P37 针，连接计算机与实验板，将 C 源程序编译生成的 HEX 文件通过下载数据线下载至实验板上的单片机 STC89C52RC 中。

接通实验板电源，运行该程序，验证项目实现效果。图 6-12 为本实验的现象。

图 6-12　单片机播放音乐实验现象

工作任务拓展

主函数的调整：

（1）改变程序设计，用定时/计数器 T1 方式 1 作定时器，重新运行程序，验证自己的设计效果。

（2）找一首自己喜欢的歌曲的简谱，替换例程中的乐谱，调整程序设计，重新运行程序，

验证设计的调整效果。

思考与练习

1．简述音频控制中定时器定时常数的计算方法。

2．举例说明如何对音频进行宏定义。

3．调整本任务示例程序使用定时器 T1 定时，换一首自己喜欢的歌曲的简谱，替换例程中的乐谱，完成相应的流水灯 C 语言源程序设计。

4．将上题中的 C 语言源程序编译生成 HEX 文件后，用 Proteus 软件仿真验证程序的正确性。

5．将第 3 题中设计的 C 语言源程序编译生成的 HEX 文件，用 STC_ISP_V488 程序烧录软件载入制作的单片机主实验板中运行，验证程序的正确性。

任务 6-3　简易电子琴设计

用单片机设计电子琴，形成的产品是一种典型的人机互动产品。它播放的不是预先存储在芯片中的固定的程序乐曲，而是由人"演奏"出来的乐曲。不同的人"演奏"出来的是不同的乐曲，这一点与此前所做的设计有着明显的不同，体现着单片机技术应用的新领域。

任务 6-3-1　4×4 矩阵键盘电路设计与制作

工作任务与目标

通过本项任务的实践，了解 4×4 矩阵键盘电路的结构与作用，学习 4×4 矩阵键盘电路设计的思路与方法，完成 4×4 矩阵键盘电路原理图与装配图的设计，了解 4×4 矩阵键盘电路制作相关元器件的基本知识，理解电路制作工艺要求，掌握电路制作的方法与技能，完成 4×4 矩阵键盘电路的制作，并掌握 4×4 矩阵键盘电路制作质量的检验方法，为后续单片机电路简易电子琴演奏实验打下良好的硬件基础。

任务相关知识链接

1．矩阵键盘电路的设计

1）4×4 矩阵键盘

在键盘应用中按键的数量较多时，为了减少 I/O 口的占用，通常将按键排列成矩阵形式，通过共用行线与列线的方式，提高 I/O 口线的利用率。单片机的每一个 I/O 口有八位口线，如果外接独立按键，最多只能连接八个按键。如果做成 4 行 4 列矩阵键盘，则可以外接 16 个按键。可见，矩阵键盘可以大幅度提高单片机有限 I/O 口线的利用率。

2）4×4 矩阵键盘接口电路

4×4 矩阵键盘接口电路有多种不同的连接形式。图 6-13 所示为本任务所采用的 4×4 矩阵键盘接口电路形式。

图 6-13 中由 16 个按键 S0～S15 组成的矩阵键盘，在 4 根行线 H1～H4 和 4 根列线 L1～L4 的交叉处设置 16 个键位。在硬件电路设计与制作时，4 根行线和 4 根列线通过八位接口插座连接到单片机相应的 I/O 口。为了与软件编程相统一，需要对每个行列交叉键位的按键

进行统一的编号。各键位的按键编号统一分配如表 6-3 所示。

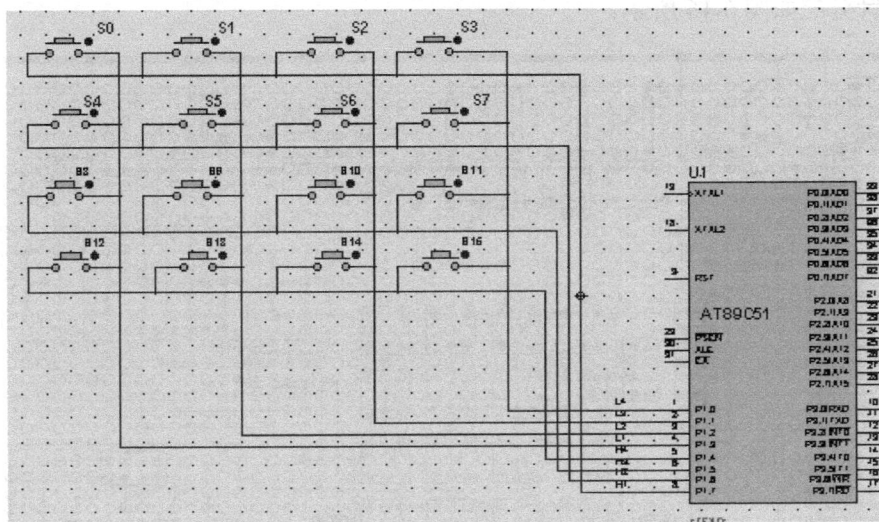

图 6-13 4×4 矩阵键盘接口电路

表 6-3 4×4 矩阵键盘键位编号分配表

	L1	L2	L3	L4
H1	S0	S1	S2	S3
H2	S4	S5	S6	S7
H3	S8	S9	S10	S11
H4	S12	S13	S14	S15

3）4×4 矩阵键盘接口电路的设计

（1）电路原理图设计。单片机 4×4 矩阵键盘接口电路原理虽然很简单，但是在实际应用时却会遇到一些操作性的问题。事实上，图 6-13 电路图就是 4×4 矩阵键盘接口电路的原理图，只是为了表示硬件电路设计的灵活性，在图中并没有把单片机具体的 I/O 口明确下来。具体的连接关系要与软件程序相统一，所以会在 Proteus 仿真电路中才具体明确 4×4 矩阵键盘与单片机 I/O 口的连接关系。

（2）电路装配图设计。4×4 矩阵键盘接口电路按键数量多，连线繁复，占用电路板面积较大，在单片机实验主板上要充分、合理、高效地利用有限的板面空间进行组装，严防插件错位导致整板布局与装配的失败。因此，在单片机控制电路板上设计 4×4 矩阵键盘接口电路时，要求做到以下几点。

① 4×4 矩阵键盘接口电路要设计与单片机之间合理的接口，使用相应的接口线通过接口与单片机实现需要的灵活连接。

② 4×4 矩阵键盘接口电路布局要合理，与周边电路互不干扰，便于组装。

③ 矩阵键盘操作使用方便。

图 6-14 是按照上述要求开发的一种单片机整体控制电路板上 4×4 矩阵键盘接口电路部分装配图的设计方案。

其中，4×4 矩阵键盘接口电路部分的装配图如图 6-15 所示。

图 6-15 中，按键内部的虚线表示按键结构内部固有的连接关系，不必另外做连线。接口插座 P9 插针分配如图 6-16 所示。

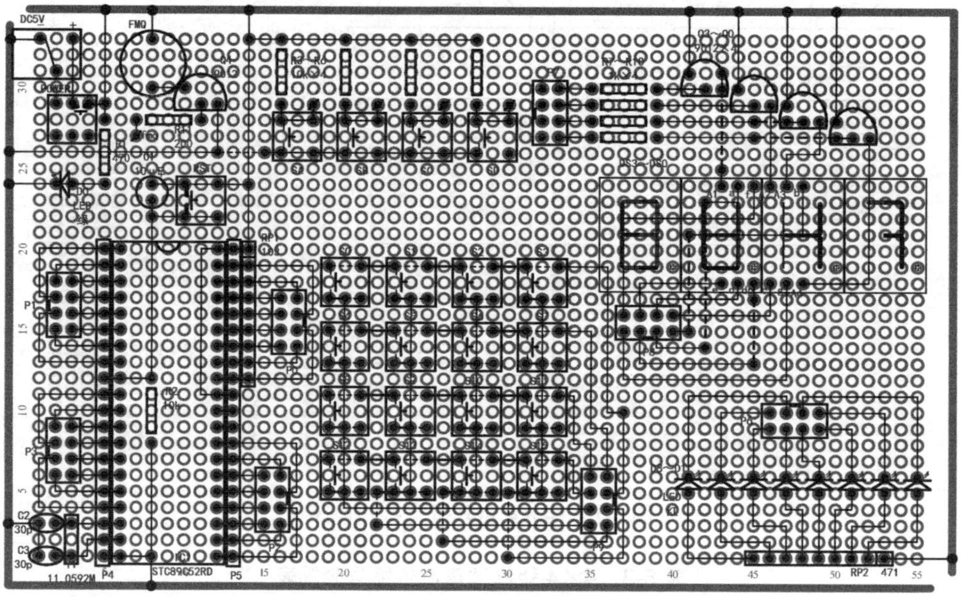

图 6-14　单片机实验板上 4×4 矩阵键盘接口电路整体装配图

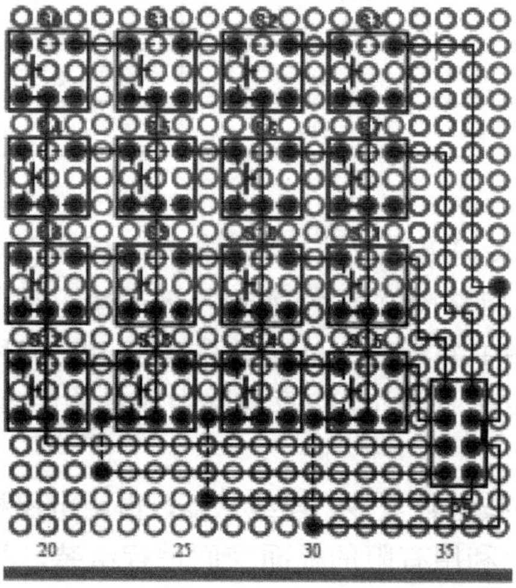

图 6-15　单片机实验板 4×4 矩阵键盘接口
电路部分装配图

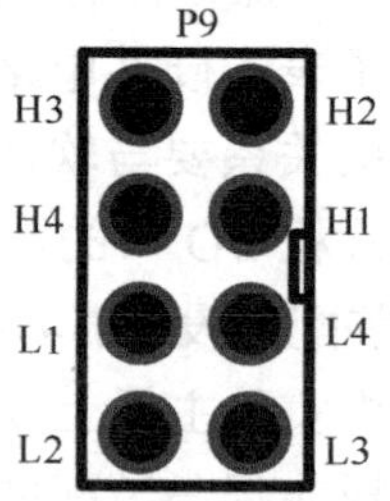

图 6-16　4×4 矩阵键盘电路接口
插座 P9 插针分配图

4）4×4 矩阵键盘电路制作

（1）4×4 矩阵键盘电路制作工艺要求。4×4 矩阵键盘电路虽然原理并不复杂，但是由于按键数量比较多，所以导致在连线方面比较繁复。在制作工艺方面，着重要注意以下几个方面的问题。

① 仔细研读电路装配图，对电路结构与原理要有所了解，对按键和接口插座的插装方向与相互连接关系的把握要做到准确无误。

② 所有按键插装前要先进行质量检验，质量合格的按键才能上板焊接，以避免故障隐患以及连带产生的拆装工艺质量问题。

③ 焊接操作工艺规范，焊接质量过硬。

④ 规范连线工艺。4×4 矩阵键盘电路按键与接口插座的连线关系对操作工艺的要求都比较高，要求做连线时在焊接前应注重先整直导线，直角弯折时成型角度准确，长度精准，做到一丝不苟、严谨细致。这样有利于在焊接时少做频繁的调整。

2. 4×4 矩阵键盘电路制作

（1）元器件清点与质量检验。

4×4 矩阵键盘电路中，各元器件清单列表如表 6-4 所示。

表 6-4　4×4 矩阵键盘电路元器件清单表

序　号	元器件编号	元器件名称	元器件实物图	元器件规格	数　量
1	S0～S15	4×4 矩阵按键			16
2	P11	4×4 矩阵键盘接口插座		2×4 针	1

按照表 6-4 中元器件的顺序清点元器件，并对元器件的质量进行认真的检验。

（2）4×4 矩阵键盘电路的制作。

4×4 矩阵键盘电路总装配图如图 6-14 所示，局部电路装配图如图 6-15 所示。装配时一定要严格按照装配图定位插装，正确、高效、合理地利用好万能板上的每一处空间。

万能板上 4×4 矩阵键盘电路的组装，大体分为以下几个主要的步骤：

第一步先定位组装 16 个按键，插装时一定要注意按键引脚的插装方向。

第二步定位组装矩阵键盘接口插座，接口插座的缺口方向要正确识别与插装，然后进行焊接固定。

第三步进行按键之间以及按键与接口插座之间的连线组装操作。

第四步对照电路图与装配图对组装的电路进行全面仔细的组装检查，以防止漏装漏接、错装错接、组装工艺缺陷等质量问题的产生。

4×4 矩阵键盘电路的实际装接样板如图 6-17 所示。

3. 4×4 矩阵键盘电路的质量检验

4×4 矩阵键盘电路制作完成以后，还要对电路的组装质量进行检验，检验合格以后才能进行后续的电路实验。对 4×4 矩阵键盘电路的质量检验，按照以下程序进行。

使用指针式万用表检测矩阵键盘，万用表置 R×1 挡检测按键时电路的通断情况。按照表 6-3 键盘键位编号分配表和图 6-16 矩阵键盘电路接口插座 P9 插针分配图，将万用表两支表笔分别各接矩阵键盘接口插座的一个行插针与一个列插针。当按下相对应的按键时，万用表指针应当指向电阻零刻度。例如，当万用表两支表笔分别各接矩阵键盘接口插座的 H1 插针与 L4 插针时，按下按键 S3，万用表指针应当指向电阻零刻度，依次类推。如果按下某一按键时相应的两个插针之间的电阻不为零，则说明电路中相应的行线或列线中存在开路故障或连接错误，要检查电路的焊接与连线，直至排除故障为止。

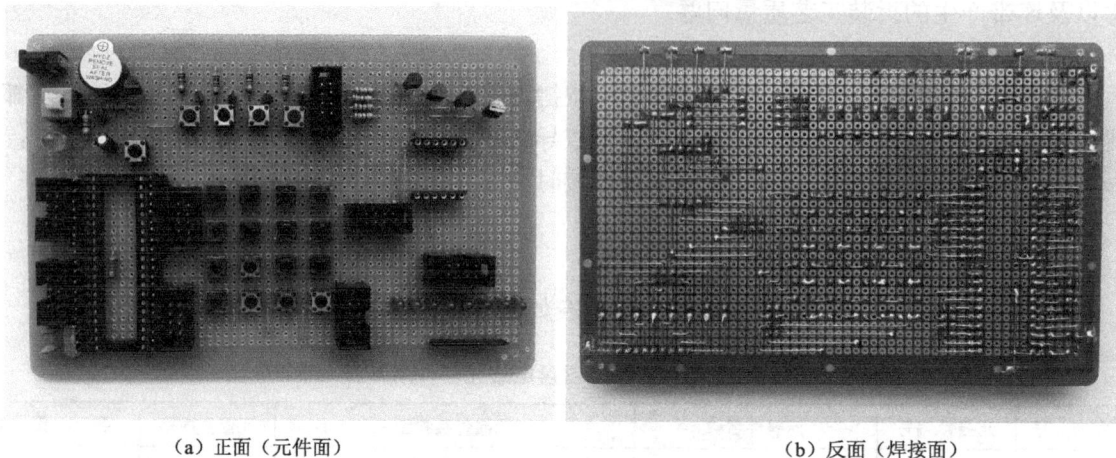

(a) 正面（元件面）　　　　　　　　　　　　(b) 反面（焊接面）

图 6-17　4×4 矩阵键盘电路样板图

任务 6-3-2　简易电子琴程序设计

工作任务与目标

1. 理解 4×4 矩阵键盘的电路结构与键盘扫描工作原理。
2. 强化音频输出控制技术的应用。
3. 强化定时器中断技术的应用，学会使用 C 语言编程设计简易的电子琴。

任务相关知识链接

1. 矩阵键盘工作原理

使用矩阵键盘的关键在于如何判断键值。根据图 6-13 分析，首先要确定矩阵键盘与单片机 I/O 口的具体连接，因为矩阵键盘接在单片机不同的 I/O 口上，其行线列线与单片机 I/O 口的配位是不一样的。4×4 矩阵键盘行线列线编号与单片机 I/O 口配位关系如表 6-5 所示。

表 6-5　4×4 矩阵键盘行线列线编号与单片机 I/O 口配位表

	H1	H2	H3	H4	L1	L2	L3	L4
P0	P0.0	P0.1	P0.2	P0.3	P0.4	P0.5	P0.6	P0.7
P1	P1.7	P1.6	P1.5	P1.4	P1.3	P1.2	P1.1	P1.0
P2	P2.7	P2.6	P2.5	P2.4	P2.3	P2.2	P2.1	P2.0
P3	P3.7	P3.6	P3.5	P3.4	P3.3	P3.2	P3.1	P3.0

以矩阵键盘接 P1 口为例（P2、P3 口与其类似），矩阵键盘行线列线编号与单片机 I/O 口配位关系如图 6-18 所示。

如果已知 P1.7 引脚置为低电平"0"，那么当 S0 键被按下时，可以肯定 P1.3 引脚的信号必定变成低电平"0"。反之，如果预先将 P1.7 引脚置为低电平"0"，将 P1.3 引脚、P1.2 引脚、P1.1 引脚、P1.0 引脚置为高电平"1"，而后单片机扫描到 P1.3 引脚为低电平"0"，则可以肯定 S0 键被按下。

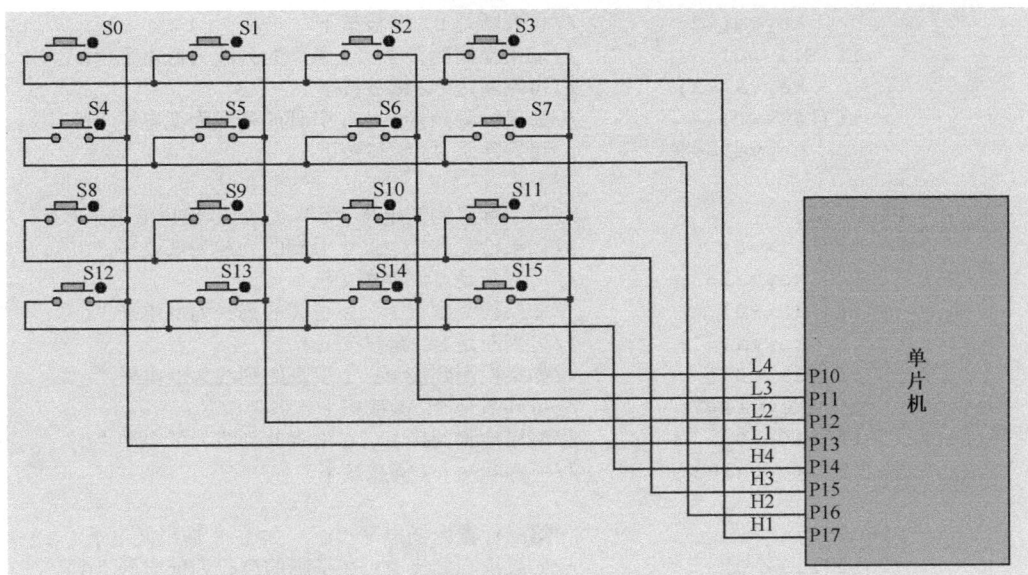

图 6-18　4×4 矩阵键盘与 P1 口连接配位关系图

单片机识别按键的基本过程如下：

（1）首先判断是否有键被按下。将全部行线（P1.7 引脚、P1.6 引脚、P1.5 引脚、P1.4 引脚）均置低电平"0"，将全部列线（P1.3 引脚、P1.2 引脚、P1.1 引脚、P1.0 引脚）均置高电平"1"，然后检测列线状态。只要有一列的电平变为低，则表示键盘中有键被按下；若检测到列线状态无变化，所有列线均为高电平，则表示键盘中没有键被按下。

（2）其次做按键消抖处理。当检测到键盘中有键被按下时，进行软件消抖处理，经延时后确认键盘中有键被按下。

（3）最后做按键识别。当确认键盘中有键被按下时，转入逐行扫描的方法来确定到底是哪一个键被按下。先扫描第一行，即将第一行（P1.7 引脚）输出低电平"0"，然后读入列值，哪一列出现低电平"0"，则说明该列与第一行跨接的键被按下；若读入的列值全为高电平"1"，说明与第一行跨接的按键（S0～S3）均没有被按下。接着继续开始扫描第二行，依次类推，逐行扫描，直到找到被按下的键。找到被按下的键时，及时对按键值变量赋值。

综上所述，4×4 矩阵键盘扫描程序可用如下结构表达：

```
/*******************************************************
4×4 矩阵键盘扫描程序
*******************************************************/
void key scan(void)
{
P1=0x0f;              //所有行线置为低电平"0"，所有列线置为高电平"1"
    if((P1&0x0f)!=0x0f)    //列线中有一位为低电平"0"，说明有键按下
    {
     delay();             //延时一段时间、软件消抖
     if((P1&0x0f)!=0x0f)  //确实有键按下
       {
        P1=0x7f;          //第一行置为低电平"0"（P1.7 输出低电平"0"）
            if(P13==0)    //如果检测到接 P1.3 引脚的列线为低电平"0"
                keyval=1; //可判断是 S0 键被按下
            if(P12==0)    //如果检测到接 P1.2 引脚的列线为低电平"0"
```

```
        keyval=2;              //可判断是 S1 键被按下
        if(P11==0)             //如果检测到接 P1.1 引脚的列线为低电平"0"
        keyval=3;              //可判断是 S2 键被按下
        if(P10==0)             //如果检测到接 P1.0 引脚的列线为低电平"0"
        keyval=4;              //可判断是 S3 键被按下

        P1=0xbf;               //第二行置为低电平"0"（P1.6 输出低电平"0"）
        if(P13==0)             //如果检测到接 P1.3 引脚的列线为低电平"0"
        keyval=5;              //可判断是 S4 键被按下
        if(P12==0)             //如果检测到接 P1.2 引脚的列线为低电平"0"
        keyval=6;              //可判断是 S5 键被按下
        if(P11==0)             //如果检测到接 P1.1 引脚的列线为低电平"0"
        keyval=7;              //可判断是 S6 键被按下
        if(P10==0)             //如果检测到接 P1.0 引脚的列线为低电平"0"
        keyval=8;              //可判断是 S7 键被按下

        P1=0xdf;               //第三行置为低电平"0"（P1.5 输出低电平"0"）
        if(P13==0)             //如果检测到接 P1.3 引脚的列线为低电平"0"
        keyval=9;              //可判断是 S8 键被按下
        if(P12==0)             //如果检测到接 P1.2 引脚的列线为低电平"0"
        keyval=10;             //可判断是 S9 键被按下
        if(P11==0)             //如果检测到接 P1.1 引脚的列线为低电平"0"
        keyval=11;             //可判断是 S10 键被按下
        if(P10==0)             //如果检测到接 P1.0 引脚的列线为低电平"0"
        keyval=12;             //可判断是 S11 键被按下

        P1=0xef;               //第四行置为低电平"0"（P1.4 输出低电平"0"）
        if(P13==0)             //如果检测到接 P1.3 引脚的列线为低电平"0"
        keyval=13;             //可判断是 S12 键被按下
        if(P12==0)             //如果检测到接 P1.2 引脚的列线为低电平"0"
        keyval=14;             //可判断是 S13 键被按下
        if(P11==0)             //如果检测到接 P1.1 引脚的列线为低电平"0"
        keyval=15;             //可判断是 S14 键被按下
        if(P10==0)             //如果检测到接 P1.0 引脚的列线为低电平"0"
        keyval=16;             //可判断是 S15 键被按下
    }
  }
}
```

2. 电子琴设计说明

电子琴设计的关键是让每个按键对应于发出一个特定的音调。因此，首先要给 4×4 矩阵键盘上的 16 个按键分配要发出的音符。

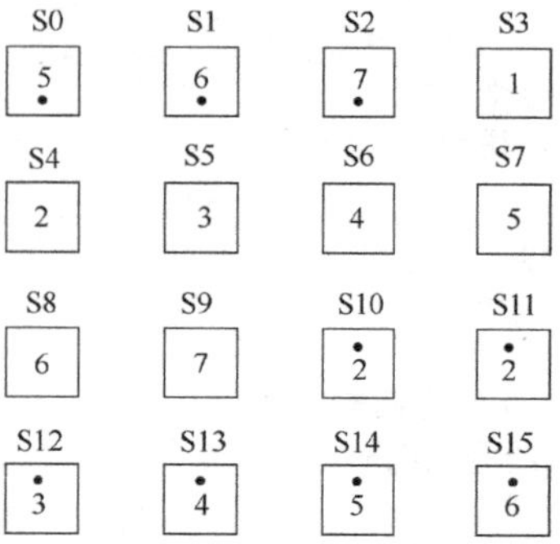

（1）音符在矩阵键盘上的排列分布设计。在后面的示例程序中，音符在矩阵键盘上的排列分布如图 6-19 所示。

（2）键盘编码。为了让单片机认识每一个按键，需要对 S0～S15 这 16 个按键进行编码，给每一个按键分配一个按键值。这样在键盘扫描程序扫描到有按键被按下时，单片机能够根据按键值控制蜂鸣器发出事先规定的音调。为简便起见，将 S0～S15 这 16 个按键的按键值依次规定为 1～16。

（3）音符的音调频率与节拍。控制方法类似于任务 6-2-3，

图 6-19　矩阵键盘的音符排列

可参考任务 6-2-3 中的做法。

（4）键盘扫描控制。键盘扫描控制由 4×4 矩阵键盘扫描程序实现。矩阵键盘扫描程序的反复运行由定时器 T1 的中断控制。

（5）音频播放控制。音频播放由音频输出函数控制定时器 T0 实现，音频方波由定时器 T0 的中断控制产生。

硬件电路设计

运用 Proteus 进行的硬件电路设计及仿真效果如图 6-20 所示。

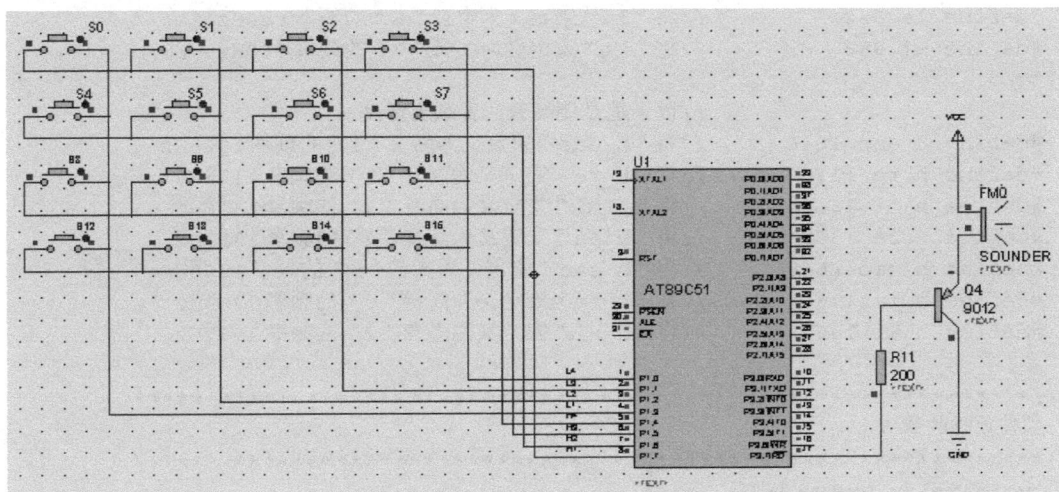

图 6-20　简易电子琴设计仿真原理图

软件程序设计

打开 D\:"单片机项目设计"\"项目六：单片机音频控制技术"\"C 语言源程序设计"子文件夹，打开里面的"Keil μVision2"工程项目，在其中新建如下示例程序。

1. 程序设计

示例程序设计如下：

```
//6-3-2：简易电子琴设计
#include<reg51.h>        //包含51单片机寄存器定义的头文件

sbit P10=P1^0;           //将P10位定义为P1.0引脚
sbit P11=P1^1;           //将P11位定义为P1.1引脚
sbit P12=P1^2;           //将P12位定义为P1.2引脚
sbit P13=P1^3;           //将P13位定义为P1.3引脚
unsigned char keyval;    //定义变量储存按键值

sbit sound=P3^7;         //将sound位定义为P3.7
unsigned int C;          //全局变量，储存定时器的定时常数
unsigned int f;          //全局变量，储存音阶的频率

    //以下是C调低音的音频宏定义
#define l_dao 262        //将"l_dao"宏定义为低音"1"的频率262Hz
#define l_re 294         //将"l_re"宏定义为低音"2"的频率294Hz
#define l_mi 330         //将"l_mi"宏定义为低音"3"的频率330Hz
```

```
#define l_fa 349          //将"l_fa"宏定义为低音"4"的频率349Hz
#define l_sao 392         //将"l_sao"宏定义为低音"5"的频率392Hz
#define l_la 440          //将"l_a"宏定义为低音"6"的频率440Hz
#define l_xi 494          //将"l_xi"宏定义为低音"7"的频率494Hz

        //以下是C调中音的音频宏定义
#define dao 523           //将"dao"宏定义为中音"1"的频率523Hz
#define re 587            //将"re"宏定义为中音"2"的频率587Hz
#define mi 659            //将"mi"宏定义为中音"3"的频率659Hz
#define fa 698            //将"fa"宏定义为中音"4"的频率698Hz
#define sao 784           //将"sao"宏定义为中音"5"的频率784Hz
#define la 880            //将"la"宏定义为中音"6"的频率880Hz
#define xi 988            //将"xi"宏定义为中音"7"的频率988Hz

                          //以下是C调高音的音频宏定义
#define h_dao 1046        //将"h_dao"宏定义为高音"1"的频率1046Hz
#define h_re 1175         //将"h_re"宏定义为高音"2"的频率1175Hz
#define h_mi 1318         //将"h_mi"宏定义为高音"3"的频率1318Hz
#define h_fa 1397         //将"h_fa"宏定义为高音"4"的频率1397Hz
#define h_sao 1568        //将"h_sao"宏定义为高音"5"的频率1568Hz
#define h_la 1760         //将"h_la"宏定义为高音"6"的频率1760Hz
#define h_xi 1967         //将"h_xi"宏定义为高音"7"的频率1967Hz

/***********************************************************
软件延时函数
**********************************************************/
 void delay20ms(void)
{
   unsigned char i,j;
    for(i=0;i<100;i++)
     for(j=0;j<60;j++)
        ;
 }



/*****************************************
节拍延时函数(延时基本单位200ms)
****************************************/
void delay(void)
  {
    unsigned char i,j;
     for(i=0;i<250;i++)
       for(j=0;j<250;j++)
           ;
  }


/*****************************************
音频输出函数
(入口参数: f)
*****************************************/
void Output Sound(void)
{
  C=(46083/f)*10;        //计算定时常数
  TH0=(8192-C)/32;       //13位定时器TH0高8位赋初值
```

186

```
    TL0=(8192-C)%32;              //13 位定时器 TL0 低 5 位赋初值
    TR0=1;                        //开定时 T0
    delay();                      //延时 200ms，播放音频
    TR0=0;                        //关闭定时器
    sound=1;                      //关闭蜂鸣器
    keyval=0xff;                  //播放按键音频后，将按键值更改，停止播放
}


/*******************************************
4×4 矩阵键盘扫描程序
*******************************************/
void key scan(void)
{
P1=0x0f;                          //所有行线置为低电平"0"，所有列线置为高电平"1"
    if((P1&0x0f)!=0x0f)           //列线中有一位为低电平"0"，说明有键按下
    {
    delay();                      //延时一段时间、软件消抖
    if((P1&0x0f)!=0x0f)           //确实有键按下
        {
        P1=0x7f;                  //第一行置为低电平"0"（P1.7 输出低电平"0"）
            if(P13==0)            //如果检测到接 P1.3 引脚的列线为低电平"0"
                keyval=1;         //可判断是 S0 键被按下
            if(P12==0)            //如果检测到接 P1.2 引脚的列线为低电平"0"
                keyval=2;         //可判断是 S1 键被按下
            if(P11==0)            //如果检测到接 P1.1 引脚的列线为低电平"0"
                keyval=3;         //可判断是 S2 键被按下
            if(P10==0)            //如果检测到接 P1.0 引脚的列线为低电平"0"
                keyval=4;         //可判断是 S3 键被按下

        P1=0xbf;                  //第二行置为低电平"0"（P1.6 输出低电平"0"）
            if(P13==0)            //如果检测到接 P1.3 引脚的列线为低电平"0"
                keyval=5;         //可判断是 S4 键被按下
            if(P12==0)            //如果检测到接 P1.2 引脚的列线为低电平"0"
                keyval=6;         //可判断是 S5 键被按下
            if(P11==0)            //如果检测到接 P1.1 引脚的列线为低电平"0"
                keyval=7;         //可判断是 S6 键被按下
            if(P10==0)            //如果检测到接 P1.0 引脚的列线为低电平"0"
                keyval=8;         //可判断是 S7 键被按下

        P1=0xdf;                  //第三行置为低电平"0"（P1.5 输出低电平"0"）
            if(P13==0)            //如果检测到接 P1.3 引脚的列线为低电平"0"
                keyval=9;         //可判断是 S8 键被按下
            if(P12==0)            //如果检测到接 P1.2 引脚的列线为低电平"0"
                keyval=10;        //可判断是 S9 键被按下
            if(P11==0)            //如果检测到接 P1.1 引脚的列线为低电平"0"
                keyval=11;        //可判断是 S10 键被按下
            if(P10==0)            //如果检测到接 P1.0 引脚的列线为低电平"0"
                keyval=12;        //可判断是 S11 键被按下

        P1=0xef;                  //第四行置为低电平"0"（P1.4 输出低电平"0"）
            if(P13==0)            //如果检测到接 P1.3 引脚的列线为低电平"0"
                keyval=13;        //可判断是 S12 键被按下
            if(P12==0)            //如果检测到接 P1.2 引脚的列线为低电平"0"
```

```
                keyval=14;     //可判断是 S13 键被按下
        if(P11==0)        //如果检测到接 P1.1 引脚的列线为低电平 " 0 "
                keyval=15;     //可判断是 S14 键被按下
        if(P10==0)        //如果检测到接 P1.0 引脚的列线为低电平 " 0 "
                keyval=16;     //可判断是 S15 键被按下
        }
    }
}


/*******************************************
主函数
*******************************************/
void main(void)
{
    EA=1;              //开总中断
    ET0=1;             //定时器 T0 中断允许
    ET1=1;             //定时器 T1 中断允许
    TR1=1;             //定时器 T1 启动,开始键盘扫描
    TMOD=0x10;         //分别使用定时器 T1 的模式 1,T0 的模式 0
    TH1=(65536-500)/256;          //定时器 T1 的高 8 位赋初值
    TL1=(65536-500)%256;          //定时器 T1 的低 8 位赋初值

    while(1)  //无限循环
    {
        switch(keyval)
        {
            case 1: f=l_sao;         //如果第 1 个键按下,将低音 5 的频率赋给 f
                    Output_Sound();  //转去计算定时常数,播放音频
                    break;
            case 2: f=l_la;          //如果第 2 个键按下,将低音 6 的频率赋给 f
                    Output_Sound();  //转去计算定时常数,播放音频
                    break;
            case 3: f=l_xi;          //如果第 3 个键按下,将低音 7 的频率赋给 f
                    Output_Sound();  //转去计算定时常数,播放音频
                    break;
            case 4: f=dao;           //如果第 4 个键按下,将中音 1 的频率赋给 f
                    Output_Sound();  //转去计算定时常数,播放音频
                    break;
            case 5: f=re;            //如果第 5 个键按下,将中音 2 的频率赋给 f
                    Output_Sound();  //转去计算定时常数,播放音频
                    break;
            case 6: f=mi;            //如果第 6 个键按下,将中音 3 的频率赋给 f
                    Output_Sound();  //转去计算定时常数,播放音频
                    break;
            case 7: f=fa;            //如果第 7 个键按下,将中音 4 的频率赋给 f
                    Output_Sound();  //转去计算定时常数,播放音频
                    break;
            case 8: f=sao;           //如果第 8 个键按下,将中音 5 的频率赋给 f
                    Output_Sound();  //转去计算定时常数,播放音频
                    break;
            case 9: f=la;            //如果第 9 个键按下,将中音 6 的频率赋给 f
                    Output_Sound();  //转去计算定时常数,播放音频
                    break;
```

```
            case 10: f=xi;             //如果第 10 个键按下，将中音 7 的频率赋给 f
                     Output_Sound();   //转去计算定时常数，播放音频
                     break;
            case 11: f=h_dao;          //如果第 11 个键按下，将高音 1 的频率赋给 f
                     Output_Sound();   //转去计算定时常数，播放音频
                     break;
            case 12: f=h_re;           //如果第 12 个键按下，将高音 2 的频率赋给 f
                     Output_Sound();   //转去计算定时常数，播放音频
                     break;
            case 13: f=h_mi;           //如果第 13 个键按下，将高音 3 的频率赋给 f
                     Output_Sound();   //转去计算定时常数，播放音频
                     break;
            case 14: f=h_fa;           //如果第 14 个键按下，将高音 4 的频率赋给 f
                     Output_Sound();   //转去计算定时常数，播放音频
                     break;
            case 15: f=h_sao;          //如果第 15 个键按下，将高音 5 的频率赋给 f
                     Output_Sound();   //转去计算定时常数，播放音频
                     break;
            case 16: f=h_la;           //如果第 16 个键按下，将高音 6 的频率赋给 f
                     Output_Sound();   //转去计算定时常数，播放音频
                     break;
        }
    }
}


/***********************************************************
定时器 T0 的中断服务程序（使 P3.7 引脚输出音频方波）
***********************************************************/
void Time0 serve(void ) interrupt 1 using 1
 //定时器 T0 的中断编号为 1，使用第 1 组寄存器
{
    TH0=(8192-C)/32;         //13 位定时器 TH0 高 8 位赋初值
    TL0=(8192-C)%32;         //13 位定时器 TL0 低 5 位赋初值
    sound=!sound;            //将 P3.7 引脚取反，输出音频方波
}


/***********************************************************
定时器 T1 的中断服务程序（进行键盘扫描，判断键位）
***********************************************************/
void time1 serve(void) interrupt 3 using 2
//定时器 T1 的中断编号为 3，使用第 2 组寄存器
{
    TR1=0;                   //关闭定时器 T0
    key_scan();              //执行矩阵键盘扫描
    TR1=1;                   //开启定时器 T1
    TH1=(65536-500)/256;     //定时器 T1 的高 8 位赋初值
    TL1=(65536-500)%256;     //定时器 T1 的低 8 位赋初值
}
```

2. 程序编译与 Proteus 仿真

程序设计好之后，经过 Keil C 软件编译通过后，再利用 Proteus 软件进行仿真。在 Proteus ISIS 中绘制仿真电路图，或者打开配套电子资料包中的相应仿真原理图文件，将编译好的 HEX 文件载入单片机中。启动仿真，即可尝试乐曲演奏的仿真运行效果。

単片机技术及应用

任务验证实践

将实验板上 4×4 矩阵键盘接口插座 P9 用八芯排线连接到 P1 口接口插座 P1 上，将实验板上蜂鸣器接口插针"fmq"针用跳线连接到接口排针 P4 上 P3 口的 P37 针，连接计算机与实验板，将 C 源程序编译生成的 HEX 文件通过下载数据线下载至实验板上的单片机 STC89C52RC 中。

接通实验板电源，运行该程序。图 6-21 为本实验的现象。

图 6-21 简易电子琴演奏音乐实验现象

为方便验证项目实现效果，下面给出童谣《两只老虎》的简谱，大家可以对照图 6-22 矩阵键盘的音符排列位置亲自尝试进行乐句的演奏，感受一下单片机演奏音乐的效果。

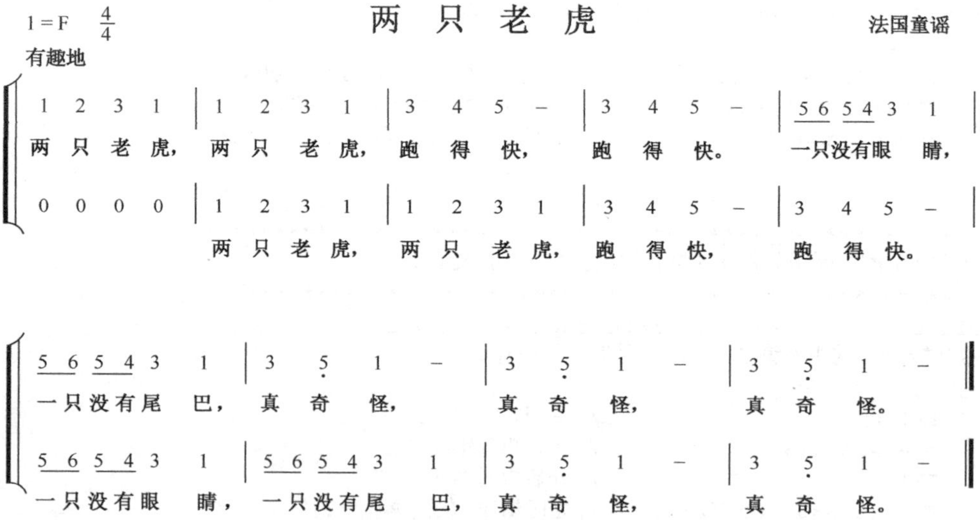

图 6-22 《两只老虎》乐谱

工作任务拓展

主函数的调整：

交换定时器 T0 与 T1 的控制功能，或者将矩阵键盘上改接到 P0 口，调整程序设计，重新运行程序，验证自己的设计效果。

思考与练习

1．简述矩阵键盘的工作原理。

2．调整本任务示例程序，交换定时器 T0 与 T1 的控制功能，完成相应的电子琴 C 语言源程序设计。

3．将上题中的 C 语言源程序编译生成 HEX 文件后，用 Proteus 软件仿真验证程序的正确性。

4．将第 2 题中设计的 C 语言源程序编译生成的 HEX 文件，用 STC_ISP_V488 程序烧录软件载入制作的单片机主实验板中运行，验证程序的正确性。

单片机串行通信技术项目开发

单片机与外部的信息交换称为通信。单片机与外部通信最常用的方式是串行通信。串行通信通过单片机内部的串行通信口与外部设备进行数据交换，在数据采集和信息处理等技术应用场合发挥着不可替代的重要作用。

任务 7-1　串并转换控制

众所周知，单片机的 I/O 口资源是十分有限、不可多得的。对于给定的单片机型号，只有有限的、确定的 I/O 口资源可用。但是在较为复杂的单片机应用系统中，由于系统的复杂性，外围设备众多，就必然会导致 I/O 口资源紧张，此时就会形成扩展 I/O 口的需要。单片机实现 I/O 口扩展有多种方式，通过串行口运用专用的芯片进行串并转换就是常用的方式之一。通过专用芯片进行串并转换，可以将单片机上的一位 I/O 口线上传输的串行信号转化为八位的并行输出信号，实现"扩一为八"的 I/O 口扩展效果，很大程度地提高了单片机与外部进行信息交换的能力。

任务 7-1-1　串并转换控制电路设计与制作

⚫ 工作任务与目标

通过本项任务的实践，了解串并转换控制电路的结构与作用，学习串并转换控制电路设计的思路与方法，完成串并转换控制电路原理图与装配图的设计，了解串并转换控制电路制作相关元器件的基本知识，理解电路制作工艺要求，掌握电路制作的方法与技能，完成串并转换控制电路的制作，并掌握串并转换控制电路制作质量的检验方法，为后续单片机串并转换控制电路实验打下良好的硬件基础。

1. 74LS164 简介

74LS164 是 8 位串并转换移位寄存器，它能实现数据传输从串行输入到并行输出的方式转化，在单片机应用技术中常用来实现对 I/O 口的扩展。图 7-1 所示为74LS164 的引脚分布与 IEC 逻辑符号。

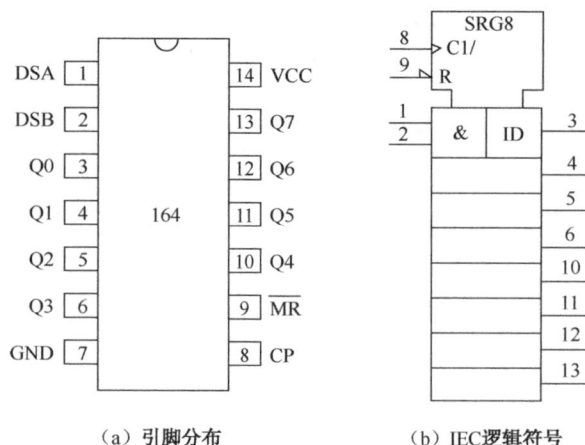

（a）引脚分布　　　　（b）IEC 逻辑符号

图 7-1　74LS164 引脚分布与 IEC 逻辑符号

1）74LS164 的引脚说明

74LS164 的引脚说明如表 7-1 所示。

表 7-1　74LS164 的引脚说明

符　号	引　脚	说　明
DSA	1	串行数据输入与控制端
DSB	2	串行数据输入与控制端
Q0～Q3	3～6	输出端
GND	7	地
CP	8	时钟输入端（低电平到高电平边沿触发）
$\overline{MR}$	9	同步清除输入端（低电平有效）
Q4～Q7	10～13	输出端
VCC	14	正电源

2）74LS164 的功能与作用

图 7-2 所示为 74LS164 的功能示意图。从图中可以看出，两个输入与控制端 DSA、DSB 实际上是与的关系。数据通过两个输入端 DSA 或 DSB 之一串行输入：当 DSA、DSB 中任意一端为低电平时，就会禁止数据的输入，在时钟端 CP 脉冲上升沿作用下 Q0 为低电平；当 DSA、DSB 有一个为高电平用作使能端时，则另一个就允许输入数据，并在 CP 脉冲上升沿作用下决定 Q0 的状态。在每次 CP 脉冲上升沿，数据右移一位，输入到 Q0。Q0 实际上是两个数据控制与输入端 DSA 和 DSB 的逻辑与经 CP 脉冲作用后移出的结果。

74LS164 的上述作用时序可以用如图 7-3 所示的时序图来形象地表示。

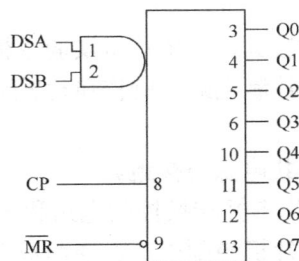

图 7-2　74LS164 功能图

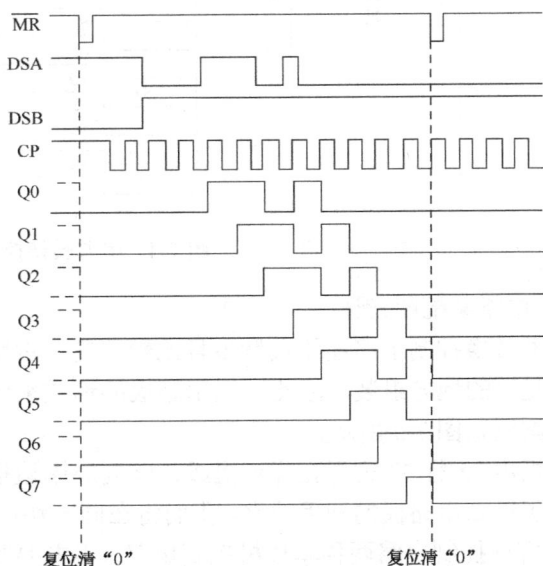

图 7-3　74LS164 时序图

3）74LS164 使用说明

清除端 $\overline{MR}$ 为低电平时将使其他所有输入端都无效，同时非同步地清除寄存器，强制所有的输出为低电平；清除端 $\overline{MR}$ 为高电平时将允许数据的传输。串行数据输入端 DSA、DSB 同时具有控制与数据输入的功能。数据通过两个输入端 DSA 或 DSB 之一串行输入：当 DSA、

DSB 中任意一端为低电平时，就会禁止数据的输入，在时钟端 CP 脉冲上升沿作用下 Q0 为低电平；当 DSA、DSB 有一个为高电平用作使能端时，则另一个就允许输入数据，并在 CP 脉冲上升沿作用下决定 Q0 的状态。在每次 CP 脉冲上升沿，数据右移一位，输入到 Q0。Q0 实际上是两个数据输入端 DSA 和 DSB 的逻辑与，在实际使用中，两个输入端或者连接在一起，或者把不用的输入端接高电平，一定不要悬空。本书在应用 74LS164 时，为方便起见，设计电路时即采用将两个控制输入端连在一起的接法。

2. 串并转换控制电路的设计

1) 电路原理图设计

串并转换控制电路的设计，不但要实现单片机输出数据的串并转换，而且要能直观地观察到串并转换的效果。为了达到第二个要求，我们将八位广告流水灯作为 74LS164 的输出端负载，用流水灯的闪亮来展现和验证串并转换的效果。串并转换控制电路中 74LS164 与单片机的连接有各种不同的方式。如图 7-4 所示为串并转换控制电路的常见形式之一。图中 74LS164 的 1、2 脚并联用作串行数据的输入端。8 脚时钟端 CP、9 脚清除端 $\overline{MR}$ 和数据输入端与单片机的连接没有具体地表达出来，为了是给编程留有充分灵活的设计选择余地。

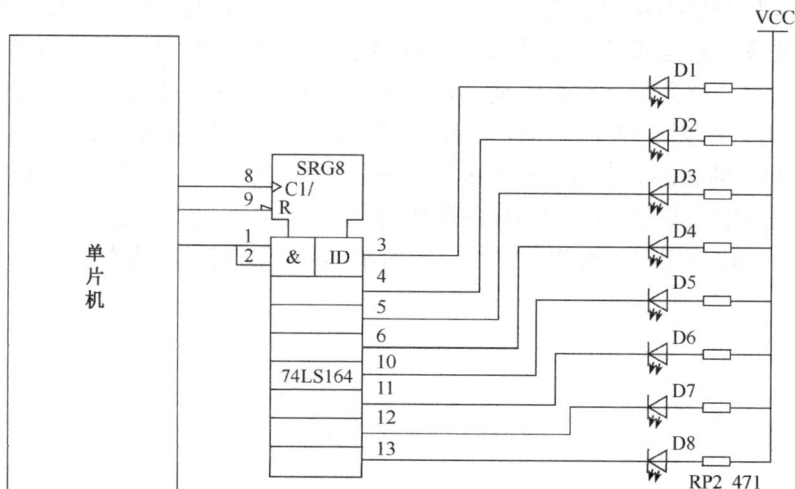

图 7-4　串并转换控制电路

2) 电路装配图设计

串并转换控制电路连线数量多且比较繁复，占用电路板面积较大，在单片机实验主板上已没有足够的地方组装，因此，采用副板的形式来组装串并转换控制电路。制作单片机应用电路的副板如图 7-5 所示。

该板由 25 行 33 列焊孔阵列组成，阵列周围边框可以用作公共电源与接地。

为了提高电路板的利用效率，我们将在同一块电路副板上制作串并转换控制电路和 8×8 LED 点阵屏控制电路两种单片机控制电路。本书要制作的两种单片机控制电路在通用板上的布局如图 7-6 所示。

按照上述电路设计思路，在设计单片机控制电路副板时，要求做到以下几点。

（1）串并转换控制电路和 8×8 LED 点阵屏控制电路两种单片机控制电路都要合理的输入或输出接口，两种电路与单片机实验板主板之间使用相应的接口线进行连接。

（2）两种电路布局合理，互不干扰，便于分步组装。

（3）主板与副板之间的连线操作要求方便可靠。

（a）正面（元件面）

（b）反面（焊接面）

图 7-5　25×33 通用板

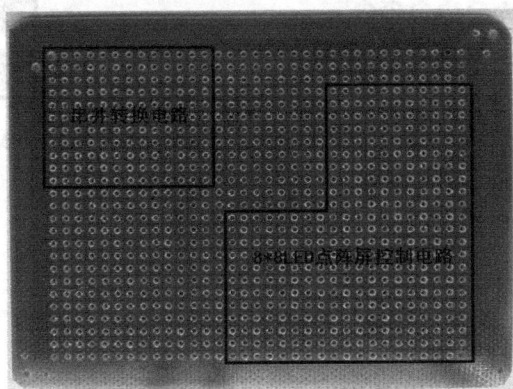

图 7-6　单片机控制电路副板整体布局图

图 7-7 是对应于图 7-6 布局设计而开发出的一种单片机控制电路万能板副板整体装配图的设计方案。

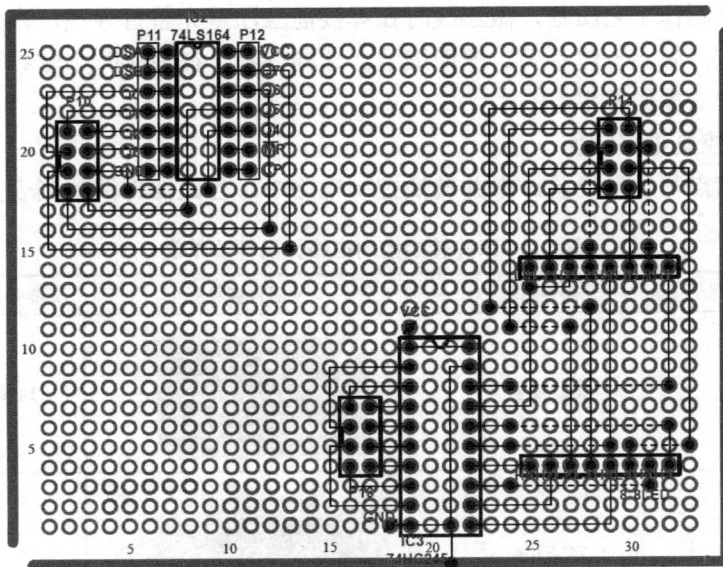

图 7-7　单片机控制电路副板整体装配图

195

其中，串并转换控制电路部分的装配图如图 7-8 所示。

图 7-8 中，为了方便副板与主板之间进行相关的连接，在 74LS164 两排引脚两边各加了一条排针 P11 和 P12，电路装配时要注意排针与相应引脚之间的连接不能有遗漏。接口插座 P10 插针分配如图 7-9 所示。

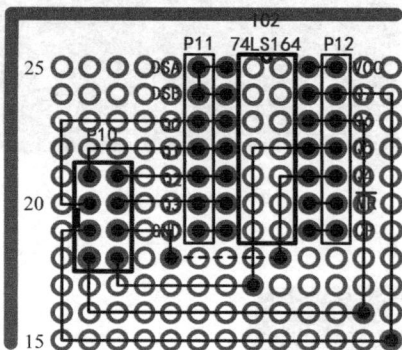

图 7-8　单片机副板串并转换控制电路部分装配图

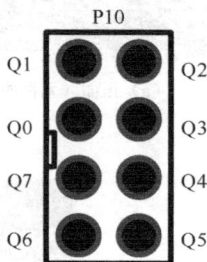

图 7-9　单片机副板串并转换控制电路接口
插座 P10 插针分配图

3. 串并转换控制电路制作

1）串并转换控制电路制作工艺要求

串并转换控制电路虽然元件并不多，但是由于引脚数量比较多，而且连线关系较复杂，所以对操作工艺方面的要求还是比较高的。在制作工艺方面，着重要注意以下几个方面的问题。

（1）仔细研读电路装配图，对电路结构与原理要有所了解，对元器件引脚间的相互连接关系要做到准确无误地把握。

（2）焊接操作工艺规范，焊接质量过硬。

（3）规范连线工艺。串并转换控制电路元器件引脚间的连线关系对操作工艺有着较高的要求，为提高电路制作工艺质量，做连线时在焊接前应注重先整直导线，直角弯折时成型角度准确，长度精准，做到一丝不苟、严谨细致。这样有利于在焊接时少做频繁的调整，可以有效提高电路制作的操作效率。

2）串并转换控制电路制作

（1）元器件清点与质量检验。串并转换控制电路中，各元器件清单列表如表 7-2 所示。

表 7-2　串并转换控制电路元器件清单表

序　号	元器件编号	元器件名称	元器件实物图	元器件规格	数　量
1	IC2	IC2 插座		14 脚	1
2	IC2	74LS164			1

续表

序　号	元器件编号	元器件名称	元器件实物图	元器件规格	数　量
3	P10	串并转换控制电路接口插座		2×4 针	1
4	P11～P12	接口排针		7 针	2

按照表 7-2 中元器件的顺序清点元器件，并对元器件的质量进行认真的检验。

（2）串并转换控制电路的制作。串并转换控制电路装配图如图 7-8 所示。装配时一定要严格按照装配图定位插装，正确、高效、合理地利用好万能板上的每一处空间。

万能板上串并转换控制电路的组装，大体分为以下几个主要的步骤。

第一步先定位组装 IC2 插座，插装时一定要注意插座标志缺口的插装方向。

第二步定位组装串并转换控制电路接口插座，接口插座的缺口方向要正确识别与插装，然后进行焊接固定。

第三步进行 IC2 插座与数据输出接口插座之间的连线组装操作。

第四步对照电路图与装配图对组装的电路进行全面仔细的组装检查，以防止漏装漏接、错装错接、组装工艺缺陷等质量问题的产生。

串并转换控制电路的实际装接样板如图 7-10 所示。

（a）正面（元件面）　　　　　　　　　　（b）反面（焊接面）

图 7-10　串并转换控制电路样板图

3）串并转换控制电路的质量检验

串并转换控制电路制作完成以后，还要对电路的组装质量进行检验，检验合格以后才能进行后续的电路实验。对串并转换控制电路的质量检验比较简单，按照以下程序进行。

使用指针式万用表检测相应连线通断情况，万用表置 R×1 挡。

先逐一检测 IC2 插座引脚与外侧相应的 P11 或 P12 插针之间是否呈连通状态。然后按照图 7-9 串并转换控制电路接口插座 P10 插针分配图，分别检测八个插针与 74LS164 的 IC 插座相应引脚之间是否连通。

如果上述检测过程中出现万用表指针不响应的情况，则说明电路中相应的连线中存在开路故障，或连线错误，或连线漏接。要检查相应的电路焊接与连线，直至排除故障为止。

任务 7-1-2　串并转换控制广告流水灯程序设计

工作任务与目标

1. 理解 MCS-51 单片机串行通信相关基础知识。
2. 学会使用 C 语言编程设计使用串行口实现数据的串并转换。

任务相关知识链接

MCS-51 单片机的串行通信

MCS-51 单片机内部有一个全双工的串行通信口，即串行接收和发送缓冲器（SBUF），这两个在物理上独立的接收发送器，既可以接收数据也可以发送数据。但接收缓冲器只能读出不能写入，而发送缓冲器则只能写入不能读出，它们共用同一个地址 99H。这个通信口既可以用于网络通信，也可实现串行异步通信，还可以构成同步移位寄存器使用。如果在串行口的输入输出引脚上加上电平转换器，就可以方便地构成标准的 RS-232 接口。

1. 基本概念

（1）数据通信的传输方式。常用于数据通信的传输方式有单工、半双工、全双工和多工方式。

① 单工方式：数据仅按一个固定方向传送。因而这种传输方式的用途有限，常用于串行口的打印数据传输与简单系统间的数据采集。

② 半双工方式：数据可实现双向传送，但不能同时进行，实际的应用采用某种协议实现收/发开关转换。

③ 全双工方式：允许双方同时进行数据双向传送，但一般全双工传输方式的线路和设备较复杂。

④ 多工方式：以上三种传输方式都是用同一线路传输一种频率信号，为了充分地利用线路资源，可通过使用多路复用器或多路集线器，采用频分、时分或码分复用技术，即可实现在同一线路上资源共享功能，称为多工传输方式。

（2）串行数据通信两种形式。

① 异步通信。在这种通信方式中，接收器和发送器有各自的时钟，它们的工作是非同步的。在异步通信方式中，数据是一帧一帧传送的。一帧数据传送完毕后可以接着传送下一帧数据，也可以等待，等待期间为高电平。用一帧来表示一个字符，其格式如下：一个起始位"0"（低电平），紧接着是 8 个数据位，规定低位在前，高位在后。接下来是奇偶校验位（可以省略），最后是停止位"1"（高电平）。图 7-11 所示是异步通信方式及数据格式示意图。

② 同步通信。同步通信格式中，发送器和接收器由同一个时钟源控制，为了克服在异步通信中，每传输一帧字符都必须加上起始位和停止位，占用了传输时间，在要求传送数据量较大的场合，速度就慢得多。同步传输方式去掉了这些起始位和停止位，只在传输数据块时先送出一个同步头（字符）标志即可。图 7-12 所示是同步通信方式及数据格式示意图。

同步传输方式比异步传输方式速度快，这是它的优势。但同步传输方式也有其缺点，即它必须要用一个时钟来协调收发器的工作，所以它的设备也较复杂。

（3）串行数据通信的传输速率。串行数据传输速率有两个概念，即每秒传送的位数 bps（bit per second）和每秒符号数——波特率（band rate），在具有调制解调器的通信中，波特率与调制速率有关。

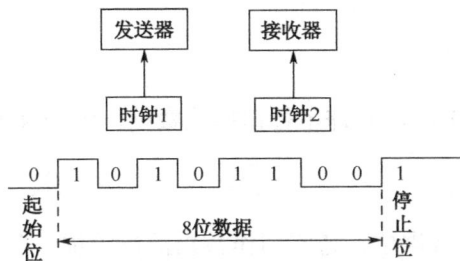

图 7-11 异步通信方式及数据格式

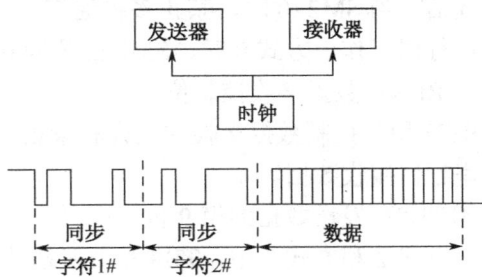

图 7-12 同步通信方式及数据格式

2. MCS-51 的串行口和控制寄存器

（1）串行口数据收发缓冲寄存器 SBUF。MCS-51 单片机串行口寄存器结构如图 7-13 所示。SBUF 为串行口的收发缓冲器，它是一个可寻址的专用寄存器，其中包含了接收器和发送器寄存器，可以实现全双工通信。但这两个寄存器具有同一地址（99H）。MCS-51 的串行数据传输很简单，只要向发送缓冲器写入数据即可发送数据。而从接收缓冲器读出数据即可接收数据。

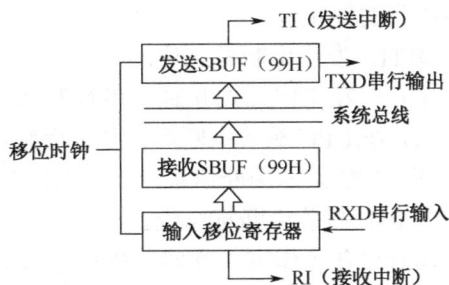

此外，从图 7-13 中可看出，接收缓冲器前还加上一级输入移位寄存器，MCS-51 这种结构

图 7-13 MCS-51 单片机串行口寄存器结构示意图

目的在于接收数据时避免发生数据帧重叠现象，以免出错，部分文献称这种结构为双缓冲器结构。而发送数据时就不需要这样设置，因为发送时，CPU 是主动的，不可能出现这种现象。

（2）串行通信控制寄存器 SCON。SCON 控制寄存器是一个可位寻址的专用寄存器，用于串行数据的通信控制，单元地址是 98H，其结构格式如表 7-3 所示。

表 7-3 SCON 寄存器结构

SCON	D7	D6	D5	D4	D3	D2	D1	D0
	SM0	SM1	SM2	REN	TB8	RB8	TI	RI
位地址	9FH	9EH	8DH	9CH	9BH	9AH	99H	98H

下面对各控制位功能说明如下。

① SM0、SM1：串行口工作方式控制位。

可通过设置 SM0、SM1 来选择串行口 4 种不同的工作方式。表 7-4 列出了这 4 种工作方式的选择方法与功能比较。

表 7-4 串行口的 4 种工作方式

SM0	SM1	工作方式	功能说明
0	0	0	同步移位寄存器方式（用于扩展 I/O 口），波特率为 $f_{osc}/12$
0	1	1	8 位异步收发，波特率可变（由定时器 T1 设置）
1	0	2	8 位异步收发，波特率为 $f_{osc}/64$ 或 $f_{osc}/32$
1	1	3	9 位异步收发，波特率可变（由定时器 T1 设置）

② SM2：多机通信控制位。

多机通信是工作于方式 2 和方式 3，SM2 位主要用于方式 2 和方式 3。SM2=1 时，允许多机通信；当 SM2=0 时，禁止多机通信。

串行口工作于方式 0 时，SM2 必须为 0。

③ REN：数据接收控制位。

REN 用于控制数据接收的允许和禁止，REN=1 时，允许串行口接收数据，REN=0 时，禁止串行口接收数据。

④ TB8：发送数据的第 9 位。

在方式 2 和方式 3 中，TB8 是要发送的第 9 位数据位，通常用作数据的校验位。在多机通信中同样也要传输这一位，用作地址帧或数据帧的标志位：TB8=0 为数据帧，TB8=1 为地址帧。

⑤ RB8：接收数据的第 9 位。

在方式 2 和方式 3 中，RB8 存放接收到的第 9 位数据。在方式 1 中，若 SM2=0，则 RB8 是接收到的停止位。

⑥ TI：发送中断标志位。

串行口在工作方式 0 时，串行发送完第 8 位数据后，TI 由硬件置"1"，向 CPU 发送中断请求，在 CPU 响应中断后，必须用软件清 0。其他方式下，TI 在停止位开始发送前自动置"1"，向 CPU 发送中断请求，在 CPU 响应中断后，也必须用软件清 0。

⑦ RI：接收中断标志位。

串行口在工作方式 0 时，串行接收完第 8 位数据后，RI 由硬件置"1"，向 CPU 发送中断请求，在 CPU 响应中断后，必须用软件清 0。其他方式下，RI 在接收到停止位时自动置"1"，向 CPU 发送中断请求，在 CPU 响应中断取走数据后，必须用软件清 0，以准备开始接收下一帧数据。

在系统复位时，SCON 的所有位均被清 0。

（3）电源控制寄存器 PCON。PCON 是为单片机的电源控制而设置的专用寄存器，单元地址是 87H，其结构格式如表 7-5 所示。

表 7-5　PCON 寄存器结构

PCON	D7	D6	D5	D4	D3	D2	D1	D0
位符号	SMOD	-	-	-	GF1	GF0	PD	IDL

在 CHMOS 型单片机中，除 SMOD 位外，其他位均为虚设的。SMOD 是串行口波特率设置位，在方式 1、2、3 时起作用。若 SMOD=0，波特率不变；若 SMOD=1，波特率加倍。当系统复位时，SMOD=0。

硬件电路设计

运用 Proteus 进行的硬件电路设计及仿真效果如图 7-14 所示。

软件程序设计

在 D 盘下建立的"单片机项目设计"文件夹中，建立"项目七：单片机串行通信技术"子文件夹，再在其下建立，"项目：单片机串并转换控制"子文件夹，在"项目：单片机串并转换控制"子文件夹中建立下一级"C 语言源程序设计"子文件夹。新建的"Keil μVision2"工程项目以及相应的 C 语言源程序设计文件均存放在该子文件夹当中。

打开 D\："单片机项目设计" \ "项目七：单片机串行通信技术" \ "项目：单片机串并转

换控制"\"C 语言源程序设计"子文件夹,打开里面的"Keil µVision2"工程项目,在其中新建如下示例程序。

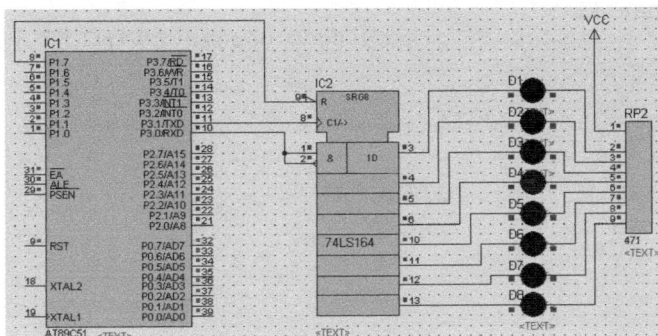

图 7-14 串行口方式 0 串并转换控制流水灯仿真原理图

1. 程序设计

示例程序设计如下:

```
//7-1-2:串行口方式 0 串并转换控制流水灯
#include<reg51.h>          //包含 51 单片机寄存器定义的头文件
#include<intrins.h>        //包含函数_nop_()定义的头文件
unsigned char code Tab[]={0xfe,0xfd,0xfb,0xf7,0xef,0xdf,0xbf,0x7f};
//流水灯控制码,该数组被定义为全局变量
sbit MR=P1^7;     //将 74LS164 清 0 端 MR 定义为 P1.7 引脚

/***********************************************************
延时函数(延时约 150ms)
***********************************************************/
 void delay(void)
{
   unsigned char m,n;
     for(m=0;m<200;m++)
      for(n=0;n<250;n++)
            ;
 }

/***********************************************************
发送一个字节数据的函数
***********************************************************/
void Send(unsigned char dat)
{
  MR=0;                 //P1.7 引脚输出清 0 信号,对 74LS164 清 0
  _nop_();              //延时一个机器周期
  _nop_();              //延时一个机器周期,保证清 0 完成
  MR=1;                 //结束对 74LS164 的清 0
  SBUF=dat;             //将数据写入发送缓冲器,启动发送
  while(TI==0)          //若没有发送完毕,等待
    ;
  TI=0;                 //发送完毕,TI 被置 1,需将其清 0
}

/***************************************
主函数
```

```
**********************************/
void main(void)
 {
 unsigned char i;
 SCON=0x00;                   //SCON=0000 0000B，使串行口工作于方式0
  while(1)
 {
    for(i=0;i<8;i++)
     {
       Send(Tab[i]);          //发送数据
        delay();              //延时
     }
  }
}
```

2. 程序编译与 Proteus 仿真

程序设计好之后，经过 Keil C 软件编译通过后，再利用 Proteus 软件进行仿真。在 Proteus ISIS 中绘制仿真电路图，或者打开配套电子资料包中的相应仿真原理图文件，将编译好的 HEX 文件载入单片机中。启动仿真，即可看到 LED 灯仿真运行的效果。

任务验证实践

连接实验板与电脑，将 C 源程序编译生成的 HEX 文件通过下载数据线下载至实验板上的单片机 STC89C52RC 中。将实验板上单片机接口排针 P5 上的"VCC"第 40 针用跳线连接到实验板副板上 74LS164 接口排针 P12 上的第 14 脚"VCC"针；将实验板上单片机接口排针 P4 上的"GND"第 20 针用跳线连接到实验板副板上 74LS164 接口排针 P11 上的第 7 脚"GND"针；将实验板上接口排针 P4 上 P1 口的 P17 针用跳线连接到实验板副板上 74LS164 接口排针 P12 上的第 9 脚"MR"针；将实验板上接口排针 P4 上 P3 口的 P31 针用跳线连接到实验板副板上 74LS164 接口排针 P12 上的第 8 脚"CP"针；将实验板上接口排针 P4 上 P3 口的 P30 针用跳线连接到实验板副板上 74LS164 接口排针 P11 上的第 1 脚"DSA"针。将实验板副板上 74LS164 接口插座 P10 用 8 芯排线连接回实验板主板上的流水灯接口插座 P6。

接通实验板电源，运行该程序，验证项目实现效果。图 7-15 为本实验的现象。

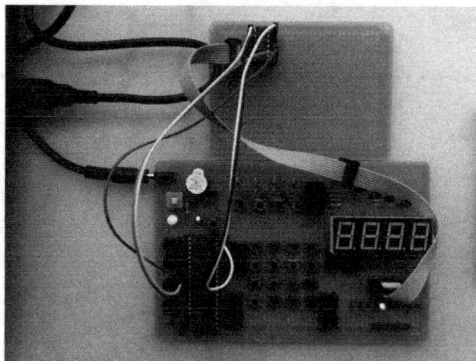

图 7-15 串行口方式 0 串并转换控制流水灯实验现象

工作任务拓展

主函数的调整：
改变流水灯控制数组的控制代码，调整程序设计，重新运行程序，验证自己的设计效果。

思考与练习

1．简述 MCS-51 单片机数据通信的传输方式。

2．简述串行通信控制寄存器 SCON 的格式与各控制位的功能。

3．简述电源控制寄存器 PCON 的格式与各控制位的功能。

4．简述 74LS164 的功能与使用方法。

5．调整本任务示例程序，改变流水灯控制数组的控制代码，完成相应的流水灯 C 语言源程序设计。

6．将上题中的 C 语言源程序编译生成 HEX 文件后，用 Proteus 软件仿真验证程序的正确性。

7．将第 5 题中设计的 C 语言源程序编译生成的 HEX 文件，用 STC_ISP_V488 程序烧录软件载入制作的单片机主实验板中运行，验证程序的正确性。

任务 7-2　单片机控制单片机

本项目通过单片机间的控制任务，学习串口通信在多机通信方面的应用，这对于大中型单片机多机应用系统的开发与设计具有十分重要的意义。下面将通过项目工作的两个典型任务来体会与学习这方面的知识与技术应用。

任务 7-2-1　使用串口方式 1 进行单工通信

工作任务与目标

1．理解 MCS-51 单片机串行口工作方式基础知识。

2．了解多机通信基础知识及其应用。

3．学会运用 C 语言编程设计使用串口方式 1 进行双机单工通信。

任务相关知识链接

MCS-51 单片机串行口工作方式（一）

MCS-51 单片机串行口有 4 种工作方式，即方式 0、方式 1、方式 2 和方式 3。

1．方式 0

1）数据发送

当 SCON 中的 SM0SM1=00 时，串行口工作在方式 0。若要发送数据，通常需外接 8 位串/并转换移位寄存器 74LS164，具体连接电路如图 7-16 所示。其中 RXD 端用来输出串行数据，TXD 端用来输出移位脉冲，P1.7 引脚用来对 74LS164 进行清 0。

发送数据前，P1.7 引脚先发出一个清 0 信号（低电平）到 74LS164 的第 9 引脚，对其进行清 0，让 D0～D7 全部为 0。然后让单片机执行写 SBUF 命令，只要将数据写入 SBUF，单片机即自动开始数据发送，从 RXD（P3.0）引脚送出 8 位数据。与此同时，单片机 TXD 端输出移位脉冲到 74LS164 的第 8 引脚（时钟引脚），使 74LS164 按照先低位后高位的顺序从 RXD 端接收 8 位数据。数据发送完毕，74LS164 的 D0～D7 端即输出 8 位数据。数据发送完毕后，SCON 的发送中断标志位 TI 自动置"1"。为继续发送数据，需用软件将 TI 清 0。

2）数据接收

若要接收数据，需在单片机外部连接 8 位并/串转换移位寄存器 74LS165，连接电路如图 7-17 所示。其中，RXD 端用来接收输入的串行数据，TXD 端用来输出移位脉冲，P3.7 引脚用来对 74LS165 的数据进行锁存。

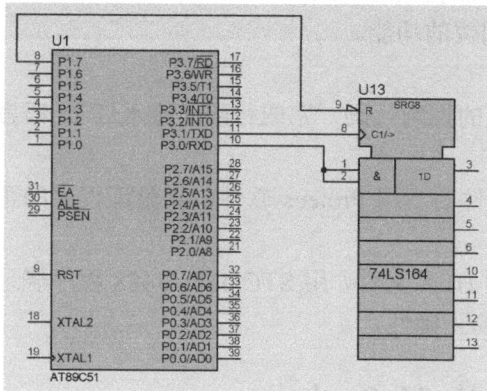

图 7-16　串行通信口方式 0 数据发送电路　　　　图 7-17　串行通信口方式 0 数据接收电路

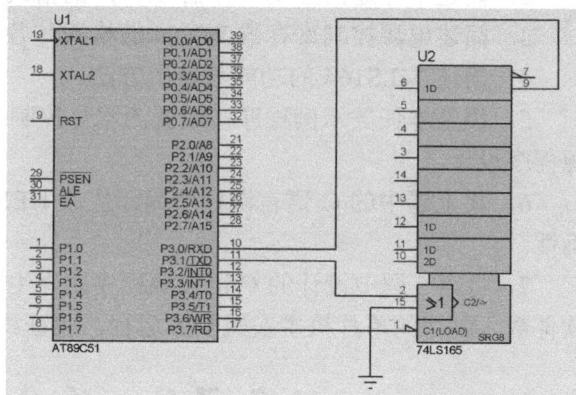

首先从 P3.7 引脚发出一个低电平信号到 74LS165 的引脚 1，锁存由 D7～D0 端输入的 8 位数据，然后由单片机执行读 SBUF 指令开始接收数据。同时 TXD 端送移位脉冲到 74LS165 的第 2 引脚（时钟引脚），使数据逐位从 RXD 端送入单片机。在串行口接收到一帧数据后，SCON 的接收中断标志位 RI 自动置"1"。为继续接收数据，需用软件将 RI 清 0。

在方式 0 中，串行通信口发送和接收数据的波特率都是 $f_{osc}/12$。

2．方式 1

当 SCON 中的 SM0SM1=01 时，串行通信口工作于方式 1。此时，可发送或接收的一帧信息共 10 位，1 位起始位（低电平"0"），8 位数据位（D0～D7），1 位停止位（高电平"1"）。

1）数据发送

发送数据时，用指令将数据写入发送缓冲 SBUF 中，发送控制器在移位脉冲（由 T1 产生的信号经 16 或 32 分频得到）的控制下，先从 TXD 引脚输出一个起始位，然后再逐位将 8 位数据从 TXD 端送出。当最后一位数据发送完毕，发送控制器马上将 SCON 中的 TI 位置"1"，向 CPU 发出中断请求，同时从 TXD 端输出停止位（高电平"1"）。为继续发送数据，需用软件将 TI 清 0。

2）数据接收

在 REN=1 时，方式 1 允许接收。串行口开始采样 RXD 引脚，当采样到"1"至"0"的负跳变信号时，确认是开始"0"，就开始启动接收，将输入的 8 位数据逐位移入内部的输入移位寄存器。如果接收不到起始位，则重新检测 RXD 引脚上是否有负跳变。

当一帧数据接收完毕后，必须同时满足以下两个条件，这帧数据接收才真正有效。

（1）RI=0，即无中断请求；或者在上一帧数据接收完成时，RI=1 发出的中断请求已经被响应，SBUF 中的数据已被取走，SBUF 已空。

（2）SM2=0。

若这两个条件不能同时满足，接收到的数据不会装入 SBUF，该帧数据将丢失。

硬件电路设计

运用 Proteus 进行的硬件电路设计及仿真效果如图 7-18 所示。

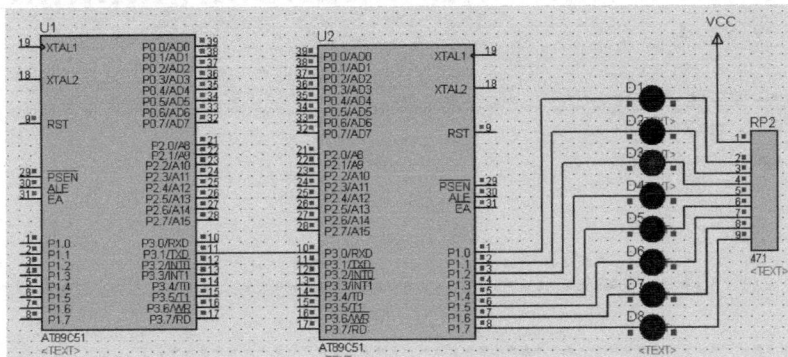

图 7-18　使用串口方式 1 进行单工通信仿真原理图

软件程序设计

由于要使用两台单片机协同工作，因此在 Keil C 软件编程时，分别建立了两个工程项目，一个项目用来控制第一台单片机发送数据，命名为"项目　数据发送"；另一个项目用来控制第二台单片机接收数据，命名为"项目　数据接收"。

在 D 盘下"单片机项目设计"文件夹中的"项目七：单片机串行通信技术"子文件夹下建立"项目：单片机控制单片机"子文件夹，在"项目：单片机控制单片机"子文件夹中建立下一级子文件夹"项目　数据发送"和"项目　数据接收"，及其下一级子文件夹"C 语言源程序设计"。新建的"Keil μVision2"工程项目以及相应的 C 语言源程序设计文件均存放在该子文件夹中。

分别打开 D\:"单片机项目设计"\"项目七：单片机串行通信技术"\"项目：单片机控制单片机"\"项目　数据发送"以及"项目　数据接收"\"C 语言源程序设计"子文件夹，打开里面的"Keil μVision2"工程项目，分别在其中新建如下示例程序。

1. 示例程序设计

（1）在"项目　数据发送"项目中建立如下源程序。

单片机 U1 的数据发送程序：

```
//7-2-1(send)：数据发送程序
#include<reg51.h>        //单片机寄存器定义头文件
unsigned char code Tab[ ]={0xfe,0xfd,0xfb,0xf7,0xef,0xdf,0xbf,0x7f};
//流水灯控制码，该数组被定义为全局变量


/**************************************************
字节数据发送函数(向 PC 发送一个字节数据)
**************************************************/
void Send(unsigned char dat)
{
   SBUF=dat;
   while(TI==0)
     ;
   TI=0;
}
```

```
/***************************************************************
延时函数(延时约150ms)
****************************************************************/
 void delay(void)
 {
   unsigned char m,n;
     for(m=0;m<200;m++)
       for(n=0;n<250;n++)
           ;
 }


/*************************************************
主函数
*************************************************/
void main(void)
{
  unsigned char i;
  TMOD=0x20;      //TMOD=0010 0000B，定时器T1工作于方式2
  SCON=0x40;      //SCON=0100 0000B，串口工作方式1
  PCON=0x00;      //PCON=0000 0000B，波特率9600
  TH1=0xfd;       //根据规定给定时器T1赋初值
  TL1=0xfd;       //根据规定给定时器T1赋初值
  TR1=1;          //启动定时器T1
  while(1)
  {
     for(i=0;i<8;i++)            //模拟检测数据
     {
         Send(Tab[i]);          //发送数据Tab[i]
           delay();             //50ms发送一次检测数据
      }
   }
}
```

（2）在"项目 数据接收"项目中建立如下源程序。
单片机U2的数据接收程序：

```
//7-2-2(receive)：数据接收程序
#include<reg51.h>          //单片机寄存器定义头文件


/*************************************************
字节数据接收函数(接收一个字节数据)
*************************************************/
 unsigned char Receive(void)
 {
  unsigned char dat;
  while(RI==0)        //只要接收中断标志位RI没有被置1
       ;              //等待，直至接收完毕（RI=1）
     RI=0;            //为了接收下一帧数据，需将RI清0
    dat=SBUF;         //将接收缓冲器中的数据存于dat
     return dat;
 }
```

```
/*********************************************
主函数
*********************************************/
void main(void)
{
    TMOD=0x20;              //定时器 T1 工作于方式 2
    SCON=0x50;             //SCON=0101 0000B，串口工作方式 1，允许接收（REN=1）
    PCON=0x00;             //PCON=0000 0000B，波特率 9600
    TH1=0xfd;              //根据规定给定时器 T1 赋初值
    TL1=0xfd;              //根据规定给定时器 T1 赋初值
    TR1=1;                 //启动定时器 T1
    REN=1;                 //允许接收
    while(1)
    {
        P1=Receive();      //将接收到的数据送 P1 口显示
    }
}
```

2. 程序编译与 Proteus 仿真

程序设计好之后，经过 Keil C 软件编译通过后，再利用 Proteus 软件进行仿真。在 Proteus ISIS 中绘制仿真电路图，或者打开配套电子资料包中的相应仿真原理图文件，将编译好的 HEX 文件载入单片机中。启动仿真，即可看到 LED 灯仿真运行的效果。

任务验证实践

将第一块实验板上单片机接口插排 P4 上 P3 口插针 P31 针用跳线连接到第二块实验板上接口插排 P4 上 P3 口插针 P30 针；将第二块实验板上的 8 位 LED 发光管插座用 8 芯排线连接至 P1 口插座（注：本实验任务适合在校学生人手拥有一块实验板条件下完成。不具备此条件时建议通过 Proteus 仿真验证实验效果）。依次连接实验板与计算机，将 C 源程序编译生成的 HEX 文件通过下载数据线分别下载至两块实验板上的单片机 STC89C52RC 中。

接通实验板电源，运行该程序，验证项目实现效果。图 7-19 为本实验的现象。

图 7-19 串行口方式 1 串并转换控制流水灯实验现象

工作任务拓展

主函数的调整：

改变发送程序中的流水灯花样设计，对主函数做相应调整，重新运行程序，验证自己的设计效果。

思考与练习

1. 试述 MCS-51 单片机串行口工作方式 0 的具体过程。

2. 试述 MCS-51 单片机串行口工作方式 1 的具体过程。

3. 调整本任务示例程序，改变发送程序中的流水灯花样设计，完成相应的流水灯 C 语言源程序设计。

4. 将上题中的 C 语言源程序编译生成 HEX 文件后，用 Proteus 软件仿真验证程序的正确性。

5. 将第 3 题中设计的 C 语言源程序编译生成的 HEX 文件，用 STC_ISP_V488 程序烧录软件载入制作的单片机主、副实验板中运行，验证程序的正确性。

任务 7-2-2   使用串口方式 3 进行单工通信

工作任务与目标

1. 理解 MCS-51 单片机串行口工作方式基础知识。

2. 了解波特率基础知识。

3. 学会运用 C 语言编程设计使用串口方式 3 进行双机单工通信。

任务相关知识链接

MCS-51 单片机串行口工作方式（二）

1. 方式 2

当 SCON 中的 SM0SM1=10 时，串行口工作在方式 2。在此方式下每帧数据均为 11 位，即 1 位起始位（低电平 "0"），8 位数据位，1 位可编程的第 9 位和 1 位停止位（高电平 "1"）。其中第 9 位数据（TB8）可作奇偶校验位，也可作多机通信的数据、地址标志位。

1）数据发送

数据发送前，先要根据通信协议由软件设置 TB8（第 9 位数据）。然后将要发送的数据写入 SBUF，即可启动发送过程。串行口能自动将 TB8 取走，并装入到第 9 位数据的位置，再逐一发送出去。发送一帧数据后，将 SCON 中的 TI 位置 "1"，向 CPU 发出中断请求。为继续发送数据，需用软件将 TI 清 0。

2）数据接收

在方式 2 中，需要先设置 SCON 中的 REN=1，串行通信口才允许接收数据。然后当 RXD端检测到有负跳变时，即说明外部设备发来了数据的起始位，开始接收此帧数据的有效字节。

当一帧数据接收完毕以后，必须同时满足以下两个条件，这帧数据的接收才真正有效。

（1）RI=0，意味着接收缓冲器 SBUF 为空。

（2）SM2=0。

当上述两个条件满足时，接收到的数据送入 SBUF，第 9 位数据送入 RB8，并由硬件自动对 RI 置 1。若不满足这两个条件，接收的信息将被丢弃。

2. 方式 3

当 SCON 中的 SM0SM1=11 时，串行口工作在方式 3。

方式 3 与方式 2 一样，传送的一帧数据都是 11 位，工作原理也相同。两者的区别仅在于波特率不同。

3. 波特率设置

在串行通信中，为了保证数据发送和接收的成功，要求发送方发送数据的速率和接收方接收数据的速率必须相同，这就需要将双方的波特率设置为相同。

由于波特率的设置运算比较麻烦，而且在一般情况下常用的波特率足以满足实际应用，因此仅给出如表 7-6 所示的常用波特率表。表 7-6 中列出了常用波特率、晶振频率和定时器计数初值之间的对应关系，应用时查表即可。

表 7-6 常用波特率表

串口工作方式	常用波特率	晶振频率（MHz）	SMOD	TH1 初值
1、3	19200	11.0592	1	0xfd
1、3	9600	11.0592	0	0xfd
1、3	4800	11.0592	0	0xfa
1、3	2400	11.0592	0	0xf4
1、3	1200	11.0592	0	0xe8

注：晶振频率选 11.0592MHz 时极易获得标准波特率。

硬件电路设计

运用 Proteus 进行的硬件电路设计及仿真效果如图 7-20 所示。

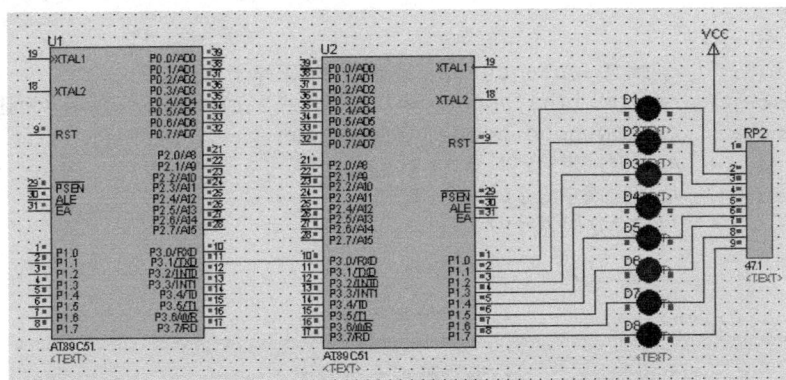

图 7-20 使用串口方式 3 进行单工通信仿真原理图

软件程序设计

分别打开 D\:"单片机项目设计"\"项目七：单片机串行通信技术"\"项目：单片机控制单片机"\"项目 数据发送"以及"项目 数据接收"\"C 语言源程序设计"子文件夹，打开里面的"Keil μVision2"工程项目，分别在其中新建如下示例程序。

1. 程序设计

（1）在"项目 数据发送"项目中建立如下源程序。

单片机 U1 的数据发送程序：

```
//7-2-2(send)：数据发送程序
#include<reg51.h>          //单片机寄存器定义头文件
sbit p=PSW^0;
unsigned char code Tab[ ]={0xe7,0xdb,0xbd,0x7e,0xbd,0xdb,0xe7,0xff};
//流水灯控制码，该数组被定义为全局变量
/*********************************************************
字节数据发送函数(向 PC 发送一个字节数据)
```

209

```
*************************************************/
void Send(unsigned char dat)
{
  ACC=dat;
   TB8=p;
 SBUF=dat;
  while(TI==0)
    ;
   TI=0;
}
/************************************************************
延时函数(延时约150ms)
*************************************************************/
 void delay(void)
{
  unsigned char m,n;
    for(m=0;m<200;m++)
     for(n=0;n<250;n++)
        ;
 }
/*********************************************
主函数
*********************************************/
void main(void)
{
  unsigned char i;
  TMOD=0x20;    //TMOD=0010 0000B，定时器T1工作于方式2
  SCON=0xc0;    //SCON=1100 0000B，串口工作方式3,SM2置0,不使用多机通信,TB8置0
  PCON=0x00;    //PCON=0000 0000B，波特率9600
  TH1=0xfd;     //根据规定给定时器T1赋初值
  TL1=0xfd;     //根据规定给定时器T1赋初值
  TR1=1;        //启动定时器T1
  while(1)
  {
    for(i=0;i<8;i++)        //模拟检测数据
      {
         Send(Tab[i]);      //发送数据Tab[i]
          delay();          //50ms发送一次检测数据
        }
    }
}
```

（2）在"项目 数据接收"项目中建立如下源程序。

单片机U2的数据接收程序：

```
//7-2-2(receive)：数据接收程序
#include<reg51.h>          //单片机寄存器定义头文件
sbit p=PSW^0;
/*********************************************
字节数据接收函数(接收一个字节数据)
*********************************************/
 unsigned char Receive(void)
{
  unsigned char dat;
  while(RI==0)             //只要接收中断标志位RI没有被置1
      ;                    //等待，直至接收完毕（RI=1）
```

```
     RI=0;                    //为了接收下一帧数据，需将 RI 清 0
    ACC=SBUF;                 //将接收缓冲器中的数据存于 ACC
    if(RB8==p)
     {
       dat=ACC;
        return dat;
     }
}
/************************************************
主函数
************************************************/
void main(void)
{
   TMOD=0x20;   //定时器 T1 工作于方式 2
   SCON=0xd0;   //SCON=1101 0000B，串口工作方式 1，允许接收（REN=1）
   PCON=0x00;   //PCON=0000 0000B，波特率 9600
   TH1=0xfd;     //根据规定给定时器 T1 赋初值
   TL1=0xfd;     //根据规定给定时器 T1 赋初值
   TR1=1;        //启动定时器 T1
   REN=1;        //允许接收
   while(1)
   {
        P1=Receive();  //将接收到的数据送 P1 口显示
   }
}
```

2. 程序编译与 Proteus 仿真

程序设计好之后，经过 Keil C 软件编译通过后，再利用 Proteus 软件进行仿真。在 Proteus ISIS 中绘制仿真电路图，或者打开配套电子资料包中的相应仿真原理图文件，将编译好的 HEX 文件载入单片机中。启动仿真，即可看到 LED 灯仿真运行的效果。

◯ **任务验证实践**

将第一块实验板上单片机接口插排 P4 上 P3 口插针 P31 针用跳线连接到第二块实验板上接口插排 P4 上 P3 口插针 P30 针；将第二块实验板上的 8 位 LED 发光管插座用 8 芯排线连接至 P1 口插座（注：本实验任务适合在校学生人手拥有一块实验板条件下完成。不具备此条件时建议通过 Proteus 仿真验证实验效果）。依次连接实验板与计算机，将 C 源程序编译生成的 HEX 文件通过下载数据线分别下载至两块实验板上的单片机 STC89C52RC 中。

接通实验板电源，运行该程序，验证项目实现效果。图 7-21 为本实验的现象。

图 7-21　串行口方式 3 串并转换控制流水灯实验现象

○ 工作任务拓展

主函数的调整：

改变发送程序中的流水灯花样设计，对主函数做相应调整，重新运行程序，验证自己的设计效果。

思考与练习 --

1. 试述 MCS-51 单片机串行口工作方式 2 的具体过程。

2. 试述 MCS-51 单片机串行口工作方式 3 的具体过程。

3. 调整本任务示例程序，改变发送程序中的流水灯花样设计，完成相应的流水灯 C 语言源程序设计。

4. 将上题中的 C 语言源程序编译生成 HEX 文件后，用 Proteus 软件仿真验证程序的正确性。

5. 将第 3 题中设计的 C 语言源程序编译生成的 HEX 文件，用 STC_ISP_V488 程序烧录软件载入制作的单片机主、副实验板中运行，验证程序的正确性。

LED 点阵屏显示技术项目开发

在单片机应用系统中，经常用 LED 点阵屏来显示各种文字与图像信息。由于它具有显示清晰、亮度高、使用电压低、寿命长、价格低廉、控制简单等特点，因此使用非常广泛。

任务 8-1　LED 点阵屏显示电路设计与制作

◯ 工作任务与目标

通过本项任务的实践，了解 8×8LED 点阵屏显示电路的结构与作用，学习 8×8LED 点阵屏显示电路设计的思路与方法，完成 8×8LED 点阵屏显示电路原理图与装配图的设计，了解 8×8LED 点阵屏显示电路制作相关元器件的基本知识，理解电路制作工艺要求，掌握电路制作的方法与技能，完成 8×8LED 点阵屏显示电路的制作，并掌握 8×8LED 点阵屏显示电路制作质量的检验方法，为后续单片机电路点阵屏显示实验打下良好的硬件基础。

任务 8-1-1　LED 点阵屏显示电路设计

1. 了解 8×8LED 点阵屏

（1）8×8LED 点阵屏简介

LED 点阵屏由 LED（发光二极管）组成，以发光管的亮灭来显示文字、图片、动画、视频等，是各部分组件都模块化的显示器件。LED 点阵显示屏制作简单，安装方便，被广泛应用于各种公共场合，如汽车报站器、广告屏以及公告牌等。

8×8LED 点阵屏由 8 行 8 列共 64 个发光二极管组成，每个发光二极管设置在行线和列线的交叉点上。这些发光二极管就是形成文字与图形图像的像素点。像素点越多，越能显示出丰富多彩的内容。8×8LED 点阵屏是大型显示屏的基本构成单元，学会 8×8LED 点阵屏的显示控制方法，是掌握大型 LED 显示屏显示技术的基础。

（1）8×8LED 点阵屏的结构与类型。8×8LED 点阵屏由 8 行 8 列发光二极管有序地组成一个方阵，其八根行线与八根列线按照一定的方式排列引出，形成 8×8LED 点阵屏的 16 只引脚。图 8-1 所示为 8×8LED 点阵屏的外形与引脚分布。

图 8-1 中字母 H 表示行，其后的数字表示行序；字母 L 表示列，其后的数字表示列序。为更加清楚地表达 8×8LED 点阵屏的引脚分布，常用图 8-2 表示 8×8LED 点阵屏的引脚分布情况。

从以上两幅图中可以看出，8×8LED 点阵屏并没有将其行、列引脚按照简明的顺序排列起来，而是看起来没有规律、杂乱无章的行与列混杂在一起。这为使用带来了一定的不方便，在使用与设计点阵显示屏电路时，首先要熟悉这样的排列。

图 8-1　8×8LED 点阵屏的外形与引脚分布

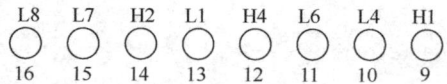

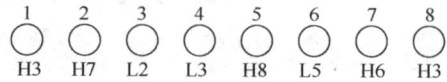

图 8-2　8×8LED 点阵屏的引脚分布示意图

为了更好地理解 LED 点阵屏的工作方式，需要进一步了解其内部结构。图 8-3 所示为
LED 点阵屏内部结构的一种连接方式，每一行的发光二极管阳极都接在行线上，每一列的发
光二极管阴极都接在列线上。由于行线与列线都是公共极，因此这种点阵屏可以称为行共阳
极型或者列共阴极型。

由于对称性，还存在一种与如图 8-3 结构相反的连接方式，每一行的发光二极管阴极都
接在行线上，每一列的发光二极管阳极都接在列线上。由于行线与列线都是公共极，因此这
种点阵屏可以称为行共阴极型或者列共阳极型，其具体结构如图 8-4 所示。

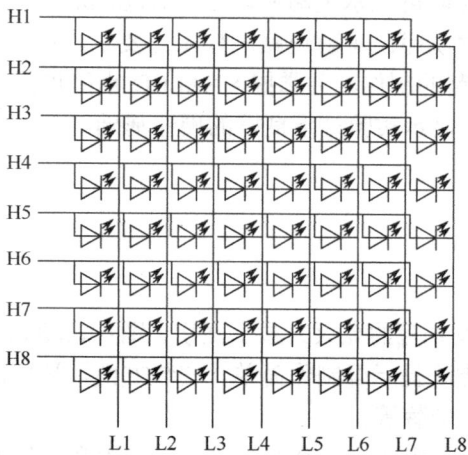

图 8-3　行共阳极型 8×8LED 点阵屏的内部结构

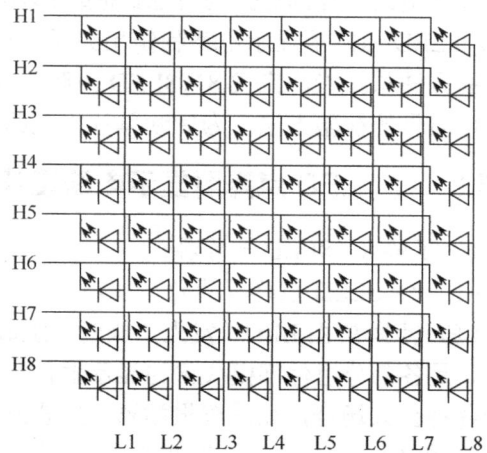

图 8-4　行共阴极型 8×8LED 点阵屏的内部结构

（2）8×8LED 点阵屏显示工作原理

以上两种类型的点阵屏工作条件是不同的。对于行共阳极型点阵屏，当对应的某一行置
"1"电平，某一列置"0"电平，则相应行列交叉点处的发光二极管就会发亮。例如，要将第
一行第一列的发光二极管点亮，则点阵屏的第 9 脚 H1 要接高电平，第 13 脚 L1 要接低电平，
则第一个发光二极管就点亮了。如果要将第一行全部点亮，则第 9 脚 H1 要接高电平，而所
有的列线 13（L1）、3（L2）、4（L3）、10（L4）、6（L5）、11（L6）、15（L7）、16（L8）这
些引脚均要接低电平，才会使第一行全被点亮。如要将第一列全部点亮，则应将第 13 脚 L1
接低电平，而第 9（H1）、14（H2）、8（H3）、12（H4）、1（H5）、7（H6）、2（H7）、5（H8）
脚均要接高电平，实现第一列全点亮。

对于行共阴极型点阵屏，点亮相应位置发光二极管的电平关系正好相反，也即当行线上
为低电平、列线上为高电平时，两线交叉点处的发光二极管就会被点亮。

2. 了解 74HC245

点亮 LED 点阵屏时，需要单片机向点阵屏的阳极提供高电平以及相应的工作电流。由于单片机本身的驱动能力有限，因此需要在单片机与点阵屏之间加一级驱动电路。74HC245 就是一种总线驱动器，能满足单片机总线端口增强带负载能力的需要。

74HC245 是一种具有 20 只引脚的集成电路。其引脚分布情况如图 8-5 所示。

其各个引脚的名称与作用如表 8-1 所示。

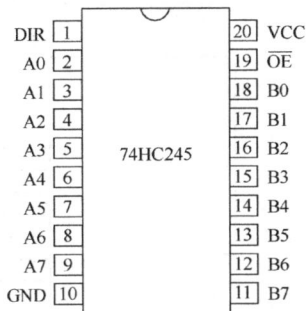

图 8-5　74HC245 其引脚分布图

表 8-1　74HC245 的引脚定义与说明

引脚符号	引脚名称	引脚序号	引脚说明
A0～A7	数据输入/输出	2～9	
B0～B7	数据输入/输出	18～11	
$\overline{OE}$	输出使能端	19	低电平有效
DIR	数据传输方向控制端	1	DIR=1，A→B；DIR=0，B→A
VCC	逻辑电源	20	电源端
GND	逻辑地	10	逻辑地

74HC245 的功能表如表 8-2 所示。

表 8-2　74HC245 功能表

输出使能 $\overline{OE}$	输出控制 DIR	工作状态
L	L	Bn 输入，An 输出
L	H	An 输入，Bn 输出
H	X	高阻态

74HC245 是常用的驱动芯片，用来驱动 LED 或者其他的设备，它是 8 路相同三态双向总线收发器，可双向传输数据。

74HC245 具有双向三态功能，既可以用作输出数据，也可以用作输入数据。当输出使能端 $\overline{OE}$ 低电平有效时，DIR="0"，数据由 B 向 A 传输（接收）；DIR="1"，数据由 A 向 B 传输（发送）；当输出使能端 $\overline{OE}$ 为高电平时，A、B 均为高组态。

3. 8×8LED 点阵屏显示电路设计

（1）电路原理图设计。单片机控制 8×8LED 点阵屏显示电路设计的基本思路是利用单片机的两个 I/O 口分别向 8×8LED 点阵屏送出行控制电平与列控制电平，使 LED 点阵屏显示出需要的文字或图形。由于单片机 I/O 口的输出带负载能力有限，因此在输出高电平时需要添加驱动电路。在本项目中，我们采用行共阳极 LED 点阵屏，行线上为高电平、列线上为低电平时，行列交叉处的 LED 被点亮。所以要在单片机输出 LED 显示屏行线控制码的 I/O 口后面增加由 74HC245 构成的驱动电路。

由 74HC245 构成的驱动电路，设计数据传输方向由 An 向 Bn 传输，所以应设置第 1 脚输出控制端 DIR 引脚为高电平"1"。常设电路处于正常的数据传输状态，应设置第 19 脚输出使能端 $\overline{OE}$ 引脚为低电平"0"。

基于以上的电路设计思路与要求，设计单片机控制 8×8LED 点阵屏显示电路如图 8-6 所示。

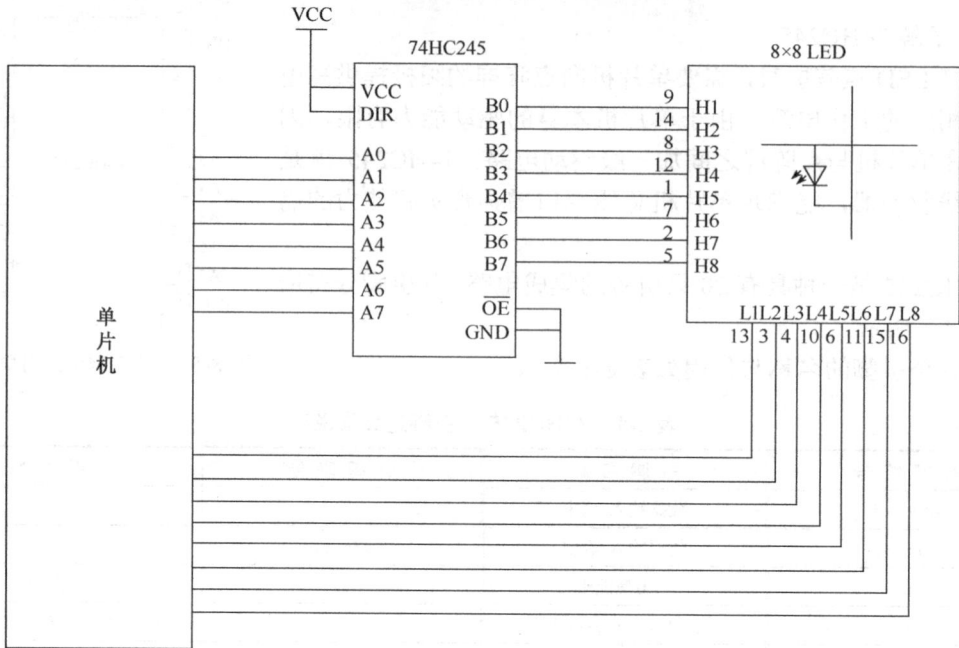

图 8-6　8×8LED 点阵屏显示控制电路

图 8-6 中 74HC245 的八位数据输入端 A0～A7 和 8×8LED 点阵屏的八位列线引脚 L1～L8 与单片机连接的 I/O 口没有具体地表达出来，其目的是给编程留有充分灵活的设计选择余地。在电路装配图设计时，这一部分电路之间的连接使用排线通过相应的接口插座来实现。

（2）电路装配图设计。与串并转换控制电路一样，由于在单片机实验主板上已没有足够的地方组装，因此 8×8LED 点阵屏显示电路设计组装在单片机实验板副板上。副板的具体装配图设计如项目七中图 7-7 所示。

其中，8×8LED 点阵屏显示电路部分的装配图如图 8-7 所示。

图 8-7 中，为了方便副板与主板之间进行相关的连接，在 74HC245 行线控制数据输入端加了一个接口插座 P13，在 8×8LED 点阵屏上方加了一个列线接口插座 P14。另外设置了 VCC 和 GND 两个插针，便于电源的接入。接口插座 P13 和 P14 的插针分配如图 8-8 所示。

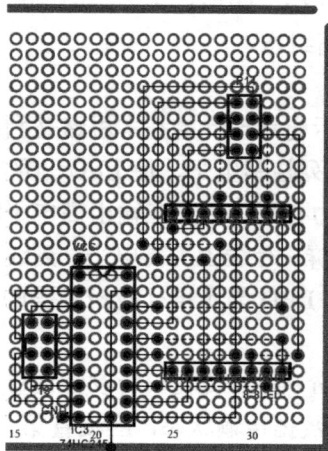

图 8-7　单片机副板 8×8LED 点阵屏显示
电路部分装配图

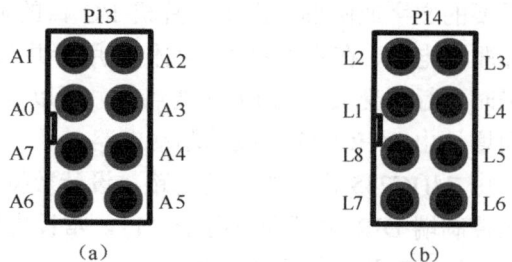

图 8-8　单片机副板 8×8LED 点阵屏显示电路接口
插座插针分配图

216

任务 8-1-2　8×8LED 点阵屏显示电路制作

1. 8×8LED 点阵屏显示电路制作工艺要求

8×8LED 点阵屏控制电路虽然只有 74HC245 和 8×8LED 点阵屏两个主要元件，但是由于引脚数量众多，而且要设置两个八针接口插座，连线关系复杂，所以对操作工艺方面的要求是很高的。在制作工艺方面，着重要注意以下几个方面的问题。

（1）仔细研读电路装配图，对电路结构与原理要有所了解，对元器件引脚间的相互连接关系要做到准确无误地把握。

（2）焊接操作工艺规范，焊接质量过硬。

（3）规范连线工艺，遵循正确的电路组装顺序。8×8LED 点阵屏控制电路元器件引脚间的连线关系对操作工艺有着较高的要求，为提高电路制作工艺质量，做连线时在焊接前应注重先整直导线，直角弯折时成型角度准确，长度精准，做到一丝不苟、严谨细致。这样有利于在焊接时少做频繁的调整，可以有效提高电路制作的操作效率。另外排线时有些先后顺序是十分重要的，顺序不当先前的操作会对后续的操作形成很大的干扰与障碍，这一点需要用心体会。

2. 8×8LED 点阵屏显示电路制作

（1）元器件清点与质量检验。8×8LED 点阵屏控制电路中，各元器件清单列表如表 8-3 所示。

表 8-3　8×8LED 点阵屏控制电路元器件清单表

序　号	元器件编号	元器件名称	元器件实物图	元器件规格	数　量
1	8×8LED	8×8LED 点阵屏		8×8LED	1
2	8×8LED	点阵屏单排圆排母插座		8 孔圆排母	2
3	IC3	74HC245		双列直插式	1
4	IC3	IC 插座		双列直插式	1
5	P13、P14	点阵屏列线、74HC245 输入接口插座		2*4 针	2
6	VCC、GND	电源接口插针		1 针	2

按照表 8-3 中元器件的顺序清点元器件，并对元器件的质量进行认真的检验。

（2）8×8LED 点阵屏显示电路的制作。8×8LED 点阵屏控制电路总装配图如图 7-7 所示，局部电路装配图如图 8-7 所示。装配时一定要严格按照装配图定位插装，正确、高效、合理地利用好万能板上的每一处空间。

万能板上 8×8LED 点阵屏控制电路的组装，大体分为以下几个主要的步骤。

第一步先定位组装 IC3 插座、两排点阵屏八孔单排圆排母插座与 P13 接口插座。两排点阵屏八孔单排圆排母插座要先插装在 8×8LED 点阵屏两排引脚上再定位到万能板上，这样便于今后 8×8LED 点阵屏的顺利拔插。P14 接口插座先不急着安装，以免妨碍相关接线。

第二步定位焊接 VCC 与 GND 两个插针。插针的定位不太好固定，需要想一些办法，运用一些必要的操作技巧。

第三步先定位焊接 P14 接口插座相关的两条连线，如图 8-9 所示，这两条连线实现的是 LED 显示屏 L1、L4 列线与 P14 接口插座之间的连接。焊好这两条连线后，再将 P14 接口插座正确插装焊接到位。

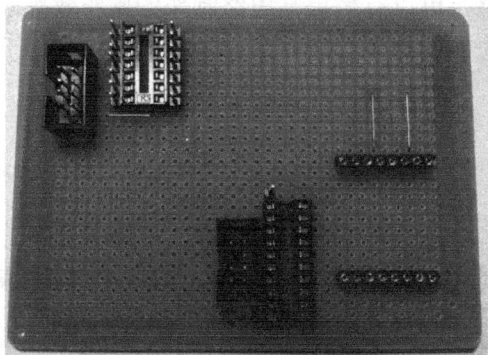

图 8-9　P14 接口插座相关连线的组装顺序

第四步进行元器件之间以及元器件与接口插座之间的连线组装操作。这一步最为烦琐杂乱，需要细致严谨、仔细耐心才能保质保量完成组装任务。

第五步对照电路图与装配图对组装的电路进行全面仔细的组装检查，以防止漏装漏接、错装错接、组装工艺缺陷等质量问题的产生。

8×8LED 点阵屏控制电路的实际装接样板如图 8-10 所示。

（a）正面（元件面）

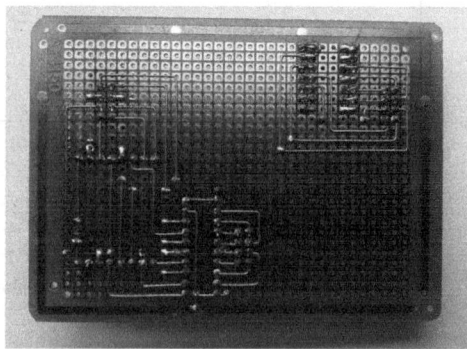

（b）反面（焊接面）

图 8-10　8×8LED 点阵屏显示电路样板图

将集成电路、8×8LED 点阵屏插装到插座上以后，单片机实验板副板电路样板，如图 8-11 所示。

图 8-11　单片机实验板副板电路样板图

3. 8×8LED 点阵屏显示电路的质量检验

8×8LED 点阵屏显示控制电路制作完成以后，还要对电路的组装质量进行检验，检验合格以后才能进行后续的电路组装与实验。对 8×8LED 点阵屏控制电路的质量检验，按照以下程序进行。

（1）数字万用表置二极管挡，红表笔先后依次接 74HC245 插座数据输出端的 B0～B7 引脚，黑表笔依序逐个点碰 8×8LED 点阵屏列线接口插座 P14 上的 L1～L8 插针。电路组装合格的话应该能看到自上而下逐行的 LED 依次从左到右被点亮。

（2）如果有相应位置的 LED 未被点亮，则说明电路中相关行线或列线中存在开路故障或连接错误，要检查电路的焊接与连线，直至排除故障为止。

任务 8-2　LED 点阵屏控制程序设计

本项任务分为三个系列子任务。通过本项任务的实践，学习 8×8LED 点阵屏基础知识与显示驱动方法，掌握运用 C 语言对 8×8LED 点阵屏进行显示程序设计的方法与技术。

任务 8-2-1　LED 点阵屏的点亮与闪烁程序设计

工作任务与目标

1. 初步掌握字模生成工具软件 PCtoLCD2002（完美版）的使用方法。
2. 掌握运用 C 语言编程控制 8×8LED 点阵屏点亮与闪烁显示数字字符的方法。

任务相关知识链接

字模生成工具软件的使用

在单片机技术开发应用的过程中，根据需要常常需用到各种常用的开发小工具，点阵字模生成软件工具就是在点阵屏显示技术编程开发时不可或缺的软件工具。图 8-12 为从网上下载的一种常用的免费字模生成软件 PCtoLCD2002（完美版）的主界面。

在使用 PCtoLCD2002 软件时，首先要对字模提取进行相关的设置，然后才能提取到符合需要的字模。这里对 PCtoLCD2002 软件的界面操作使用进行简要的介绍。

1. 设置点阵大小

在"修改点阵大小"栏内可以对"当前汉字点阵大小"进行宽、高设定，相应的"对应英文点阵大小"同时会做变动。通常一个汉字的点阵大小是一个英文（或数字）点阵大小的两倍。

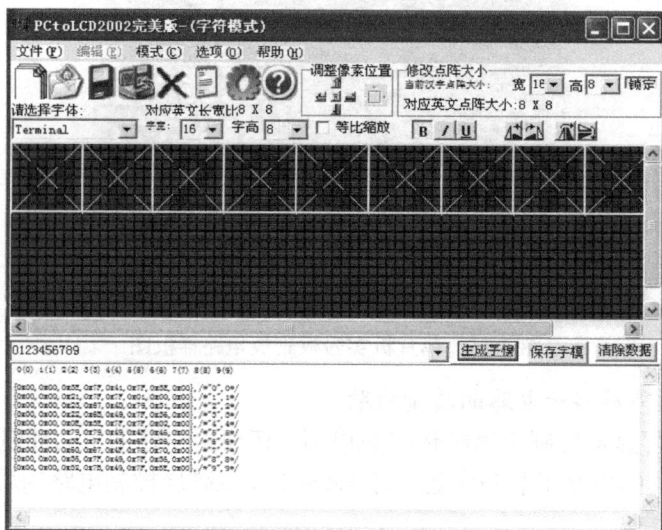

图 8-12　PCtoLCD2002 完美版字模提取软件主界面

2. 设置字宽字高

在"字宽"、"字高"栏内可以对字宽、字高进行设置。默认的设置是 16×16，这是一个汉字点阵的标准格式。对"字宽"、"字高"栏进行字宽、字高设置时，相应的"对应英文长宽比"也会做同步变动。

3. 设置字体及格式

在"请选择字体"栏内可以对中英文字符的字体进行设置。单击 B / U 按钮可以对中英文字符进行相应的加粗、斜体、下划线等格式处理，这一点与 Word 软件中的操作类似。单击 按钮可以对中英文字符进行逆时针翻转、顺时针翻转、左右镜像、上下镜像等对称变换操作，这一点与 Proteus 软件中的相关元件放置编辑操作相类似。

4. 调整像素位置

单击"调整像素位置"按钮 的四个方向箭头，可以在上、下、左、右四个方向上调整字符的位置，进行字符在字模框中类似于 Word 软件中"左对齐、右对齐、居中、顶端对齐、底端对齐"等格式操作。

5. 字模选项设置

单击"字模选项"按钮 ，或者单击菜单栏中的"选项"菜单，可以弹出如图 8-13 所示"字模选项"操作界面，进行"点阵格式"、"取模走向"、"取模方式"、"输出数制"、"输出选项"等格式操作。设置完选项之后，要单击"确定"按钮才能使设置生效。

6. 模式设置

单击菜单栏中的"模式"菜单，可以在"字符模式"与"图形模式"之间进行选择。如果要对自绘图形进行取模，则应选择"图形模式"。选择"图形模式"后，单击"新建一幅 BMP 图像"按钮 ，弹出如图 8-14 所示的"新建图像"对话框。

例如，将"图片宽度"、"图片高度"栏内像素分别设置为"8"，单击"确定"按钮后，软件界面进入如图 8-15 所示的"8×8"图形模式编辑界面。

单击像素点，即可进行图形的绘制。如果要删除绘错的像素点，只需右击相应的像素点即可。图形绘制好以后，单击"生成字模"按钮，即可生成自绘图形的相应字模。图 8-16 所示为自绘上箭头生成字模的软件界面。

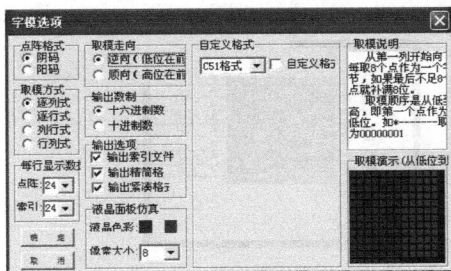

图 8-13　"字模选项"操作界面

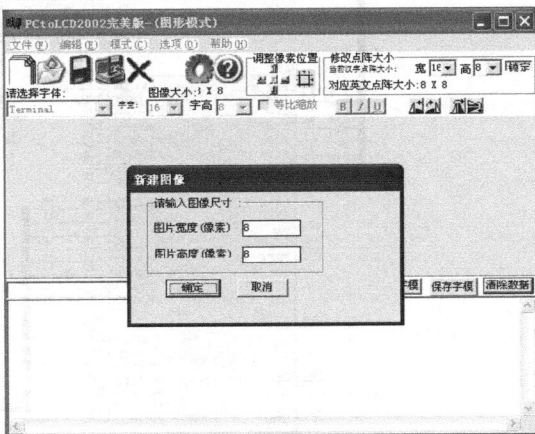

图 8-14　"新建图像"对话框

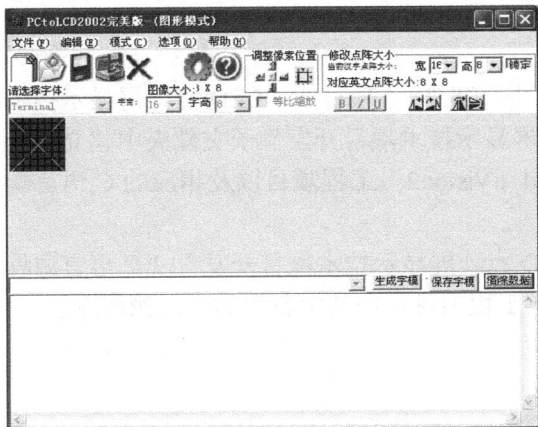

图 8-15　图形模式编辑界面

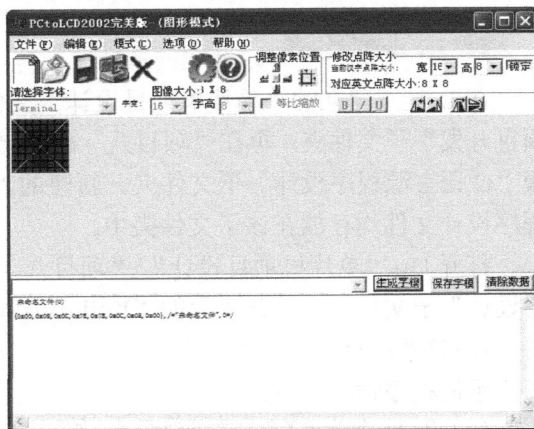

图 8-16　自绘上箭头生成字模

生成的字模可以通过单击"保存字模"按钮以字模文件的形式输出，也可以直接复制、粘贴加以运用。

本项目任务中，主要在一个单元的 8×8LED 点阵屏上进行数字与简单自绘箭头的显示。结合自制电路板的电路结构，在生成字模前，需先对 PCtoLCD2002 完美版字模提取软件进行如下设置。

（1）"当前汉字点阵大小"宽为 16、高为 8，相应的"对应英文点阵大小"为 8×8。

（2）"字宽"、"字高"设置为 16×8，相应的"对应英文长宽比"则正好适应于 8×8 点阵显示。

（3）字体及格式设置为：Terminal，加粗。

（4）"调整像素位置"为：底端对齐、右距一列。

（5）"字模选项"设置："点阵格式"设为"阴码"（高电平点亮），"取模走向"设为"逆向"，"取模方式"设为"逐列式"，输出数制设为"十六进制数"，其他设置可取默认值。

硬件电路设计

运用 Proteus 进行的硬件电路设计及仿真效果如图 8-17 所示。

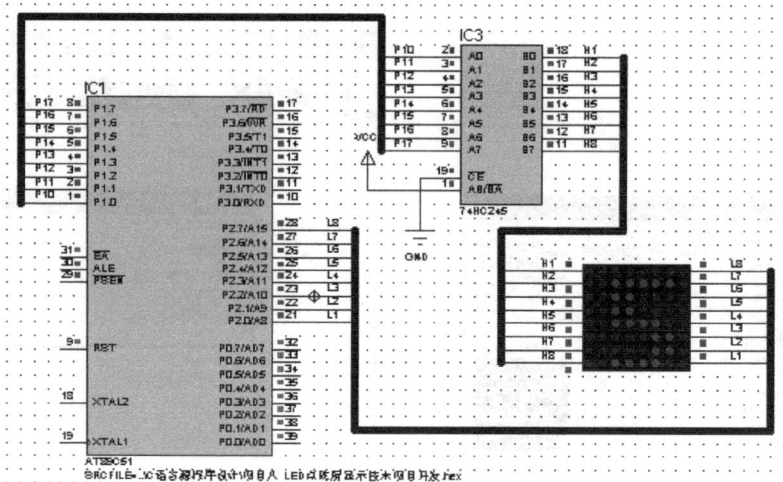

图 8-17　LED 点阵屏的点亮与闪烁仿真原理图

软件程序设计

在 D 盘下建立的"单片机项目设计"文件夹中，建立　"项目八　LED 点阵屏显示技术项目开发"子文件夹，再在"项目八　LED 点阵屏显示技术项目开发"子文件夹中建立下一级"C 语言源程序设计"子文件夹。新建的"Keil μVision2"工程项目以及相应的 C 语言源程序设计文件均存放在该子文件夹中。

打开 D\:"单片机项目设计"\"项目八　LED 点阵屏显示技术项目开发"\"C 语言源程序设计"子文件夹，打开里面的"Keil μVision2"工程项目，在其中新建如下示例程序。

1. 程序设计

示例程序设计如下：

```
//8-2-1：使用 8×8 点阵屏静态显示数字"5"
#include <reg51.h>
#include <intrins.h>
unsigned char code tab[]={0x00,0x62,0xf2,0x92,0x9e,0x9e,0x00,0x00};
//"5"的字模阴码（高电平亮）

delay()
{
    unsigned int j;
    for (j=0;j<60;j++);
}

display()
{
    unsigned char i,LK=0x7f;        //LK 变量作列控，初始选通左边第 1 列
    for (i=0;i<8;i++)
    {
        P2=LK;                      //输出列控
        P1=tab[i];                  //依次输出行字模码
```

```
        delay();                    //延时
        P1=0x00;                    //熄灭所有 LED（消隐）
        LK=_cror_(LK,1);            //列控右移一列
    }
}

int main()
{
    while(1)
    {
        display();
    }
}
```

2. 程序编译与 Proteus 仿真

程序设计好之后，经过 Keil C 软件编译通过后，再利用 Proteus 软件进行仿真。在 Proteus ISIS 中绘制仿真电路图，或者打开配套电子资料包中的相应仿真原理图文件，将编译好的 HEX 文件载入单片机中。启动仿真，即可看到 8×8LED 点阵屏静态显示数字"5"的仿真运行的效果。

○ 任务验证实践

连接计算机与实验板，将 C 源程序编译生成的 HEX 文件通过下载数据线下载至实验板上的单片机 STC89C52RC 中。将实验板副板上 74HC245 的接口插座 P13 用八芯排线连接到实验板主板单片机 P1 口接口插座 P1 上，将实验板副板上 8×8LED 点阵屏列控制接口插座 P14 用八芯排线连接到实验板主板单片机 P2 口接口插座 P2 上。用两根跳线分别将实验板主板与副板上的电源与地连接起来，具体来说，就是将单片机第 20 脚 GND 插针用杜邦线与 74HC245 第 10 脚 GND 插针相连接，将单片机第 40 脚 VCC 插针用杜邦线与 74HC245 的 VCC 插针相连接。

接通实验板电源，运行该程序，验证项目实现效果。图 8-18 为本实验的现象。

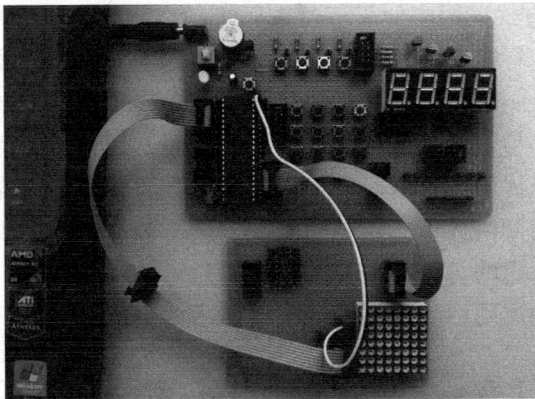

图 8-18　LED 点阵屏的点亮实验现象

要实现显示数字的闪烁也很简单，只要在上述程序中主函数 main 中的"display（）;"语句之后添加一条调用延时函数语句作为关闭显示间歇即可。当然，在程序结构中需要先编写一个相应的延时适当的延时函数。

◯ **工作任务拓展**

主函数的调整

（1）使用其他数字字模，或者利用 PCtoLCD2002 完美版字模提取软件对自绘图形符号生成的字模调换程序中的数字字模，使单片机显示调换后的内容，验证自己的设计效果。

（2）设计闪烁效果的字符显示程序，并调整字符闪烁的快慢，编译仿真程序，并将程序下载到单片机中，验证设计效果。

▶ **思考与练习**

1．简述字模生成软件 PCtoLCD2002（完美版）的使用方法。

2．试述使用 PCtoLCD2002（完美版）软件生成 8×8 点阵字模的软件基本设置。

3．调整本任务示例程序，使用 PCtoLCD2002（完美版）软件提取字模，改变显示的数字或英文字母内容，完成相应的 C 语言源程序设计。

4．将上题中的 C 语言源程序编译生成 HEX 文件后，用 Proteus 软件仿真验证程序的正确性。

5．将第 3 题中设计的 C 语言源程序编译生成的 HEX 文件，用 STC_ISP_V488 程序烧录软件载入制作的单片机主、副实验板中运行，验证程序的正确性。

任务 8-2-2　LED 点阵屏的动态显示程序设计

◯ **工作任务与目标**

1．理解 LED 点阵屏的动态显示原理。

2．掌握运用 C 语言编程控制 LED 点阵屏动态显示的方法。

◯ **任务相关知识链接**

LED 点阵屏的动态显示程序控制

LED 点阵屏的显示方式采用类似于多位数码管动态扫描的显示方式。动态扫描的显示方式是一列接着一列（或一行接着一行）地轮流点亮各列（或各行）发光二极管。通常用单片机的一个 I/O 口输出列控制码，用单片机的另一个 I/O 口输出行控制码。如果采用逐列扫描的显示方式，则常用循环移位函数来依次产生列控制码，相当于多位数码管动态扫描显示控制中的位码；用字模数组提供行显示码，相当于多位数码管动态扫描显示控制中的段码。列控制码在一个循环移位周期内显示一帧画面。如果显示静态的数字或字符，则反复循环调用同一数字或字符的字模行码即可。如果要动态滚动显示数字或字符，则需在程序中设置递变变量控制字模行码的滚动调用，产生相应的滚动显示效果。递变变量的递增与递减通常产生显示内容的左移或右移效果。

如果采用逐行扫描的显示方式，则常用循环移位函数来依次产生行控制码，相当于多位数码管动态扫描显示控制中的位码；用字模数组提供列显示码，相当于多位数码管动态扫描显示控制中的段码。行控制码在一个循环移位周期内显示一帧画面。如果显示静态的数字或字符，则反复循环调用同一数字或字符的字模列码即可。如果要动态滚动显示数字或字符，则需在程序中设置递变变量控制字模列码的滚动调用，产生相应的滚动显示效果。递变变量的递增与递减通常产生显示内容的上移或下移效果。

硬件电路设计

运用 Proteus 进行的硬件电路设计及仿真效果如图 8-19 所示。

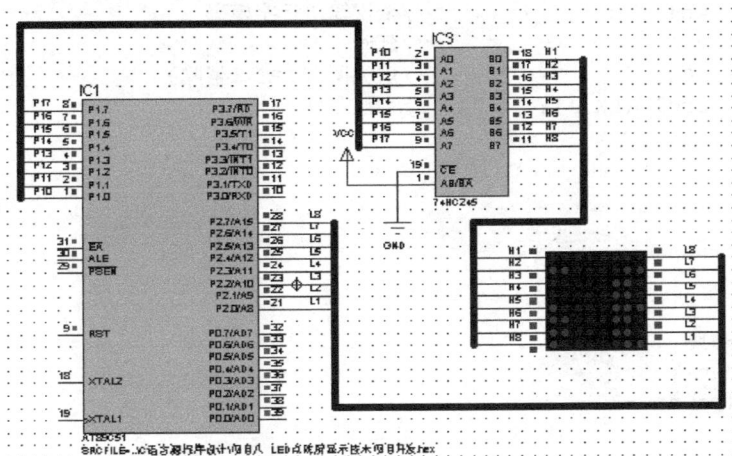

图 8-19　LED 点阵屏的动态显示仿真原理图

软件程序设计

打开 D\:"单片机项目设计"\"项目八　LED 点阵屏显示技术项目开发"\"C 语言源程序设计"子文件夹，打开里面的"Keil μVision2"工程项目，在其中新建如下示例程序。

1. 程序设计

示例程序设计如下：

```
//8-2-2: 使用 8*8 点阵屏动态滚动显示数字
#include <reg51.h>
#include <intrins.h>
unsigned char count,Num;
unsigned char code tab[]=
{
    0x00,0x00,0x7C,0xFE,0x82,0xFE,0x7C,0x00,      //"0"的字模码
    0x00,0x00,0x84,0xFE,0xFE,0x80,0x00,0x00,      //"1"的字模码
    0x00,0x00,0xC4,0xE6,0xB2,0x9E,0x8C,0x00,      //"2"的字模码
    0x00,0x00,0x44,0xD6,0x92,0xFE,0x6C,0x00,      //"3"的字模码
    0x00,0x00,0x70,0x7C,0xFE,0xFE,0x40,0x00,      //"4"的字模码
    0x00,0x00,0x9E,0x9E,0x92,0xF2,0x62,0x00,      //"5"的字模码
    0x00,0x00,0x7C,0xFE,0x92,0xF6,0x64,0x00,      //"6"的字模码
    0x00,0x00,0x06,0xE6,0xF2,0x1E,0x0E,0x00,      //"7"的字模码
    0x00,0x00,0x6C,0xFE,0x92,0xFE,0x6C,0x00,      //"8"的字模码
    0x00,0x00,0x4C,0xDE,0x92,0xFE,0x7C,0x00       //"9"的字模码
};

delay()
{
    unsigned int j;
    for (j=0;j<60;j++);
}
```

```
display()
{
    unsigned char i,LK=0xfe;        //LK 变量作列控,初始选通左边第 1 列
    for (i=0;i<8;i++)
    {
        P2=LK;                      //输出列控
        P1=tab[i+Num];              //依次输出行字模码
        delay();                    //延时
        P1=0x00;                    //熄灭所有 LED(消隐)
        LK=_crol_(LK,1);            //列控左移一位
    }
}

int main()
{
    while(1)
    {
        display();
        count++;
        if(count==20)
        {
            count=0;
            Num=(Num+1)%72;  //8(列)×9(字符)=72
        }
    }
}
```

2. 程序编译与 Proteus 仿真

程序设计好之后,经过 Keil C 软件编译通过后,再利用 Proteus 软件进行仿真。在 Proteus ISIS 中绘制仿真电路图,或者打开配套电子资料包中的相应仿真原理图文件,将编译好的 HEX 文件载入单片机中。启动仿真,即可看到 8×8LED 点阵屏动态显示数字的仿真运行的效果。

○ 任务验证实践

连接计算机与实验板,将 C 源程序编译生成的 HEX 文件通过下载数据线下载至实验板上的单片机 STC89C52RC 中。将实验板副板上 74HC245 的接口插座 P13 用八芯排线连接到实验板主板单片机 P1 口接口插座 P1 上,将实验板副板上 8×8LED 点阵屏列控制接口插座 P14 用八芯排线连接到实验板主板单片机 P2 口接口插座 P2 上。用两根跳线分别将实验板主板与副板上的电源与地连接起来,具体来说,就是将单片机第 20 脚 GND 插针用杜邦线与 74HC245 第 10 脚 GND 插针相连接,将单片机第 40 脚 VCC 插针用杜邦线与 74HC245 的 VCC 插针相连接。

接通实验板电源,运行该程序,验证项目实现效果。图 8-20 为本实验的现象。

○ 工作任务拓展

主函数的调整

(1)调整 count 变量设置,改变滚动显示速度,然后验证自己的设计效果。

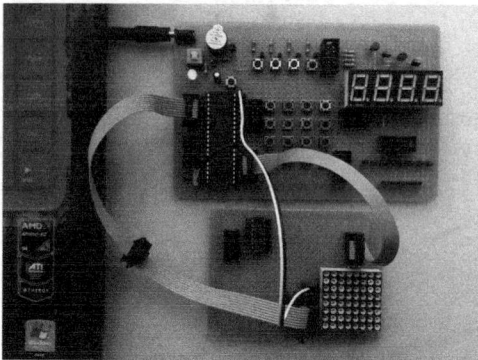

图 8-20 LED 点阵屏的动态显示实验现象

（2）调整字模数组内容，编程显示调整后的内容，验证实现调整效果。

思考与练习

1．简述 LED 点阵屏的动态显示程序控制方法。

2．调整本任务示例程序，使用 PCtoLCD2002（完美版）软件提取字模，改变动态显示的数字或英文字母内容，完成相应的 C 语言源程序设计。

3．将上题中的 C 语言源程序编译生成 HEX 文件后，用 Proteus 软件仿真验证程序的正确性。

4．将第 2 题中设计的 C 语言源程序编译生成的 HEX 文件，用 STC_ISP_V488 程序烧录软件载入制作的单片机主、副实验板中运行，验证程序的正确性。

任务 8-2-3　LED 点阵屏模拟电梯上升楼层数字显示

工作任务与目标

1．了解锁存器基本知识及其应用。

2．掌握运用 C 语言编程控制 8×8LED 点阵屏垂直滚动显示数码字符的方法与技术。

任务相关知识链接

锁存器及其应用

实用的 LED 点阵屏是由大量的 8×8LED 点阵屏单元组合而成的。然而一片单片机只有四个 I/O 口，如果每一个 8×8LED 点阵屏单元都要占用两个 I/O 口来实现行控与列控显然是不现实的。实际上各个 8×8LED 点阵屏单元的行控（或列控）都是并联在单片机的同一 I/O 口上的，它们的分时控制是通过锁存器来实现的。74HC573 就是一种常用的锁存器，下面对 74HC573 锁存器做一个简要的介绍。

1．74HC573 锁存器简介

74HC573 锁存器是八进制 3 态非反转透明锁存器。它是高性能的硅门 CMOS 器件，SL74HC573 与 LS/AL573 的引脚一样，器件的输入是和标准 CMOS 输出兼容的；加上拉电阻，能和 LS/ALSTTL 输出兼容。

74HC573 锁存器的引脚分布图如图 8-21 所示。

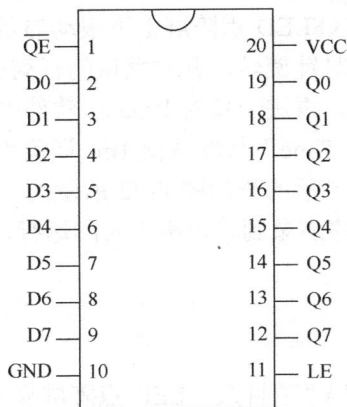

图 8-21　锁存器 74HC573 引脚分布图

227

74HC573 锁存器共有 20 只脚。1 引脚为输入使能端 $\overline{OE}$；2~9 引脚为数据输入端；12~19 引脚为数据输出端；11 引脚为锁存使能端 LE。其功能如表 8-4 所示。

表 8-4　74HC573 锁存器功能表

输　入			输　出
输入使能 $\overline{OE}$	锁存使能 LE	D	Q
L	H	H	H
L	H	L	L
L	L	X	不变
H	X	X	Z

从功能表中可以看出，74HC573 锁存器当输入使能端 $\overline{OE}$ 为低电平时，允许数据输入；当输入使能端 $\overline{OE}$ 为高电平时，输出端呈高阻态。当锁存使能端 LE 为高电平时，这些器件的锁存对于数据是透明的（也就是说输出与输入同步）；当锁存使能端 LE 为低电平时，符合建立时间和保持时间的数据会被锁存。

2. 锁存器的作用

在 LED 和数码管显示方面，要维持数据的显示，尤其是多位数码管或 LED 点阵屏等需要选通显示的情况下，往往要持续、快速地刷新显示。在人类能够接受的刷新频率之内，大概每 30ms 就要刷新一次。这就大大占用了处理器的处理时间，消耗了处理器的处理能力，还浪费了处理器的功耗。

锁存器的使用就可以大大地缓解处理器在这方面的压力。当处理器把数据传输到锁存器并将其锁存后，锁存器的输出引脚便会一直保持数据状态直到下一次锁存新的数据为止。这样在数码管的显示内容不变之前，处理器的处理时间和 I/O 引脚便可以释放。可以看出，处理器用来处理显示信息的时间仅限于显示内容发生变化的时候，这在整个显示时间上只是非常少的一个部分。而处理器在处理完数据的变化后可以有更多的时间来执行其他的任务。这就是锁存器在 LED 数码管显示方面的作用：把处理器从持续刷新数码显示的冗余工作中解放出来，节省了宝贵的处理时间，提高了处理器的工作效能。

硬件电路设计

运用 Proteus 进行的硬件电路设计及仿真效果如图 8-22 所示。需要说明的是，Proteus 软件虽然总体来说仿真功能比较强大，但是在一些特定情况下也存在仿真效果不尽如人意的地方。在本例仿真中，为了仿真 8×8LED 点阵屏上下滚动显示的效果，对 Proteus 软件中的 8×8LED 点阵屏元件做了 90°逆时针旋转，并对默认的行列引脚进行了行列引脚转换。此时再仿真会发现看不到仿真动画了。再进一步对 Proteus 软件中的 8×8LED 点阵屏元件属性进行编辑，将其"Minimum Trigger Time"从默认值 1ms 调整为 0.25ms 后，仿真动画才能得以显现，但显示效果仍然有缺陷，显示的是如图 8-22 所示的"负片"效果（即亮灭反转）。但这并不影响程序的正确性，将程序烧录到单片机中实际运行，显示出如图 8-23 所示的预期实验效果。

软件程序设计

打开 D:\"单片机项目设计"\"项目八　LED 点阵屏显示技术项目开发"\"C 语言源程序设计"子文件夹，打开里面的"Keil μVision2"工程项目，在其中新建如下示例程序。

1. 程序设计

示例程序设计如下:

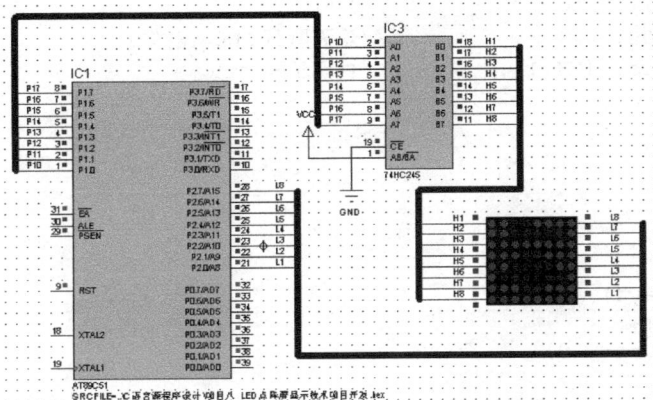

图 8-22　LED 点阵屏模拟电梯上升楼层数字显示仿真原理图

```
//8-2-3：LED 点阵屏模拟电梯上升楼层数字显示
#include <reg51.h>
#include <intrins.h>
unsigned char count,Num;
unsigned char code tab[]=
{
    0xFF,0xC7,0x93,0x93,0x93,0x93,0x93,0xC7,    //"0"的字模码
    0xFF,0xE7,0xC3,0x81,0xE7,0xE7,0xE7,0xFF,    //"↑"的字模码
    0xFF,0xE7,0xE3,0xE7,0xE7,0xE7,0xE7,0xC3,    //"1"的字模码
    0xFF,0xE7,0xC3,0x81,0xE7,0xE7,0xE7,0xFF,    //"↑"的字模码
    0xFF,0xC7,0x93,0x9F,0xCF,0xE7,0xF3,0x83,    //"2"的字模码
    0xFF,0xE7,0xC3,0x81,0xE7,0xE7,0xE7,0xFF,    //"↑"的字模码
    0xFF,0xC7,0x93,0x9F,0xC7,0x9F,0x93,0xC7,    //"3"的字模码
    0xFF,0xE7,0xC3,0x81,0xE7,0xE7,0xE7,0xFF,    //"↑"的字模码
    0xFF,0xCF,0xC7,0xC7,0xC3,0xC3,0x83,0xCF,    //"4"的字模码
    0xFF,0xE7,0xC3,0x81,0xE7,0xE7,0xE7,0xFF,    //"↑"的字模码
    0xFF,0x83,0xF3,0xF3,0xC3,0x9F,0x9F,0xC3,    //"5"的字模码
    0xFF,0xE7,0xC3,0x81,0xE7,0xE7,0xE7,0xFF,    //"↑"的字模码
    0xFF,0xC7,0x93,0xF3,0xC3,0x93,0x93,0xC7,    //"6"的字模码
    0xFF,0xE7,0xC3,0x81,0xE7,0xE7,0xE7,0xFF,    //"↑"的字模码
    0xFF,0x83,0x93,0x9F,0xCF,0xE7,0xE7,0xE7,    //"7"的字模码
    0xFF,0xE7,0xC3,0x81,0xE7,0xE7,0xE7,0xFF,    //"↑"的字模码
    0xFF,0xC7,0x93,0x93,0xC7,0x93,0x93,0xC7,    //"8"的字模码
    0xFF,0xE7,0xC3,0x81,0xE7,0xE7,0xE7,0xFF,    //"↑"的字模码
    0xFF,0xC7,0x93,0x93,0x87,0x9F,0x93,0xC7     //"9"的字模码
};

delay()
{
    unsigned int j;
    for (j=0;j<60;j++);
}

display()
{
    unsigned char i,HK=0x01;    //HK 变量作行控，初始选通上边第 1 行
    for (i=0;i<8;i++)
```

```
    {
        P1=HK;                    //输出行控
        P2=tab[i+Num];            //依次输出列字模码
        delay();                  //延时
        P2=0x00;                  //熄灭所有LED（消隐）
        HK=_crol_(HK,1);          //行控左移一位
    }
}

int main()
{
    while(1)
    {
        display();
        count++;
        if(count==20)
        {
            count=0;
            Num=(Num+1)%144;      //8（行）×18（字符）=144
        }
    }
}
```

2. 程序编译与 Proteus 仿真

程序设计好之后，经过 Keil C 软件编译通过后，再利用 Proteus 软件进行仿真。在 Proteus ISIS 中绘制仿真电路图，或者打开配套电子资料包中的相应仿真原理图文件，将编译好的 HEX 文件载入单片机中。启动仿真，即可看到 8×8LED 点阵屏模拟电梯上升楼层数字显示的仿真运行的效果。

● **任务验证实践**

连接计算机与实验板，将 C 源程序编译生成的 HEX 文件通过下载数据线下载至实验板上的单片机 STC89C52RC 中。将实验板副板上 74HC245 的接口插座 P13 用八芯排线连接到实验板主板单片机 P1 口接口插座 P1 上，将实验板副板上 8×8LED 点阵屏列控制接口插座 P14 用八芯排线连接到实验板主板单片机 P2 口接口插座 P2 上。用两根跳线分别将实验板主板与副板上的电源与地连接起来，具体来说，就是将单片机第 20 脚 GND 插针用杜邦线与 74HC245 第 10 脚 GND 插针相连接，将单片机第 40 脚 VCC 插针用杜邦线与 74HC245 的 VCC 插针相连接。

接通实验板电源，运行该程序，验证项目实现效果。图 8-23 为本实验的现象。

图 8-23　LED 点阵屏模拟电梯上升楼层数字显示实验现象

工作任务拓展

主函数的调整

（1）调整字模数组内容，编程显示调整后的内容，验证实现调整效果。

（2）调整程序控制方式，改变滚动显示方向，然后验证自己的设计效果。

思考与练习

1. 简述 LED 点阵屏的垂直滚动显示程序控制方法。

2. 调整本任务示例程序，变向上滚动显示为向下滚动显示（相应的上箭头也改为下箭头），完成相应的 C 语言源程序设计。

3. 将上题中的 C 语言源程序编译生成 HEX 文件后，用 Proteus 软件仿真验证程序的正确性。

4. 将第 2 题中设计的 C 语言源程序编译生成的 HEX 文件，用 STC_ISP_V488 程序烧录软件载入制作的单片机主、副实验板中运行，验证程序的正确性。

参 考 文 献

[1] 马忠梅，等．单片机的 C 语言应用程序设计（第 4 版）．北京：北京航空航天大学出版社，2007．

[2] 周新华．手把手教你学单片机 C 程序设计．北京：北京航空航天大学出版社，2007．

[3] 王东锋，等．单片机 C 语言应用 100 例．北京：电子工业出版社，2009．

[4] 王喜云．单片机应用基础项目教程．北京：机械工业出版社，2009．

[5] 白炽贵，等．单片机 C 语言案例教程．北京：电子工业出版社，2011．